DAS ULTIMATIVE FAHRRAD HANDBUCH

32T
24T
21T

DAS ULTIMATIVE FAHRRAD HANDBUCH

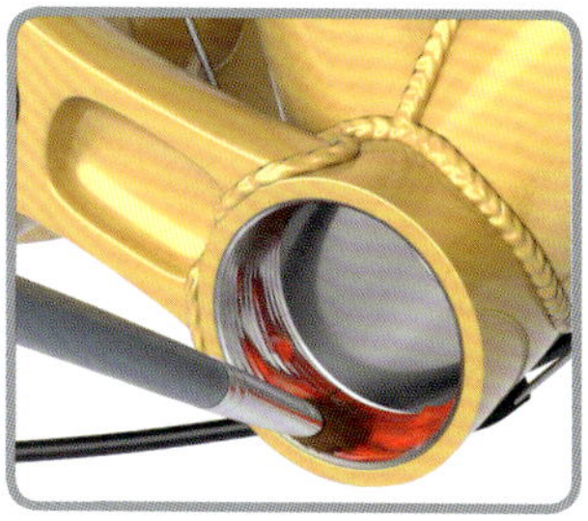

DK Penguin Random House

DK London

Lektorat Liz Wheeler, Jonathan Metcalf, Gareth Jones, Chauney Dunford, Hannah Bowen, Katie John, Tash Kahn, Sam Kennedy, Hugo Wilkinson

Fachberater Luke Edward-Evans, Richard Gilbert, Brendan McCaffrey, Phil Quill

Autoren Claire Beaumont, Ben Spurrier

Gestaltung und Bildredaktion Karen Self, Phil Ormerod, Gillian Andrews, Lee Griffiths, Stephen Bere, Ray Bryant, Katie Cavanagh, Phil Gamble, Jenny Lane

Umschlaggestaltung Claire Gell, Mark Cavanagh, Sophia MTT

Herstellung Jacqueline Street, Mandy Inness

Illustrationen Brendan McCaffrey

Für die deutsche Ausgabe:

Projektbetreuung Carola Wiese

Herstellungskoordination Claudia Rode

Herstellung Stefanie Staat

Titel der englischen Originalausgabe:
The Complete Bike Owner's Manual

Übersetzung Martin Kliche

Lektorat Birgit Reit

Überarbeitung 2021 Burkhard Schäfer

ISBN 978-3-8310-4218-0

5902-325186-22203-05

Druck und Bindung Foshan Nanhai Xingfa Printing Co. Ltd, China

FSC www.fsc.org MIX Papier | Fördert gute Waldnutzung FSC® C018179

www.dk-verlag.de

Hinweis

Die Informationen und Ratschläge in diesem Buch sind von den Autoren und vom Verlag sorgfältig erwogen und geprüft, dennoch kann eine Garantie nicht übernommen werden. Eine Haftung der Autoren bzw. des Verlags und seiner Beauftragten für Personen-, Sach- und Vermögensschäden ist ausgeschlossen.

Inhalt

Einführung 6

01 DAS FAHRRAD KENNENLERNEN 8

Bauweise: Straßenräder 10
Bauweise: Geländeräder 12
Komponenten: Alltagsfahrräder 14
Komponenten: Straßenräder 16
Komponenten: Geländeräder 18
Sitzposition: Straßenräder 20
Sitzposition: Geländeräder 22
Zubehör: Notwendige Ausrüstung 24
Zubehör: Fahrradtechnik 26
Zubehör: Nützliche Ausrüstung 28
Bekleidung: Straßenfahrten 30
Bekleidung: Geländefahrten 32

02 VORBEREITUNGEN 34

Werkzeuge und Techniken: Werkzeuge 36
Werkzeuge und Techniken: Techniken 38
Wartung und Reparatur: Der M-Check 40
Wartung und Reparatur: Fahrradreinigung 42
Wartung und Reparatur: Schmieren und Einfetten 44
Wartung und Reparatur: Den Rahmen schützen 46
Wartung und Reparatur: Reparaturen 48

03 STEUERUNG UND SATTEL 50

Hauptkomponenten: Steuersatz 52
Steuersatz warten: Steuersatz mit Gewinde 54
Steuersatz warten: Steuersatz ohne Gewinde 56
Hauptkomponenten: Lenker und Vorbau 58
Abbauen und ersetzen: MTB- und Rennlenker 60
Lenker warten: Lenkerband ersetzen 62
Lenker warten: Lenkergriffe ersetzen 64
Hauptkomponenten: Sattel und Sattelstütze 66
Sattelstütze anpassen: Wartung der Sattelstütze 68
Sattelstütze einbauen: Vario-Sattelstütze 70

04 LAUFRÄDER 72

Ratgeber: Laufräder 74
Hauptkomponenten: Speichenräder 76
Laufrad aus- und einbauen: Vorderrad 78

Laufrad aus- und einbauen: Rad mit Kettenschaltung 80
Laufrad aus- und einbauen: Rad mit Nabenschaltung 82
Reifenwechsel: Wulstreifen 84
Reifenwechsel: Schlauchlose Reifen 86
Laufrad warten: Lockere Speichen spannen 88
Hauptkomponenten: Laufradnaben 90
Laufradlager warten: Patronenlager 92
Laufradlager warten: Konuslager 94

05 BREMSEN 96

Ratgeber: Bremsen 98
Hauptkomponenten: Felgenbremsen 100
Bremszug einbauen: Rennlenker 102
Bremszug einbauen: Mountainbikelenker 104
Hydraulikbremse warten: Bremsschlauch ersetzen 106
Hydraulikbremse warten: Bremsen entlüften 108
Mechanische Bremsen warten: Bremsbeläge ersetzen 110
Mechanische Bremsen einstellen: V-Bremsen 112
Mechanische Bremsen einstellen: Cantilever-Bremsen 114
Mechanische Bremsen einstellen: Dual-Pivot-Bremsen 116
Hauptkomponenten: Hydraulikbremsen 118
Mechanische Bremsen warten: Scheibenbremsen 120
Hauptkomponenten: Trommelbremsen 122
Bremszug einbauen und einstellen: Trommelbremse 124

06 ANTRIEB 126

Ratgeber: Antriebssysteme 128
Hauptkomponenten: Schalthebel 130
Schaltzug einbauen: Außenschaltzug 132
Schaltzug einbauen: Innenschaltzug 134
Hauptkomponenten: Elektronikschaltung 136
Elektronikschaltung einstellen: Shimano Di2 138
Hauptkomponenten: Umwerfer 140
Kettenwechsler einstellen: Umwerfer 142
Hauptkomponenten: Schaltwerk 144
Kettenwechsler einbauen: Schaltwerk 146
Kettenwechsler einstellen: Schaltwerk 148
Hauptkomponenten: Nabenschaltung 150
Nabenschaltung einstellen: Shimano Alfine 8 152
Nabenschaltung einstellen: Sturmey-Archer-Drei-Gang 154
Hauptkomponenten: Kette und Kassette 156
Fahrradkette abnehmen und ersetzen: Fahrradketten 158
Kassette abbauen und warten: Zahnkranzkassette 160
Ratgeber: Kurbelgarnituren 162
Hauptkomponenten: Kurbelgarnituren 164
Kurbelgarnitur ab- und anbauen: Shimano HollowTech II 166
Kurbelgarnitur ab- und anbauen: Vierkantgarnituren 168
Kurbelgarnitur ab- und anbauen: Campagnolo Ultra-Torque 170
Kurbelgarnitur ab- und anbauen: SRAM Red 172
Hauptkomponenten: Tretlager 174
Tretlager ersetzen: Campagnolo Ultra-Torque 176
Tretlager ersetzen: Patronenlager 178
Tretlager ersetzen: Shimano HollowTech II 180
Ratgeber: Pedale 182
Pedale warten: Pedalachse schmieren 184
Pedalplatten anpassen: Schuhe und Pedalplatten 186

07 FEDERUNG 188

Ratgeber: Federung 190
Hauptkomponenten: Teleskopgabel 192
Federgabel einstellen: Negativfederweg 194
Federgabel einstellen: Teleskopgabeln abstimmen 196
Federgabel warten: Tauchrohre 198
Hauptkomponenten: Hinterradfederung 200
Hinterradfederung einstellen: Negativfederweg 202

08 ANLEITUNGEN 204

Regelmäßige Wartungsarbeiten: Zeitplaner 206
Fehlersuche: Steuerung, Sattel, Laufräder 208
Fehlersuche: Felgenbremsen 210
Fehlersuche: Scheibenbremsen 212
Fehlersuche: Antrieb 214

Glossar 216
Register 220
Dank und Bildnachweis 224

Einführung

Damit ein Fahrrad gut läuft, muss es gut gepflegt und gewartet werden. Fahrräder werden nicht nur mit Muskelkraft bewegt, sie sind auch auf das Zusammenspiel von Pedalen, Kette, Laufrädern, Lenker sowie Schalt- und Bremssystemen angewiesen. Dieses Buch zeigt auf, wie man die einzelnen Baugruppen des Fahrrads einstellt, anpasst und wartet.

Wenn Sie wissen, wie man ein Fahrrad repariert und instand hält, sparen Sie Zeit, Energie und Geld. Solche Kenntnisse erweisen sich vor allem dann als besonders nützlich, wenn weit entfernt von zu Hause oder der nächsten Werkstatt unerwartet eine Panne oder ein technischer Defekt auftritt.

Jedes Detail des Fahrrads wird mit hochwertigen Computergrafiken genau dargestellt und auch die Schritt-für-Schritt-Anleitungen zeigen jedes Einzelteil in beispielloser Klarheit.

Am Anfang stehen die Grundlagen

Dieses Handbuch erläutert zunächst Design und Komponenten von vielen verschiedenen Fahrrädern. Hinweise zu passender Kleidung, Zubehörteilen und der richtigen Sitzposition liefern Ihnen alle Informationen, mit denen Sie Ihr Fahrrad auf täglichen Fahrten am besten nutzen können.

Das Kapitel »Vorbereitungen« zeigt, wie Sie sich eine eigene Werkstatt einrichten und Werkzeug benutzen. Sie benötigen nur wenige preiswerte, aber sehr nützliche Werkzeuge. Das Kapitel erklärt auch die regelmäßige Pflege, z.B. das Reinigen des Fahrrads und das Schmieren beweglicher Teile. Zusätzlich bietet es Informationen zu Reparaturen im Notfall.

Wartung und Reparaturen

Unabhängig davon, ob Fahrräder auf der Straße oder im Gelände gefahren werden, profitieren sie von regelmäßiger Instandhaltung. Jedes Kapitel erklärt, wie ein bestimmtes System des Fahrrads gewartet wird. Die Kapitel geben auch Hinweise für die Wahl der besten Komponenten und bieten einen tieferen Einblick in wichtige Bauteile. Sie erklären Fachbegriffe und liefern Informationen, wie Sie bestimmte Bauteile einbauen, anpassen und warten. Hinweise verraten, wie Sie Anzeichen

> **Regelmäßige Wartung lässt ein Fahrrad ruhig und sicher fahren.**
>
> CLAIRE BEAUMONT – MITAUTORIN

für Defekte richtig deuten, damit die Kosten nicht ausufern. Detaillierte Explosionszeichnungen und Schnittmodelle erklären, wie einzelne Baugruppen zusammenarbeiten und wie Sie unterwegs Einstellungen verändern, ohne eine Panne zu riskieren.

Ersetzen und Erneuern von Bauteilen

Regelmäßige Instandhaltung verhindert auch, dass einzelne Bauteile zu stark abgenutzt werden. Durch Regen, Split, Streusalz und täglichen Gebrauch verschleißen die meisten Komponenten allerdings mit der Zeit und müssen dann ausgetauscht werden.

Wie Sie abgenutzte Bauteile durch neue ersetzen, wird schrittweise in Anleitungen erklärt. Zwar haben sich Bremsen, Schaltung und die Bauweise der Laufräder und der Federung kaum verändert, aber dennoch entwickelten namhafte Hersteller jeweils eigene Systeme mit unterschiedlich großen Kugellagern, Ketten oder Bowdenzügen und eigener Befestigung am Rahmen. Jedes Kapitel stellt die Unterschiede zwischen den drei großen Herstellern (Shimano, SRAM und Campagnolo) vor und zeigt, worauf Sie bei Ersatzteilen achten müssen.

Um die Leistung des Fahrrads zu steigern, reduzieren bestimmte Bauteile das Gewicht und sorgen für einen ruhigeren Lauf oder dafür, dass sich Gänge leichter und schneller schalten lassen. Lenker, Vorbau und Sattel sind einfach austauschbar. Kompliziertere Aufgaben wie das Ersetzen von Tretlagern oder Federgabeln sind dagegen teure Nachrüstungen, die dann aber die Leistung wesentlich verbessern. Anleitungen zeigen jeden Schritt, sodass sie leicht zu bewältigen sind.

Dank dieser Informationen sowie des Wartungsplaners und der Tipps zur Diagnose und Fehlersuche am Ende des Buchs werden Sie Ihr Fahrrad lange Zeit sicher und effizient fahren können.

E-Bikes

In diesem Buch werden möglichst viele Fahrradtypen behandelt. Auch an E-Bikes können Sie einiges selbst warten. Reparaturen an der Elektronik sollten Sie allerdings Fachleuten überlassen.

PC1090
PC
1090

DAS FAHRRAD KENNENLERNEN

Straßenräder

Straßenräder sind schlank, leicht und für glatten Asphalt gebaut. Dank der schmalen Laufräder und Reifen fahren sie auf glatter Fläche sehr schnell und bewältigen weite Strecken. Rennlenker geben dem Radfahrer eine aerodynamische, nach vorne geneigte Sitzposition, sodass er mehr Kraft auf die Pedale überträgt. Ob Renn-, Trekking-, Ein-Gang-Räder oder E-Bikes: Sie alle haben unterschiedliche Antriebe. Schaltungen mit verschiedenen Übersetzungsverhältnissen erleichtern das Radfahren. Alle Rahmen sind leicht und fest. Sie bestehen in der Regel aus Stahl oder Aluminium. Bei Rennfahrern (Profis und Amateuren) sind Rahmen aus Carbon und Titan weitverbreitet.

DAS MONTIERTE STRASSENRAD

Die Grundform der Straßenräder entstand im 19. Jh. Viele Bauteile wurden neu oder weiterentwickelt, aber die Rahmenform und die Nutzung dünner, glatter Reifen haben sich kaum verändert.

Geländeräder

Geländeräder gibt es in vielen Formen und Größen. Fast alle Räder haben eine Federung am Vorderrad und manche auch eine am Hinterrad. Scheibenbremsen an beiden Laufrädern bieten die beste Bremswirkung. Die schlauchlosen Reifen fahren auch mit niedrigem Druck ohne höheres Pannenrisiko. Cross-Country-Räder haben oft Rahmen aus Carbon, größere Laufräder und eine 10cm lange – manchmal doppelte – Federung vorne. Enduro/Trail-Räder haben kleinere Laufräder, breitere Reifen und eine 15cm lange Doppelfederung. Downhill-Räder besitzen eine längere Federung und größere Rahmenwinkel, sodass sie auch bei hohen Geschwindigkeiten stabil sind.

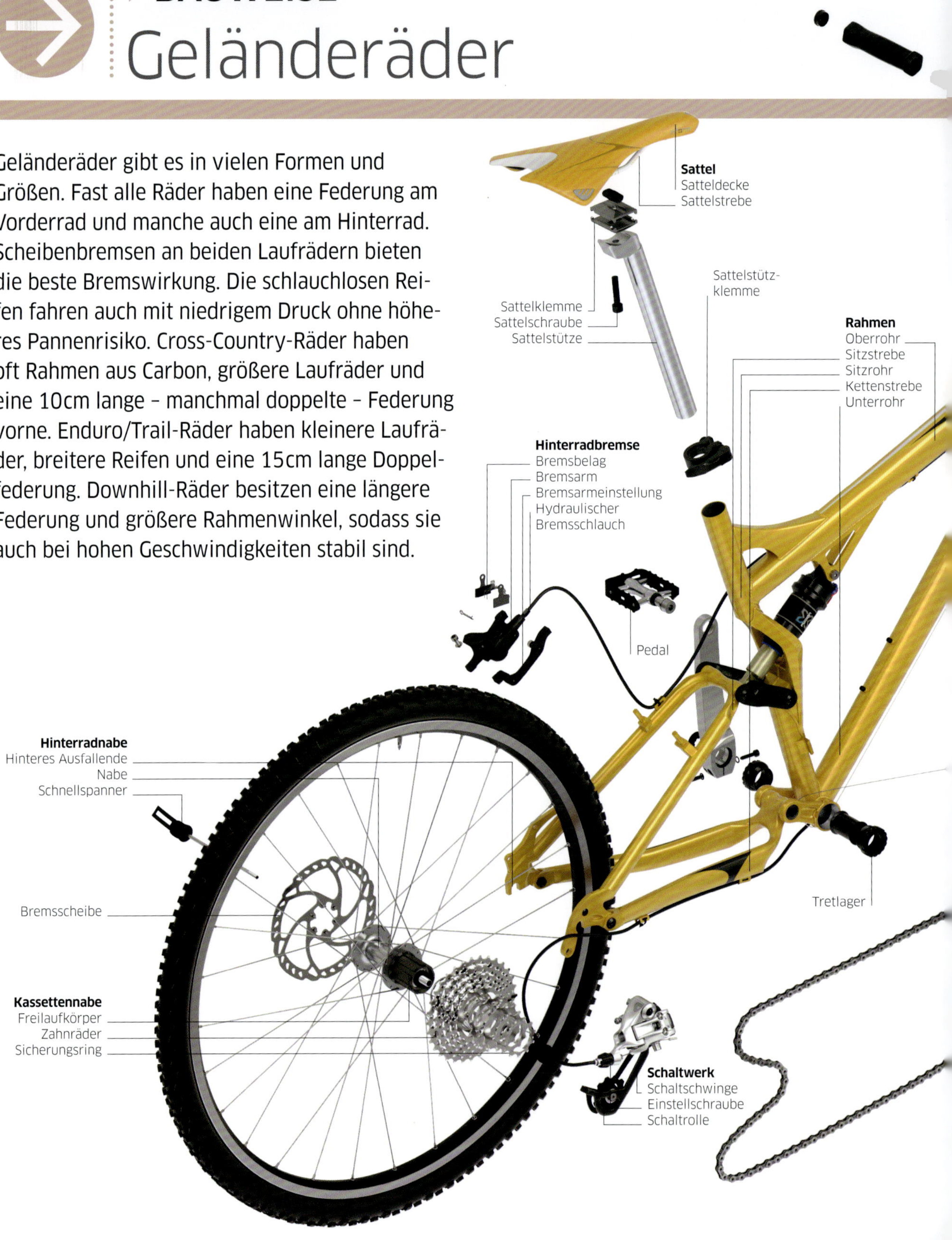

DAS MONTIERTE GELÄNDERAD

Geländeräder unterscheiden sich sehr stark von Straßenrädern. Das Oberrohr fällt nach hinten ab, sodass der Fahrer freier stehen kann. Vorne liegt es höher, was im rauen Gelände Vorteile bietet. Der gerade Lenker sorgt für eine aufrechte Sitzposition und für mehr Kontrolle über das Rad.

Alltagsfahrräder

Diese Nutz- und Lastenräder sind weniger für sportliche Zwecke, als vielmehr für den täglichen Gebrauch gedacht. Sie bieten eine ideale Kombination aus Komfort, Zuverlässigkeit und Haltbarkeit. Die Fahrräder sind zwar schwerer als Sporträder, lassen sich aber gut fahren. Die Komponenten sind häufig einfach und robust und die Technik bekannt und bewährt, aber die Wartungsmethoden unterscheiden sich kaum von neueren Bauweisen.

ALLGEMEINE POSITION DER KOMPONENTEN

Mit gepolstertem Sattel, Standardlenkern, haltbarer Kraftübertragung und manchmal mit Gepäckträger sind Nutzräder bequem und praktisch. Einige Modelle sind vorne gefedert, damit sie ruhiger fahren.

Bremsen Felgenbremsen, manchmal auch Rücktrittbremsen
Schaltung Ein-Gang, Ketten- oder Nabenschaltung
Rahmen Stahl oder Aluminium, Kinderräder auch Kunststoff
Lenker Standardlenker für eine aufrechte Sitzposition
Sattel Gepolstert mit weichem Material
Laufräder Stahlspeichen, in der Regel 30–65cm Durchmesser

Kauftipp: Alltagsräder haben oft einfache Bauteile, die sich aber bei Bedarf durch bessere ersetzen lassen. Viele Komponenten haben genormte Anschlussstücke und sind daher sehr gut austauschbar.

STADTRÄDER

Bremsen Felgenbremse (S. 98–117)
Schaltung Ketten- (S. 140–149), Nabenschaltung (S. 150–155)
Federung keine

TREKKINGRÄDER

Bremsen Felgen- (S. 98–117), Naben- (S. 122–125), Scheibenbremse (S. 118–121)
Schaltung Ketten- (S. 140–149), Nabenschaltung (S. 150–155)
Federung keine

KLAPP-/FALTRÄDER

Bremsen Felgen- (S. 98–117), Nabenbremse (S. 122–125)
Schaltung Ketten- (S. 140–149), Nabenschaltung (S. 150–155)
Federung keine

EIN-GANG-RÄDER

Bremsen Felgenbremse (S. 98–117)
Schaltung keine
Federung keine

E-BIKES

Bremsen Felgen- (S. 98–117), Nabenbremse (S. 122–125)
Schaltung Ketten- (S. 140–149), Nabenschaltung (S. 150–155)
Federung keine

LASTENRÄDER

Bremsen Felgen- (S. 98–117), Nabenbremse (S. 122–125)
Schaltung Ketten- (S. 140–149), Nabenschaltung (S. 150–155)
Federung keine

KOMPONENTEN

Straßenräder

Straßenräder eignen sich für Touren, Rennen und auch zum Pendeln. Sie sind auf hohe Geschwindigkeiten ausgelegt. Dabei wird der Leistung eine höhere Priorität eingeräumt als dem Komfort. Die modernsten Straßenräder glänzen mit neuester Technologie. Ihre windschnittigen Carbonrahmen werden am Computer entworfen und die elektronischen Schaltungen sind hochpräzise.

ALLGEMEINE POSITION DER KOMPONENTEN

Bei Straßenrädern ordnen sich Haltbarkeit und Komfort der Geschwindigkeit unter. Die schmalen Reifen und leichten Laufräder sind zwar aerodynamisch, dämpfen Straßenunebenheiten aber nicht. Die schmalen Sättel sind kaum gepolstert.

Bremsen Felgenbremsen, Bremszug oder hydraulische Scheiben
Schaltung 2 × 10- oder 1 × 11-Gang-Kettenschaltung
Rahmen Carbon, Aluminium, Titan oder Leichtstahl
Lenker Rennlenker
Sattel Leicht, schmal, häufig kaum gepolstert
Laufräder 70cm (28 Zoll) mit Aluminium- oder Carbonfelgen

Kauftipp: Laufräder und Reifen sind häufig die ersten Komponenten, deren Austausch sich lohnt. Wenn sie leichter sind, lässt sich das Fahrrad wesentlich besser beschleunigen und es fühlt sich schneller an.

TOURENRÄDER

Bremsen Felgen- (S. 98–117), Scheibenbremse (S. 118–121)
Schaltung Ketten- (S. 140–149), Nabenschaltung (S. 150–155)
Federung keine

GRAVEL BIKES

Bremsen Felgen- (S. 98–117), Scheibenbremse (S. 118–121)
Schaltung Ketten- (S. 140–149), Nabenschaltung (S. 150–155)
Federung keine

BAHNRÄDER

Bremsen keine
Schaltung keine
Federung keine

ZEITFAHR-/TRIATHLONRÄDER

Bremsen Felgenbremse (S. 98–117)
Schaltung Kettenschaltung (S. 140–149)
Federung keine

CYCLO-CROSS-RÄDER

Bremsen Felgen- (S. 98–117), Scheibenbremse (S. 118–121)
Schaltung Ketten- (S. 140–149), Nabenschaltung (S. 150–155)
Federung keine

KOMFORT/SPORTRÄDER

Bremsen Felgen- (S. 98–117), Scheibenbremse (S. 118–121)
Schaltung Ketten- (S. 140–149), Nabenschaltung (S. 150–155)
Federung keine

KOMPONENTEN

Geländeräder

Geländeräder oder Mountainbikes sind in vielen Variationen erhältlich – von Einstiegsmodellen bis zu Modellen, mit denen Sie steile und felsige Abfahrten bewältigen. Sie sind häufig mit breiten Stollenreifen ausgestattet, die entweder schlauchlos oder mit Schlauch montiert werden. Mountainbike-Reifen haben ausgezeichnete Bodenhaftung, die Federungssysteme der Fahrräder dämpfen Stöße und Bodenwellen sehr zuverlässig.

ALLGEMEINE POSITION DER KOMPONENTEN

Gute Federung und breite, robuste Reifen sind für Fahrten in rauem Gelände notwendig. Viele Modelle haben Scheibenbremsen, die aus Gründen der Präzision sogar hydraulisch gesteuert sind.

Bremsen Scheibenbremsen, mit Bremszug oder hydraulisch
Schaltung 1 × 10, 1 × 11 oder 3 × 9 sind häufige Varianten
Rahmen Aluminium, Carbon oder Stahl

Lenker Gerader Mountainbike-Lenker verleiht gute Kontrolle
Sattel Robust und häufig auf einer verstellbaren Sattelstütze
Laufräder 66cm (26 Zoll), 70cm (27,5 Zoll) und 73,5cm (29 Zoll)

Kauftipp: Reifen sind entscheidend für das Fahrverhalten. Bei nassem, schlammigem Winterwetter bieten breite Stollenreifen mehr Haftung. Im Sommer wechselt man zu leichteren, schnelleren Reifen.

HARDTAIL-MOUNTAINBIKES

Bremsen Felgen- (S. 98–117), Scheibenbremse (S. 118–121)
Schaltung Kettenschaltung (S. 140–149)
Federung Vorderrad (S. 192–199)

CROSS-COUNTRY-RÄDER

Bremsen Felgen- (S. 98–117), Scheibenbremse (S. 118–121)
Schaltung Kettenschaltung (S. 140–149)
Federung vollgefedert (S. 192–203)

DOWNHILL-MOUNTAINBIKES

Bremsen Scheibenbremse (S. 118–121)
Schaltung Kettenschaltung (S. 140–149)
Federung vollgefedert (S. 192–203)

FAT BIKES

Bremsen Scheibenbremse (S. 118–121)
Schaltung Kettenschaltung (S. 140–149)
Federung keine

TRIALS/DIRT-MOUNTAINBIKES

Bremsen Felgen- (S. 98–117), Scheibenbremse (S. 118–121)
Schaltung keine
Federung Vorderrad (S. 192–199), keine

E-MOUNTAINBIKES

Bremsen Scheibenbremse (S. 118–121)
Schaltung Kettenschaltung (S. 140–149)
Federung Vorderrad oder vollgefedert (S. 192–203)

SITZPOSITION
Straßenräder

Bei Straßenrädern dreht sich alles um die Leistung: Sie sollen so weit und so schnell fahren können, wie Sie wollen. Dabei hilft eine gute Sitzposition, die bequem ist und gute Kraftübertragung und Aerodynamik kombiniert. Zuerst wählen Sie die richtige Rahmenhöhe (siehe Kasten rechts) und dann stellen Sie die Kontaktpunkte – Sattel, Lenker und Pedale – nach Ihren Bedürfnissen so ein, dass Sie sicher und effizient fahren können.

VORBEREITUNGEN

- Bandmaß, Wasserwaage, Zollstock und Innensechskantschlüssel (Inbus-Schlüssel) bereitlegen.
- Position der Pedalplatte markieren (S. 186–187).
- Das Fahrrad waagerecht ausrichten, idealerweise mit dem Hinterrad auf einem Heimtrainer, sodass Sie stationär die Pedale treten können.
- Reifen auf den korrekten Druck aufpumpen.
- Fahrradkleidung und -schuhe anziehen.
- Aktuelle Abstände messen von der Mitte des Tretlagers bis zur Satteloberseite sowie horizontal von der Sattelnase bis über die Mitte des Tretlagers und von der Sattelnase bis zur Mitte des Lenkers.

1 SATTELHÖHE

Damit die Kraft wirkungsvoll übertragen wird, sollte das Knie am tiefsten Punkt des Pedals noch leicht gebeugt sein. Dazu verstellen Sie die Sattelstütze so lange, bis die Ferse das Pedal leicht berührt, wenn das Bein fast gestreckt ist. Das Pedal steht dabei am tiefsten Punkt in der 6-Uhr-Stellung.

Arbeitstipp: Wenn Sie jede Einstellung einzeln vornehmen, können Sie die Auswirkung auf Sitzposition und Fahrkomfort jeweils auf einer Testfahrt überprüfen. Aber selbst die beste Sitzposition ändert sich mit Alter, Fitness, Flexibilität und Anspruch.

5 VORBAULÄNGE

Der Vorbau muss ausreichend lang sein, sodass Sie die Lenkergriffe bequem greifen können, ohne sich strecken zu müssen. Zur Überprüfung der richtigen Länge fassen Sie die Lenkergriffe und sehen Sie auf die Vorderradnabe. Der Lenker sollte die Nabe verdecken. Ist die Nabe vor dem Lenker sichtbar, brauchen Sie einen längeren Vorbau, ist sie hinter dem Lenker sichtbar, muss er kürzer sein.

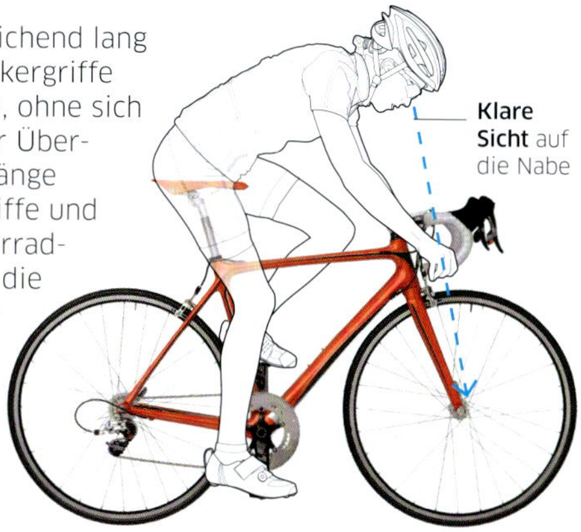

4 LENKERHÖHE

Bei der Einstellung der passenden Lenkerhöhe orientiert man sich am Mittelpunkt des Sattels. Für Freizeitfahrten wird der Lenker gleich hoch oder 1–2cm tiefer eingestellt als der Sattel. Für eine aerodynamische Sitzposition liegt der Lenker 8–10cm unterhalb des Sattels. Zum Verstellen der Lenkerhöhe entfernen Sie den Abstandshalter unter dem Vorbau, kippen ihn oder tauschen ihn gegen die richtige Länge aus.

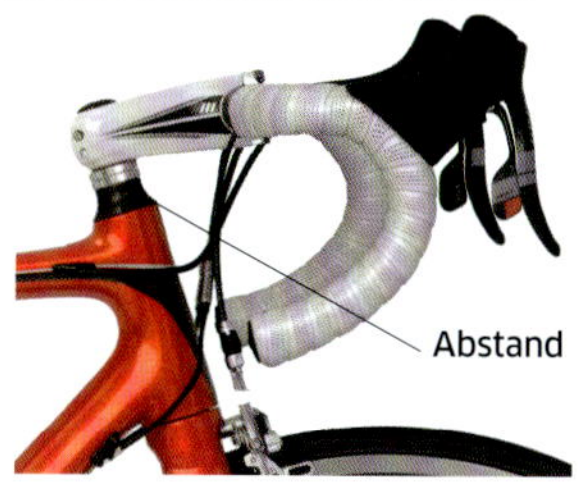

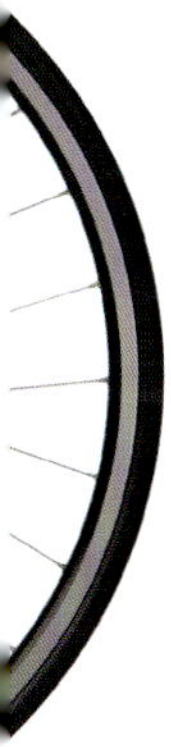

3 SATTEL HORIZONTAL VERSTELLEN

Den Sattel verschiebt man auf seinen Streben, um den Körperschwerpunkt einzustellen und ausbalanciert zu fahren. Dazu positionieren Sie den Sattel so, dass sich das Knie direkt über der Pedalachse befindet, wenn die Pedalkurbel horizontal steht. Zur Überprüfung können Sie einen Zollstock vor die Kniescheibe halten. Das untere Ende des Zollstocks sollte sich direkt vor der Pedalachse befinden.

2 SATTELWINKEL

Ihr Körpergewicht sollte gleichmäßig über das Sitzbein des Beckens verteilt sein. Dazu verstellen Sie den Sattel so, dass die vorderen zwei Drittel des Sattels horizontal liegen. Diesen Winkel können Sie bis zu zwei Grad verstellen, wenn es dann bequemer ist. Größere Winkel können zu schmerzhaftem Druck auf Leiste und Darm führen und übertragen zu viel Körpergewicht auf Arme und Hände.

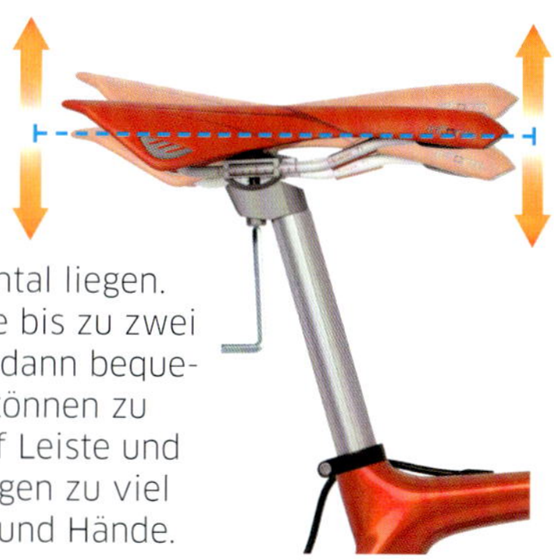

STRASSENRADGRÖSSE

- **Die Größe von Straßenrädern wird** anhand der Länge des Sitzrohrs ermittelt und in Zentimetern – von 40 bis 62cm – angegeben.
- **Zur Überprüfung** der Schritthöhe und des Freiraums zwischen Oberrohr und Becken stellt man sich mit beiden Beinen über das Oberrohr. Ein Abstand von 2–5cm zwischen Becken und Oberrohr ist optimal.
- **Beachten Sie vor dem Kauf** neben der Rahmenhöhe unbedingt auch den vertikalen und horizontalen Abstand von der Tretlagermitte bis zur Oberseite des Steuerrohrs, da sich all diese Maße später nicht ändern lassen.

SITZPOSITION
Geländeräder

Auf dem Mountainbike wechselt der Fahrer – anders als beim Straßenrad – sehr oft die Position. Beim Klettern sitzt er anders als beim Bergabfahren und beim Springen. Beim Abfedern von Stößen, in engen Kurven, in rauem Gelände und bei wechselndem Gefälle muss er reagieren. Die Kontaktpunkte – Sattel, Lenker und Pedale – werden dem Fahrstil angepasst.

VORBEREITUNGEN

- Bandmaß, Zollstock, Wasserwaage und Inbus-Schlüssel bereitlegen.
- Position der Pedalplatte markieren.
- Federung (S. 194–195; 202–203) und verstellbare Sattelstütze (S. 70–71) für normales Fahren einstellen.

1 SATTELHÖHE

Mithilfe der Sattelstütze bringen Sie den Sattel in eine bequeme Position. Für Geländefahrten stellen Sie ihn auf Hüfthöhe ein. Für Anstiege machen Sie es wie beim Straßenrad (s. Schritt 1, S. 20). Abfahrten werden dagegen leichter, wenn die Sattelhöhe 2,5–5cm unter der Hüfthöhe liegt.

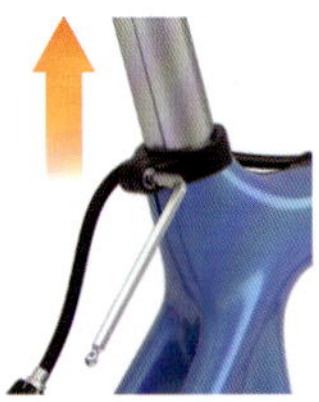

2 SATTELWINKEL

Durch Verstellen des Sattelwinkels passen Sie Ihre Sitzposition dem Fahrstil an. Im Gelände senken Sie die Sattelnase leicht, damit Sie beim Klettern besser sitzen. Bei Abfahrten heben Sie sie dagegen leicht an, damit Sie den Sattel bei schneller Fahrt und in Kurven zwischen den Oberschenkeln einklemmen können.

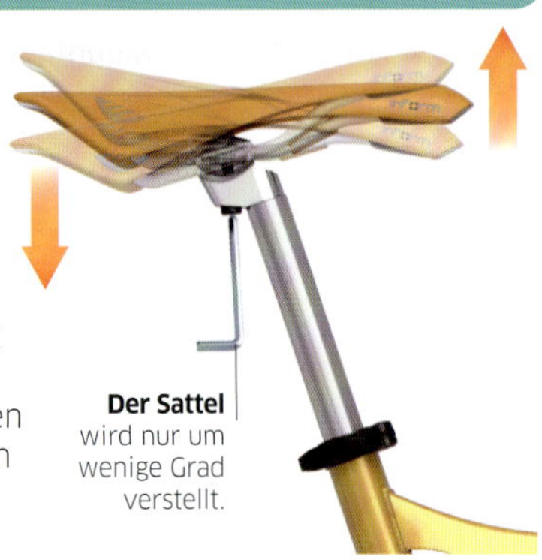

3 SATTEL VERSCHIEBEN

Verschieben Sie den Sattel auf seinen Streben, bis sein Mittelpunkt genau über dem Mittelpunkt der Kettenstrebe liegt. Mit dieser Sitzposition erzielen Sie ein ausbalanciertes Fahrverhalten, eine bessere Bodenhaftung und eine wirksamere Federung.

Arbeitstipp: Ein hoher Reifendruck (10Bar) eignet sich für aggressive, schnelle Fahrten auf trockenen Strecken, während ein niedriger Druck (2–3Bar) auf schlammigem Boden besser ist. Schlauchlose Reifen ermöglichen einen noch niedrigeren Druck (0,5–1Bar).

7 BREMS-SCHALTGRIFFWINKEL

Für eine neutrale Haltung der Handgelenke stehen die Brems-Schaltgriffe in einem 45°-Winkel. So sind sie auch gut erreichbar. Nehmen Sie Ihre normale Position ein – sitzend oder stehend – und passen Sie den Winkel so an, dass die Gelenke entspannt und gerade sind.

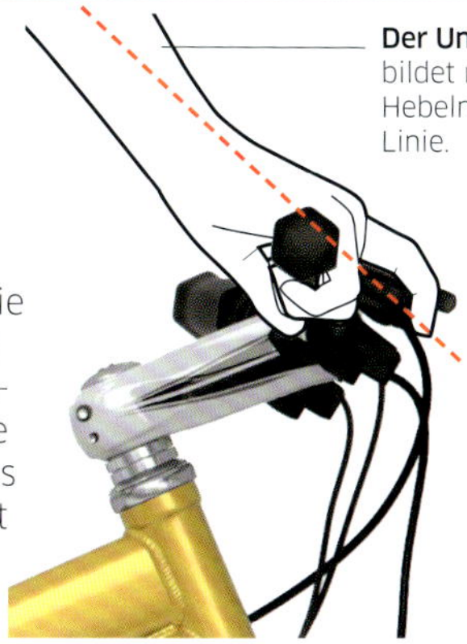

6 BREMS-SCHALTGRIFFPOSITION

Für eine optimale Bremswirkung und einfachere Steuerung stellen Sie die Hebel der Brems-Schaltgriffe so ein, dass sie leicht erreichbar sind. Dazu nehmen Sie die normale Sitzposition ein und verschieben den Bremshebel, bis Sie ihn mit dem Zeige- oder Mittelfinger erreichen. Anschließend setzen Sie den Schalthebel dorthin, wo Sie ihn leicht erreichen. Bei manchen Modellen müssen Sie ihn zwischen Griff und Bremshebel positionieren.

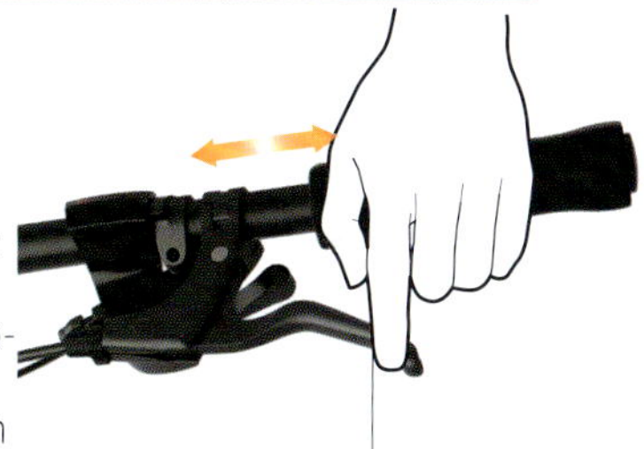

5 VORBAUPOSITION

Der Vorbau soll dem Fahrstil entsprechen, um eine verkrampfte oder überstreckte Sitzposition und damit Rückenschmerzen zu verhindern. Mit kürzeren Vorbauten (50–70mm) können Sie schneller lenken, mit längeren (80–100mm) besser auf die Berge fahren. Auch der Vorbauwinkel beeinflusst das Fahrverhalten – Mit einem hohen Vorbau sitzen Sie zwar stabil, können aber nicht so genau lenken. Beweglicher bleiben Sie, wenn der Vorbau niedrig ist oder wenn Sie Abstandshalter oben auf den Vorbau setzen.

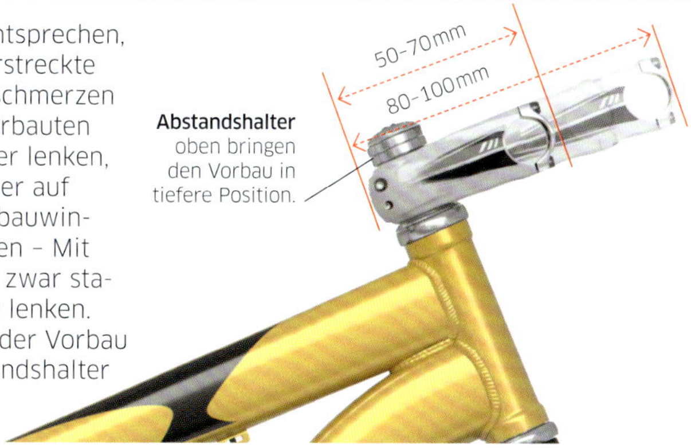

4 HOCHLENKERWINKEL

Viele Mountainbikes haben hochgezogene Lenker. Um den Winkel zu verstellen, lösen Sie die Klemme und drehen den Lenker so, dass er von der Seite gesehen im gleichen Winkel steht wie die Gabel. Drehen Sie ihn weiter zurück, wird der Druck auf Handgelenke und Rücken erhöht. Drehen Sie ihn nach vorne, wird mehr Gewicht auf das Vorderrad verlagert und so das Fahrverhalten beeinträchtigt.

MOUNTAINBIKEGRÖSSE

- **Die Größe von Mountainbikes wird** anhand der Länge des Sitzrohrs ermittelt und in Zentimetern – von 40 bis 62cm – angegeben.
- **Beim Kauf eines neuen Rads** sollten Sie auf ausreichende Schritthöhe achten. Das Becken sollte bis zum Oberrohr 5–8cm Freiraum haben.
- **Beachten Sie vor dem Kauf** den vertikalen und horizontalen Abstand von der Tretlagermitte bis zur Oberseite des Steuerrohrs. Diese Maße entscheiden darüber, ob ein Fahrrad für Sie »passt«.

Notwendige Ausrüstung

Einige Gegenstände benötigt man auf nahezu jeder Fahrt. Manche dienen der persönlichen Sicherheit, während andere das Radfahren angenehmer oder komfortabler machen. Alle Teile sind wichtige Werkzeuge, sodass man sich bei ihrer Auswahl genügend Zeit nehmen sollte.

SCHLÄUCHE

Schläuche existieren in vielen Größen für verschiedene Reifen. Sie haben unterschiedliche Ventile, zu denen nur bestimmte Pumpen passen.

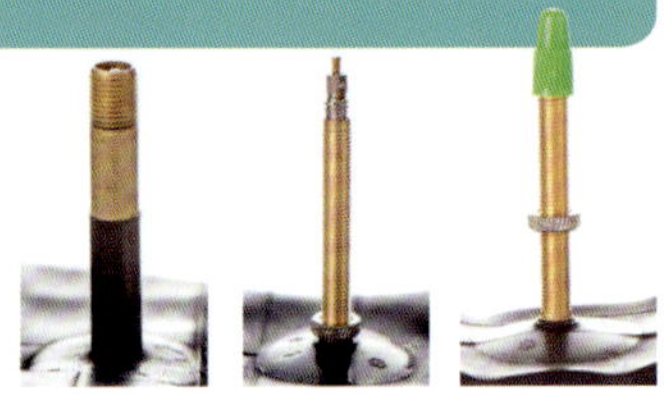

Schrader-Ventil

Langes Sclaverand-Ventil

Sclaverand-Ventil

SATTELTASCHEN

Die kleinen Satteltaschen werden an den Sattelstreben so angebracht, dass sie die Bewegungen nicht behindern. Sie bieten Platz für einen Schlauch, Flickzeug, Reifenheber und kleines Werkzeug. In größeren Taschen kann man auch Kleidung mitnehmen.

Werkzeugtasche

Traditionelle Tasche

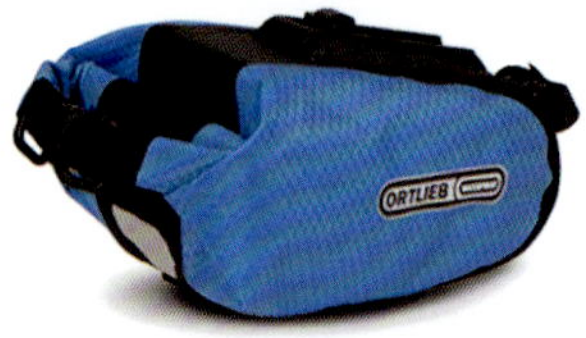

Wasserfeste Tasche

PUMPEN

Pumpen mit breiten, langen Rohren eignen sich gut, um breite Reifen aufzupumpen. Für den höheren Druck bei Straßenrädern dauert das Aufpumpen aber sehr viel länger.

Mini-pumpe

CO_2-Pumpe

CO_2-Patrone

Rahmen-pumpe

WERKZEUG FÜR UNTERWEGS

Ein Multifunktionswerkzeug, Reifenheber und Flickzeug stellen die Grundausstattung für Pannen dar. Die Werkzeuge am Multifunktionswerkzeug müssen dabei zu den Anschlüssen am Fahrrad passen.

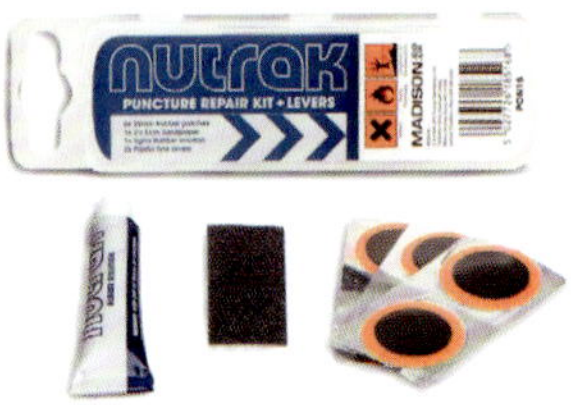

Flickzeug

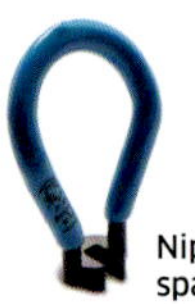

Nippel-spanner

Reifenheber aus Nylon

Multifunktionswerkzeug

WASSERFLASCHEN UND AUFBEWAHRUNG

Trinken ist während des Radfahrens nicht nur im Sommer notwendig. Straßenräder besitzen häufig Flaschenhalter, während Mountainbiker Trinkrucksäcke bevorzugen.

Flaschenhalter

Trinkflasche

Triathlon-Trinkflasche

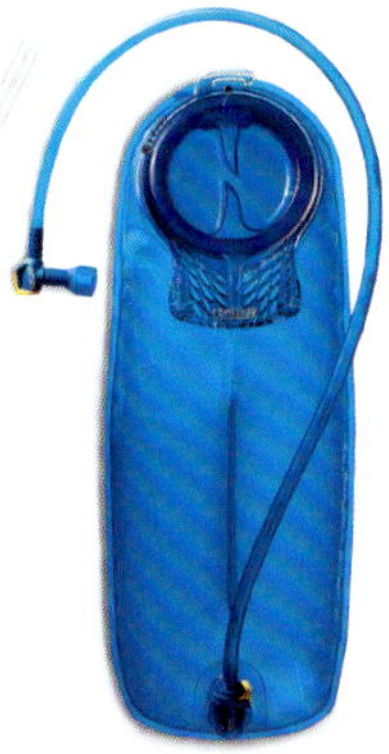
Trinkrucksack

Rucksack mit Trinkrucksack

DIEBSTAHLSICHERUNGEN

Der Markt bietet viele verschiedene Schlösser und Sicherungsgeräte, die zum Teil verschiedene Teile des Fahrrads sichern.

Bügelschloss

Kettenschloss

Kabelschloss

SCHUTZBLECHE

Schutzbleche halten Kleidung und Fahrrad sauber. Sie müssen nach Geländefahrten regelmäßig gereinigt werden, damit sich kein Schmutz ansammelt.

Hoch abstehendes Schutzblech

Mini-Schutzblech

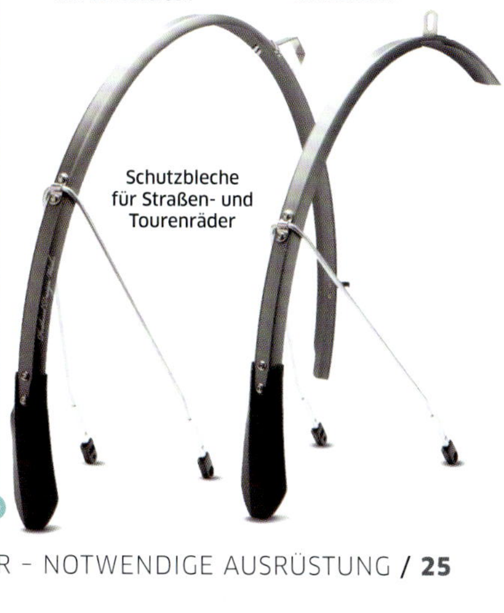
Schutzbleche für Straßen- und Tourenräder

BELEUCHTUNG

Moderne LED-Leuchten sind oft schon so hell wie Autoscheinwerfer. Blinkendes Licht macht andere Verkehrsteilnehmer auf Sie aufmerksam und helle Leuchten, die kegelförmig ausstrahlen, haben sich im Gelände bewährt.

LED mit Klammer

Ansteckleuchte

Notfall-LEDs für Vorder- und Hinterrad

Batterieleuchte

ZUBEHÖR
Fahrradtechnik

Fahrrad- und Zubehörhersteller entwickeln und passen modernste Technologie schnell an. Vor allem GPS hat die Fahrradnavigation revolutioniert und die alten Landkarten ersetzt. Mit Puls- und Leistungsmessgeräten kann jeder Radfahrer seine Leistung leichter überwachen.

COMPUTER

Selbst einfache Fahrradcomputer berechnen Geschwindigkeit und zurückgelegte Strecke. Drahtlose Geräte sind sehr viel teurer, sie sehen aber besser aus.

Digitaler Fahrradcomputer

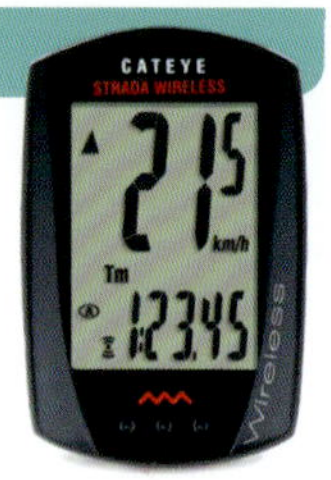

Fahrradcomputer mit großem Display

GPS

Es kommen immer mehr sehr genaue, kleine GPS-Geräte auf den Markt. Höherwertige Versionen laden genaue Karten herunter und bieten präzise Navigation.

GPS-Smartphone

Kompaktes Modell

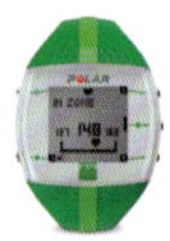
GPS-Armbanduhr

Mini-GPS

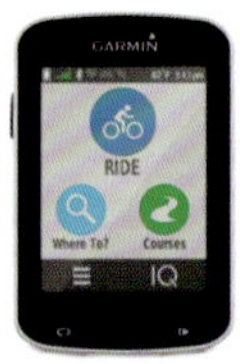

Farbiges GPS

PULSMESSGERÄT

Mithilfe von Pulsmessgeräten können Sie Ihr Training ohne hohe Kosten effektiv planen. Moderne Versionen lassen sich mit dem Smartphone und darauf gespeicherten Training-Apps verbinden.

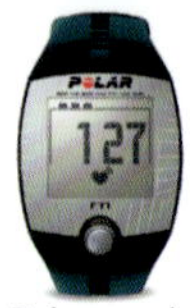

Pulsmessuhr

Gurtmessgerät

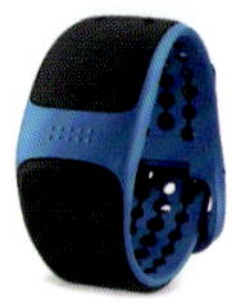
Gerät mit Klettverschluss

Helmmessgerät

LEISTUNGSMESSGERÄTE

Diese ausgefeilten Geräte messen die Leistung beim Radfahren und zeigen sofort den Kraftaufwand an. Abgesehen davon, dass sie den Trainingsfortschritt genau aufzeichnen, übewachen sie auch die Leistungsintensität während der Fahrt und sorgen dafür, dass sie eingehalten wird.

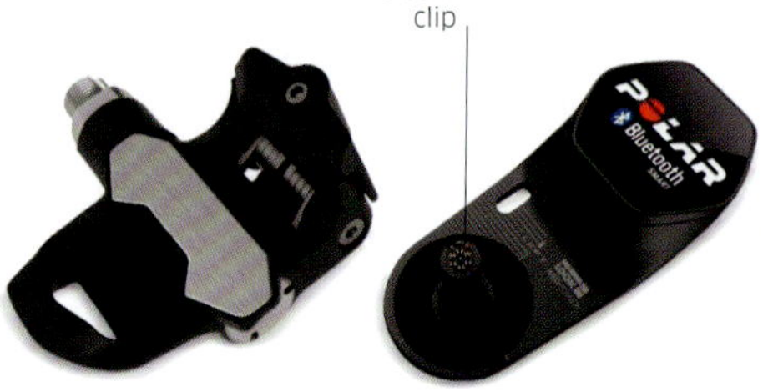

Pedalmessgeräte

Nabenmessgerät

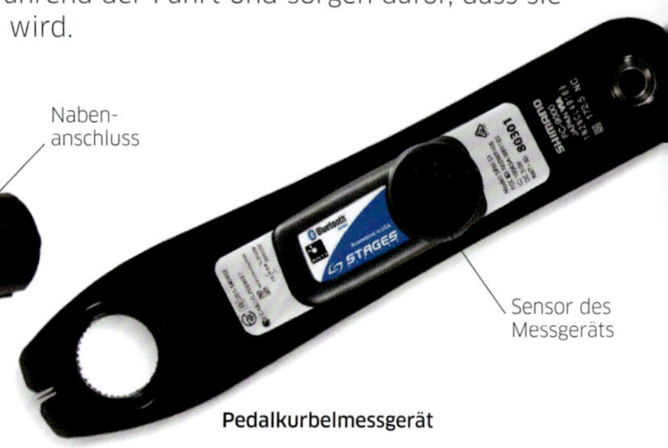

Pedalkurbelmessgerät

KAMERAS

Leichte Kameras sind sehr hilfreich, wenn Sie Touren oder Rennen immer wieder erleben oder bei einem Unfall Beweise aufzeichnen wollen.

Helmkamera

Fahrradkamera

Kamera mit Scheinwerfer

DYNAMOS/STROMERZEUGER

Moderne Dynamos erzeugen Strom, ohne dass Sie sich anstrengen müssten, und sie sind umweltfreundlicher als batteriebetriebene LEDs. Einige Modelle können sogar gleichzeitig ein Smartphone aufladen.

Dynamo und Scheinwerfer

Smartphone-Ladegerät

VERSCHIEDENES

Es gibt neue Geräte, die mithilfe von GPS dafür sorgen, dass Sie mit einem Blick wissen, wo Sie sind oder wie viel Trainingfortschritt Sie erzielt haben. Entwickelt wurden auch leistungsstarke Mini-Lautsprecher für Flaschenhalter.

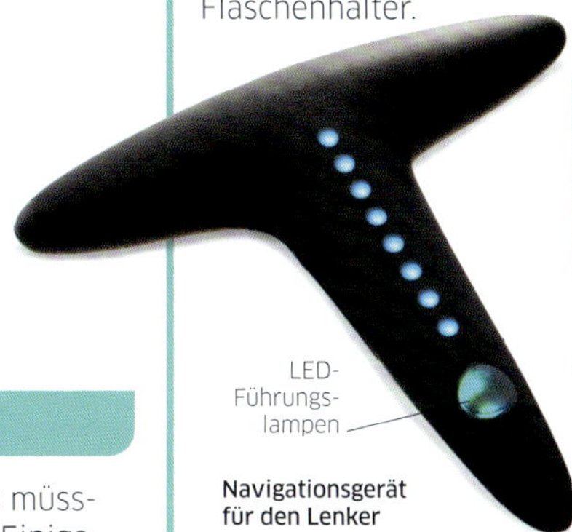

Navigationsgerät für den Lenker

Mini-Lautsprecher

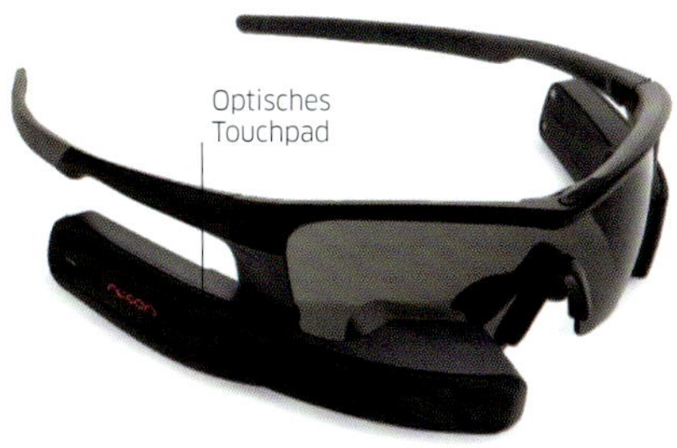

Intelligente Brille mit Head-up-Display

GERÄTE FÜR DIE SICHERHEIT

Radarsensoren warnen vor Verkehr, Radfahrer mit beleuchtetem Helm sind bei jedem Wetter sichtbar und für intelligente Schlösser benötigen Sie keinen Schlüssel mehr.

Radar

Unfallsensor

Rücklichtkamera

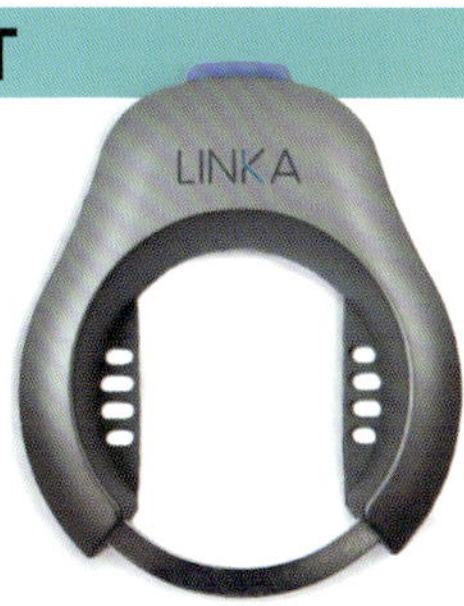

Intelligentes Fahrradschloss

Helm mit integrierten Leuchten

ZUBEHÖR

Nützliche Ausrüstung

Tourenfahrer und Pendler müssen nahezu zwangsläufig Gepäck transportieren. Über lange Strecken erweisen sich dabei Gepäcksysteme als sehr angenehm. Auf kürzeren Strecken sind dagegen Rucksäcke und Kuriertaschen bequemer und auch einfacher zu benutzen.

RUCKSÄCKE/KURIERTASCHEN

Rucksäcke nehmen größeres und schwereres Gepäck auf als Kuriertaschen, die aber dafür einen leichteren Zugriff auf den Inhalt erlauben.

Pendlertasche

Roll-Top-Rucksack

Mountainbike-Rucksack

GEPÄCKTRÄGER/-TASCHEN

Gepäckträger lassen sich nicht an jedem Fahrrad befestigen. Für große Gepäckträger braucht man lange Kettenstreben. An leichten Vorderradgabeln kann man keine Gepäcktaschen befestigen.

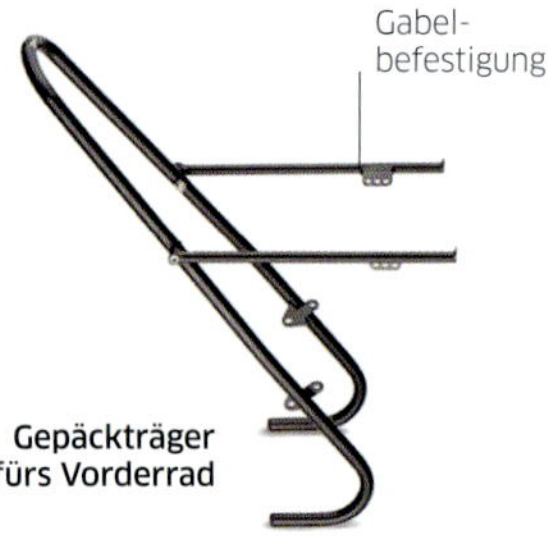

Gepäckträger fürs Vorderrad

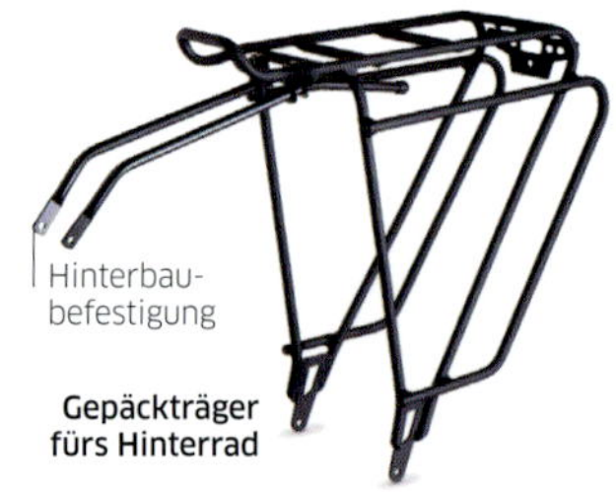

Gepäckträger fürs Hinterrad

Gepäcktaschen fürs Vorderrad

Gepäcktaschen fürs Hinterrad

RAHMENTASCHEN

Weil sie das Gewicht über den Rahmen verteilen, beeinflussen diese Taschen vor allem bei Geländefahrten das Fahrverhalten weniger als normale Gepäcktaschen. Sie sind häufig leicht und sorgen für ausgeglichenes Fahren.

Rahmendreiecktasche

Oberrohrtasche

Lebensmittelbeutel

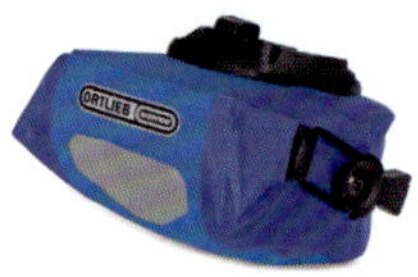

Kleine Satteltasche

Lenker- und Satteltasche

ANDERE SYSTEME

Körbe vorne oder hinten sind beim Einkaufen sehr angenehm. Einige Taschen haben sogar einen Schnelllösemechanismus.

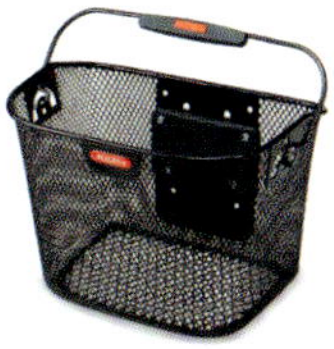
Metallkorb

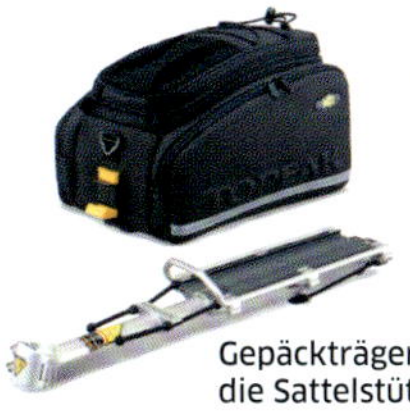
Gepäckträger für die Sattelstütze

Gepäckträger mit Schnelllöser

LENKERTASCHEN

Lenkertaschen bieten einfachen Zugriff auf wichtige Dinge. Einige besitzen ein praktisches Fach für Landkarten.

Karten-tasche

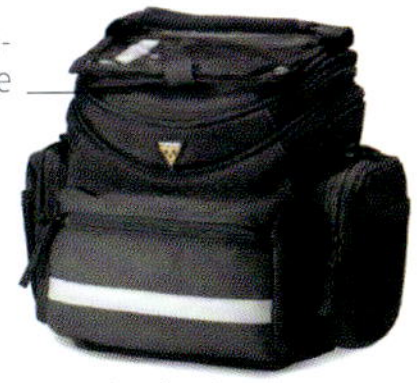

Lenkertasche

KINDERSITZE UND KINDERANHÄNGER

Ein Kleinkind kann man im Kindersitz mitnehmen. Für größere Kinder ist aber ein Anhänger oder ein angehängtes Kinderrad besser geeignet.

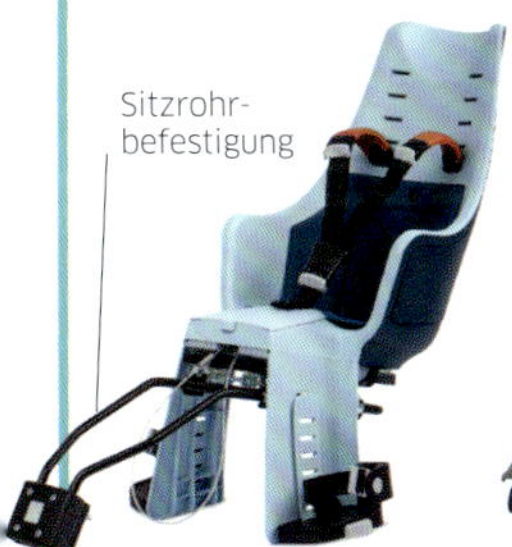

Kindersitz für das Sitzrohr

Kindersitz für das Oberrohr

Kindersitz für den Gepäckträger

Zweisitziger Kinderanhänger

FAHRRADANHÄNGER

Für schwere und große Lasten bieten Fahrradanhänger mit zwei Laufrädern gute Stabilität. Modelle mit nur einem Laufrad eignen sich für Geländefahrten.

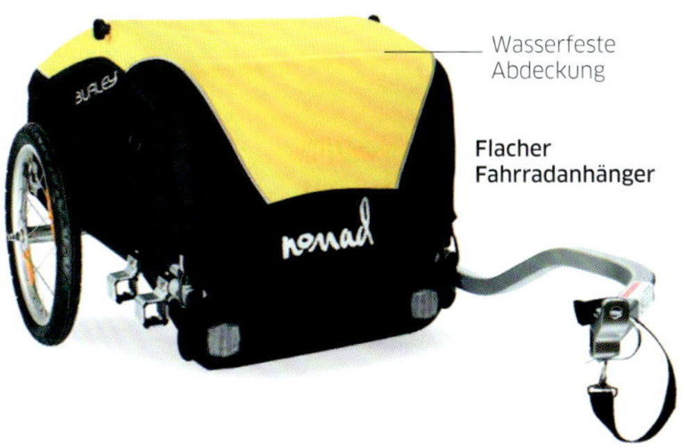

Flacher Fahrradanhänger

Hoher Fahrradanhänger

Trekking-anhänger

Reise-anhänger

BEKLEIDUNG

Straßenfahrten

Für kurze Fahrten reicht Alltagskleidung aus, aber auf längeren Fahrten oder bei schlechtem Wetter ist spezielle Fahrradbekleidung angenehmer. Mit Kleidungsstücken, die für die besonderen Bewegungen beim Radfahren entwickelt wurden, fühlt man sich deutlich wohler. Die Textilien sind leicht und atmungsaktiv, sodass Schweiß abdampfen kann. Zusätzliche Polster dämpfen Stöße und wasserfeste sowie winddichte Schichten bieten Schutz bei schlechtem Wetter.

VIELE SCHICHTEN

Wenn man sich zu warm oder zu kalt fühlt, ist es unangenehm. Mit verschiedenen Kleidungsstücken kann man die Körpertemperatur konstant halten. Mehrere Schichten speichern Wärme und sie sollten einfach an- oder abzulegen sein. Eine für jedes Wetter geeignete Kleidung umfasst folgende Teile:

- Atmungsaktive Unterwäsche. Sie führt an warmen Tagen Feuchtigkeit ab und speichert Wärme an kalten Tagen.
- Eine mittlere Schicht aus dehnbaren Trikots schützt vor Sonne und reguliert die Körpertemperatur.
- Eine leicht zu wechselnde wetter- oder winddichte Jacke schützt vor Regen und kühlt gleichzeitig die Haut, wenn man schwitzt.

BEKLEIDUNG

Fahrradbekleidung ist meist eng anliegend. Lange Ärmel und Rückenteile sind an die nach vorne gebeugte Sitzposition angepasst. Atmungsaktive Textilien führen Schweiß ab und Trägerhosen haben bequeme Träger anstelle eines engen Hosenbunds.

1 **Radunterwäsche** hält trocken und warm.

2 **Kurzärmeliges T-Shirt** mit hohem Nackenkragen schützt vor der Sonne.

3 **Ärmellose Weste** als äußere Schicht wärmt und schützt vor Wind.

4 **Fahrradhosen** sind gepolstert, damit Sie bequemer sitzen.

5 **Wollsocken** führen Schweiß von den Füßen ab.

6 **Fingerlose Handschuhe** sind innen gepolstert und haben außen Stoff zum Abwischen von Schweiß.

7 **Fahrradhelm** ist leicht, aerodynamisch geformt und gut belüftet.

8 **Fahrradschuhe** haben feste Sohlen für die Pedalplatten.

9 **Sonnenbrille** schützt die Augen vor Sonne, Insekten und Steinchen.

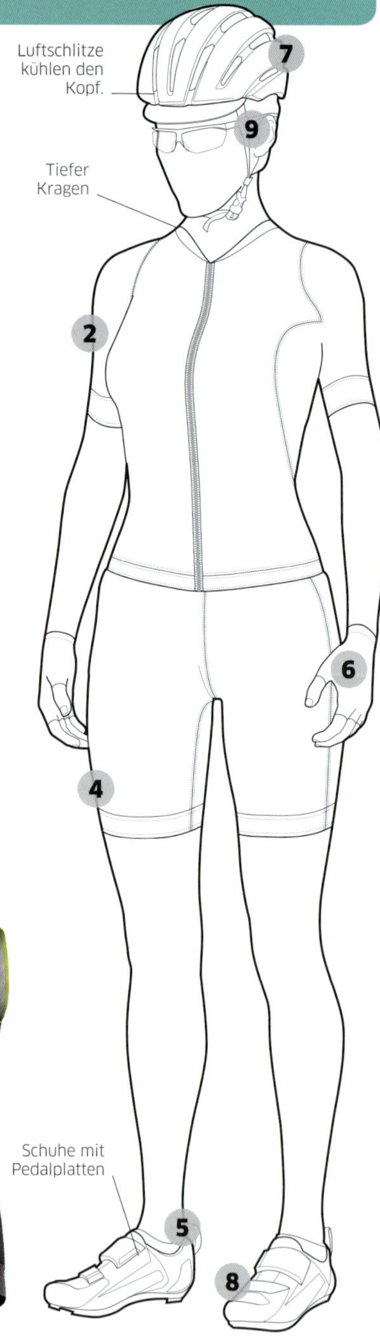

Kauftipp: Baumwollkleidungsstücke sollte man nur auf kurzen Fahrten tragen, weil sie Feuchtigkeit aufsaugen, anstatt sie abzuführen. Schweiß auf der Haut befeuchtet auch die Bekleidung und führt Körperwärme ab, sodass man sich kühl und unwohl fühlt.

EXTRAS

Zubehör wie Sonnenbrillen, Handschuhe, Kappen und Armwärmer erfüllen viele Funktionen und bieten zusätzlichen Komfort.

Abdeckung für Schuhplatten

Verspiegelte Brille

Kappe

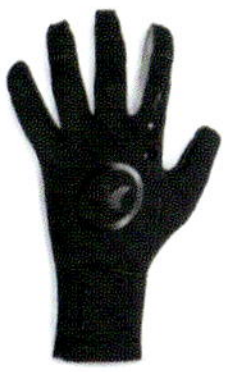
Handschuhe

Armwärmer

SICHTBARKEIT

Helle, sichtbare Bekleidung ist in der Nacht oder bei schlechtem Wetter erforderlich. Einige Teile haben bereits Reflektoren, es gibt aber auch Reflektoren zum Aufkleben.

Helm

Handschuhe

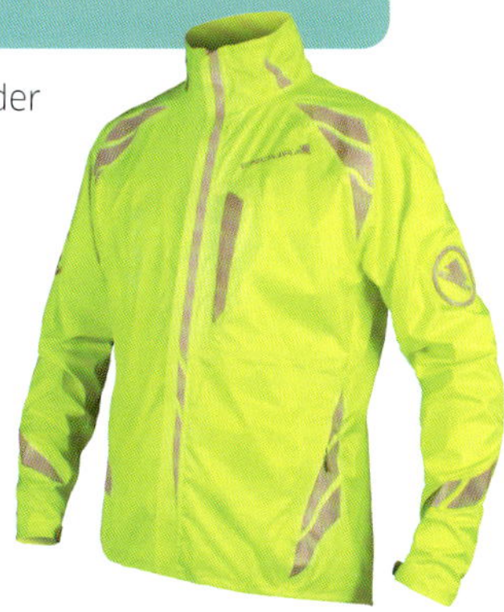
Jacke

BEI REGENWETTER

Manchmal muss man im Regen fahren, aber mit der richtigen Bekleidung bleibt man trocken. Dazu gehören Regenjacken und -umhänge.

Überschuhe

Regenhaube für den Helm

Fleece in der Jacke hält warm.

Wasserfeste Regenjacke

Leichte, wasserabweisende Jacke

Kapuze schützt das Gesicht.

Wasserfester Umhang

BEI KALTEM WETTER

Warme Bekleidung ist im Winter ein Muss. Handschuhe, Thermojacken und lange Fahrradhosen halten den Körper warm.

Sichtbarer Streifen

Isolierte Handschuhe

Mikrofaser-Socken

Thermojacke

Winddichte, langärmelige Jacke

Träger sind mit Fleece ausgekleidet.

Lange Fahrradhosen

BEKLEIDUNG
Geländefahrten

Lockere und bequem sitzende Kleidungsstücke sorgen für Bewegungsfreiheit bei Geländefahrten. Die aerodynamischen Eigenschaften sind weniger wichtig. Übergroße Mountainbiking-Hosen sind strapazierfähig, haben praktische Taschen und sind für raues, steiniges Gelände zusätzlich gepolstert. Mit wasserfester Kleidung sind Schmutzspritzer und Wasser auf den Wegen nicht so schlimm. Integralhelme und Körperschoner schützen den Fahrer auch auf extremen Touren.

VOR DEM KAUF

Komfort und Flexibilität sind im Gelände sehr wichtig. Daher sollten Sie die Angebote vergleichen und die Bekleidung vorher anprobieren.

- In Shorts und Hosen müssen die Beine frei beweglich sein.
- Jacken müssen ausreichend Platz bieten, um sich zu bewegen. Sie dürfen auch nicht hochrutschen und den Rücken freilegen.
- Wählen Sie eine klare Brille, die Sie das ganze Jahr über tragen können. Manche besitzen austauschbare Gläser – gelbe eignen sich gut bei bedecktem Himmel oder trüben Lichtverhältnissen.
- Helme müssen genau passen, deshalb sollte man sie immer in der richtigen Größe kaufen. Man sollte auch auf die korrekte Zertifizierung achten.

MOUNTAINBIKE-BEKLEIDUNG

Bekleidung für Geländefahrten lässt Ihnen möglichst große Bewegungsfreiheit. Weite Hosen mit Knieschonern werden über Hosen aus Elasthan getragen. Manche besitzen ein Innenfutter, sodass man keine Unterwäsche benötigt. Atmungsaktive Stoffe isolieren und halten trocken. Schuhe haben langlebige Sohlen mit ausreichend tiefem Profil.

1 **Radunterwäsche** führt Schweiß von der Haut ab.

2 **Weite Trikots** bieten viel Bewegungsfreiheit.

3 **Softshell-Jacken** schützen vor Wind und Regenschauern.

4 **Weite, gepolsterte Hosen** sorgen für eine angenehme Fahrt.

5 **Wollsocken** wärmen die Füße.

6 **Gepolsterte Fingerhandschuhe** mit zusätzlicher Haftfläche schützen die Hände.

7 **Leichter, belüfteter Helm** schützt den gesamten Kopf.

8 **Knöchelhohe** Schuhe mit Platten ermöglichen ein effektives Fahren.

9 **Eine Brille** mit farbigen, austauschbaren Gläsern schützt die Augen.

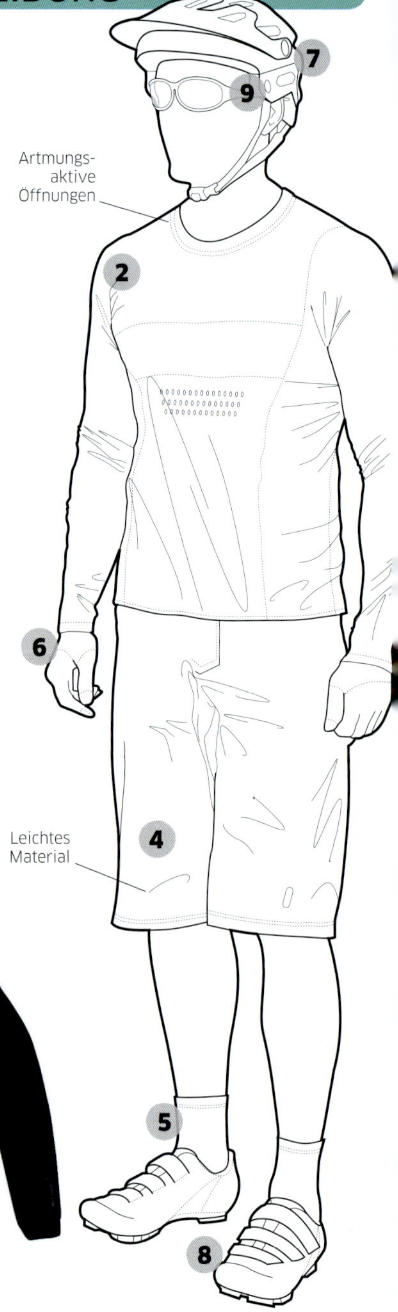

Kauftipp: Wasserfeste Jacken verlieren ihre abweisende Wirkung, wenn sie schmutzig oder verschwitzt sind, weil das Gewebe Wasser absorbiert. Waschbare Produkte kann man erneut imprägnieren und es sind auch wasserabweisende Sprays erhältlich.

EXTRAS

Gute Qualität verringert das Risiko von Knochenbrüchen und Quetschungen. Integralhelme sind lebensnotwendig und Brillen schützen die Augen. Knie- und Ellbogenschoner verleihen Sicherheit, ohne die Bewegungsfreiheit einzuschränken.

Integralhelm

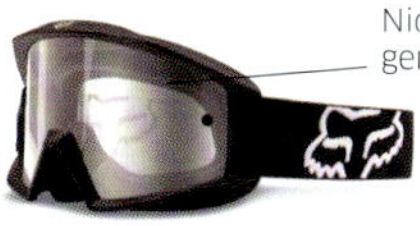

Brillen

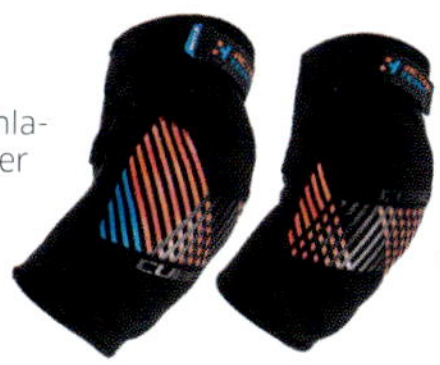
Ellbogenschoner

Knieschoner

BEI REGENWETTER

Mit der richtigen Bekleidung ist Radfahren bei Regen wesentlich angenehmer. Überhosen schützen die Beine vor Spritzwasser und manche Socken haben ein wasserfestes Futter.

Wasserfeste Schuhe

Gefütterte Socken

Wasserfeste Überhose

Wasserfeste Hardshell-Jacke

PFLEGE

Da Geländebekleidung oft sehr teuer ist, sollten Sie vor dem Waschen immer die Herstelleranweisungen lesen. Vermeiden Sie Weichspüler, weil er die Kapillarwirkung der Textilien reduziert.

- Schlamm sollten Sie vor dem Waschen mit der Dusche abspülen.
- Shorts und Hosen sollten sofort nach jeder Fahrt gereinigt werden, damit sich keine Bakterien ansammeln.
- Fahrradbekleidung sollte getrennt mit einem besonderen Waschmittel in kaltem Wasser und geringer Schleuderzahl gewaschen werden.
- Reißverschlüsse schließt man, damit sie keine anderen Bekleidungsstücke beschädigen.
- Kunstfasern oder andere dehnbaren Kleidungsstücke sollten immer an der Luft trocknen.

BEI KALTEM WETTER

Jacken mit verlängertem Rückenteil und hohem Kragen schützen vor Kälte. Ein Nackenwärmer lässt sich wie ein Schal benutzen. Man kann ihn hochziehen, um die Ohren zu wärmen. Lange Trägerhosen bilden eine Isolierschicht gegen Kälte.

Nackenwärmer

Isolierte Winterhandschuhe

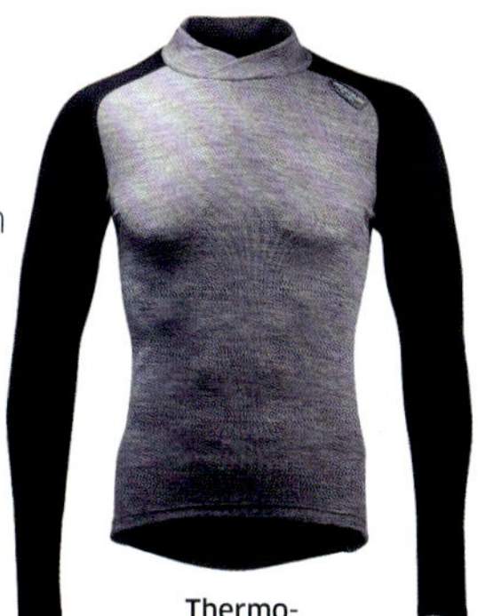
Thermounterwäsche

Langärmelige, wasserfeste Thermojacke

Lange Trägerhose

VOR-BEREITUNGEN

Werkzeuge

Fahrradwerkzeuge sind eine günstige Investition, mit der Sie auf lange Sicht viel Geld sparen. Mit dem richtigen Werkzeugsatz können Sie die meisten Wartungsarbeiten selbst erledigen, sodass Ihr Fahrrad immer gut läuft. Beginnen Sie zunächst mit einer Grundausstattung und erweitern Sie sie bei Bedarf mit Spezialwerkzeug.

STÄNDER UND PUMPEN

Ein Montageständer muss zum Fahrrad passen und Platz in der Werkstatt haben. Eine Pumpe mit Barometer befüllt Reifen und Luftfederung mit dem korrekten Druck.

Dämpferpumpe | Standpumpe | Montageständer

NOTWENDIGER WERKZEUGSATZ

Einige Werkzeuge sind für eine Grundausstattung unverzichtbar. Mit ihnen können Sie alle Aufgaben erledigen, mit denen Ihr Fahrrad gut in Schuss bleibt.

Mechanische Werkzeuge

- Multifunktionswerkzeug
- Verstellbare Schlüssel
- Schraubenschlüsselsatz
- Zangen
- Kreuzschlitz- und Schlitzschraubendreher

Weitere Ausrüstung

- Flickzeug
- Reifenheber
- Öl
- Schmierfett
- Fettlöser

ZANGEN UND DREHER

Ein Satz Schraubendreher mit Kreuzschlitz- und Schlitzklinge in unterschiedlicher Größe ist für kleine Einstellungen nützlich. Spitzzangen brauchen Sie für enge Stellen.

Spitzzange | Zange | Kabelschneider | Kreuzschlitz- und Schlitzschraubendreher

VERSCHIEDENE SCHLÜSSEL

Die Auswahl an Schraubenschlüsseln ist beeindruckend. Mit einem verstellbaren Schraubenschlüssel können Sie bereits viele Aufgaben durchführen. Wichtig ist auch ein Innensechskant-(Inbus)-Schlüsselsatz. Mit zunehmender Erfahrung ergänzen Sie Ihre Ausstattung später noch mit Spezialwerkzeugen.

Ringmaulschlüsselsatz

Steuerkopfschlüssel

Verstellbarer Schlüssel

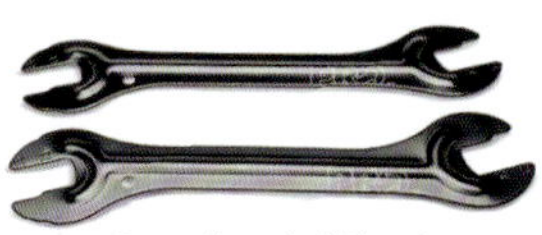

Doppelmaulschlüssel

Pedalschlüssel

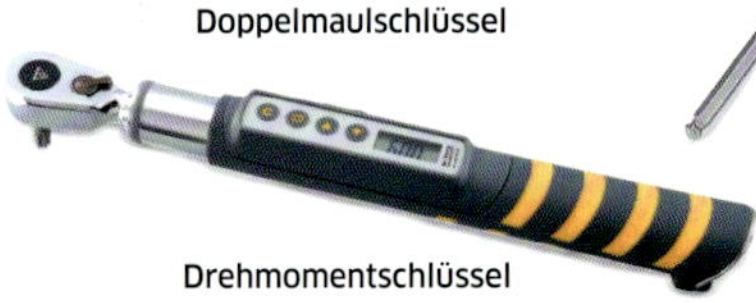

Drehmomentschlüssel

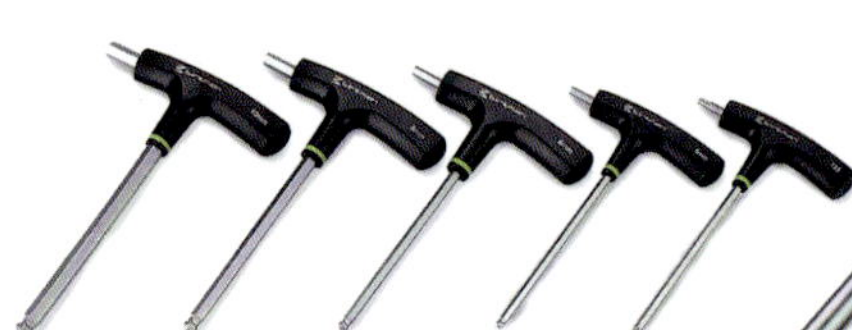

Innensechskant-Schlüssel (Inbus-Schlüssel)

Torxschlüssel

REINIGUNGSWERKZEUG UND ERSATZTEILE

- Fahrradbürsten
- Eimer und Schwämme
- Kettenhalter
- Reinigungsmittel
- Fahrradpolitur
- Kabelhüllen
- Schläuche (korrekte Größe/ Ersatzventile)
- Bowdenzüge
- Bremsbeläge
- Innenzug- und Zughüllenendkappen

KETTE UND KASSETTE

Für unterschiedliche Kassetten sind verschiedene Werkzeuge erforderlich. Kassetten werden mit einer Kettenpeitsche entfernt, die manchmal auch zusammen mit einem Werkzeug für den Verschlussring erhältlich ist.

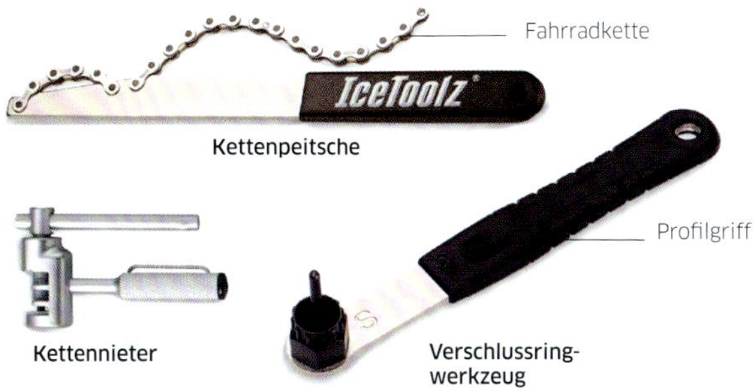

Kettenpeitsche

Kettennieter

Verschlussring-werkzeug

KURBEL UND TRETLAGER

Für das Tretlager benötigen Sie Spezialwerkzeuge – z.B., wenn Sie es auswechseln oder fester anziehen wollen. Mit einem Kurbelabzieher können Sie die Kurbel gleichmäßig und wirksam von der Tretlagerwelle ziehen.

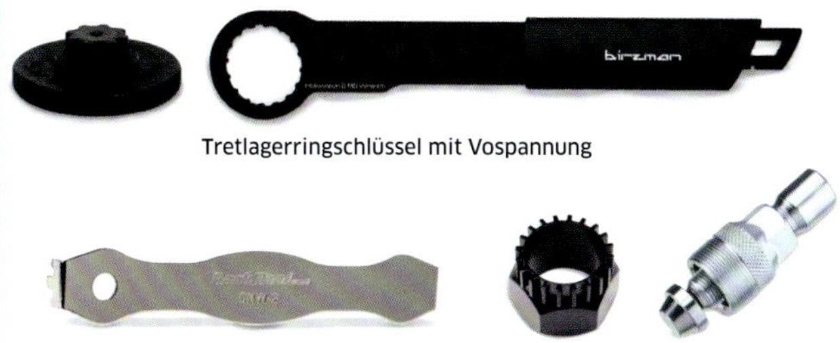

Tretlagerringschlüssel mit Vospannung

Kettenblattsteckschlüssel

Tretlager-werkzeug

Kurbel-abzieher

SPEZIALAUSRÜSTUNG

Neben der notwendigen Grundausstattung gibt es noch viele andere Werkzeuge, die die Arbeit erleichtern. Man braucht sie zwar nicht sehr oft, aber sie sparen auf die Dauer Zeit und Geld. Eine Kettenlehre zeigt den Verschleiß an und beugt so z.B. teuren Kassetten-reparaturen vor.

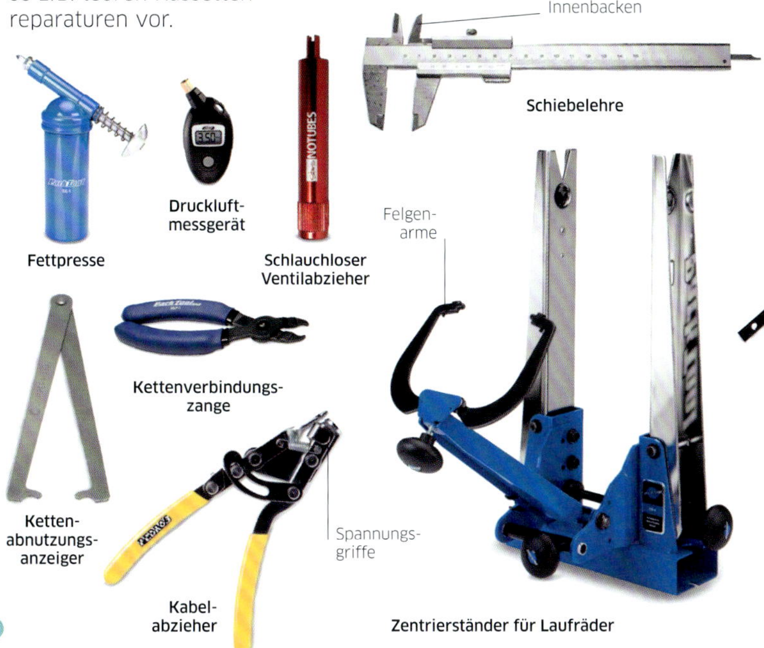

Schiebelehre

Fettpresse

Druckluft-messgerät

Schlauchloser Ventilabzieher

Kettenverbindungs-zange

Ketten-abnutzungs-anzeiger

Kabel-abzieher

Zentrierständer für Laufräder

ENTLÜFTUNG

Hydraulische Scheibenbremsen müssen gelegentlich entlüftet werden, damit ihre Bremswirkung erhalten bleibt. Werkzeuge erleichtern und beschleunigen die Entlüftung, sie müssen aber zur Bremse passen.

Entlüftungsbausatz von Shimano

Entlüftungsblöcke und -schlüssel

WERKZEUGE UND TECHNIKEN

Techniken

Seit Jahrzehnten nutzen nahezu alle Fahrräder die gleiche Verbindungstechnik mit Schrauben und Muttern. Dennoch gibt es einige grundlegende Prinzipien – und auch einige weniger offensichtliche Hinweise –, mit denen die Instandhaltung einfacher und genauer wird. Wenn Sie sie genau befolgen, sparen Sie viel Zeit und auch Geld.

EINZELNE BAUTEILE VORBEREITEN

Einige Komponenten sollten vor der Montage vorbereitet werden. Zunächst werden sie mit Fettlöser oder alkoholischen Reinigungsmitteln gereinigt, danach mit den unten aufgeführten Mitteln behandelt.

- **Schmierfett** Damit werden viele Bauteile wie Kurbelschrauben, Pedalachsen und Kabelklemmen eingeschmiert.
- **Schraubensicherung** Sie sichert Schrauben, die sich während der Fahrt lösen könnten, z.B. an Stützrädern, Bremsarmen oder -scheiben oder am Vorbau.
- **Montagepaste** Sie verhindert Kontaktkorrosion, vor allem bei Komponenten aus Aluminium oder Titan.
- **Carbonmontagepaste** Sie wird bei Carbon-Bauteilen anstelle des Schmierfetts verwendet – aber nicht bei der Vorbau-Steuerrohrverbindung.

RECHTS- UND LINKSGEWINDE

Nahezu alle Bauteile werden rechtsdrehend (im Uhrzeigersinn) festgezogen und linksdrehend gelöst. Ausnahmen bilden die Pedale und einige Tretlager. Die Befestigungsrichtung ist daran erkennbar, wie die Wendel nach oben verläuft.

Rechtsgewinde (Standard)

Linksgewinde (weniger häufig)

MECHANISCHER VORTEIL

Einige Arbeiten, z.B. das Öffnen eines Kassettenrings, erfordern viel Kraftaufwand. Wenn Sie die Werkzeuge im 90-Grad-Winkel zu anderen Werkzeugen, zum Bauteil oder zu der stützenden Hand ansetzen, wird die ausgeübte Kraft verstärkt.

HERUNTERDRÜCKEN

Bauteile lassen sich einfacher festziehen oder lösen, wenn Sie die Werkzeuge so ansetzen, dass Sie sie nach unten drücken können. Dadurch wird der erforderliche Kraftaufwand reduziert. Sie müssen aber darauf achten, dass Sie die Schrauben nicht überdrehen.

GEFAHRENZONEN

In der Nähe von Bauteilen mit Verletzungsgefahr, wie z.B. Kettenblättern, Ritzeln und Scheibenbremsen, setzen Sie die Werkzeuge so an, dass sich Ihre Hände von scharfen Teilen wegbewegen, falls Sie abrutschen.

Arbeitstipp: Die Werkzeuge müssen immer die passende Größe haben. Mit einem zu kleinen Inbus-Schlüssel lassen sich Schrauben weder festziehen noch lösen. Sie sollten auch darauf achten, ob die Größe in Zoll oder in Millimeter angegeben ist.

VERKANTEN

Wenn zwei Bauteile mit Gewinde nicht genau angesetzt werden, können beide Gewinde durch Verkanten beschädigt werden. Schrauben Sie die Bauteile vorsichtshalber zunächst mit der Hand an. Dabei spüren Sie sofort, ob beide Bauteile ineinandergreifen. Tun sie es nicht, müssen Sie die Bauteile lösen und erneut beginnen. Sie können auch ein Bauteil in die andere Richtung drehen, bis Sie ein leichtes Klicken hören – jetzt greifen beide Bauteile ineinander. Dann schrauben Sie sie vorsichtig an.

Pedal und Kurbel werden häufig verkantet.

PFLEGE

Ebenso wie Fahrräder müssen auch Werkzeuge gepflegt werden. Nach jedem Gebrauch werden sie gereinigt, denn durch Steinchen, Fett und Wasser können sie rosten. Abgenutzte Werkzeuge müssen durch neue ersetzt werden, denn abgenutzte Inbus- oder Schraubenschlüssel können Fahrradteile beschädigen. Bewahren Sie Werkzeuge in einem trockenen, dunklen Raum auf. Viele Werkzeuge können Sie an einem Brett aufhängen.

SECHSKANTMUTTER

Manche Fahrräder haben noch Sechskantmuttern und -schrauben (im Gegensatz zu Inbus-Schrauben an modernen Fahrrädern). Diese lösen oder ziehen Sie mit dem Ringende eines Maulringschlüssels oder Steckschlüssel an. Sie greifen Mutter oder Schraubenkopf an allen sechs Seiten.

Ringschlüssel an einer Sechskantschraube

VERSENKTE SCHRAUBEN

Bei versenkten Inbus-Schrauben benutzen Sie den langen Arm eines Inbus-Schlüssels. Sitzt die Schraube zu fest, können Sie den kurzen Arm mit einem passenden Rohr verlängern, um Ihre Kraft zu verstärken.

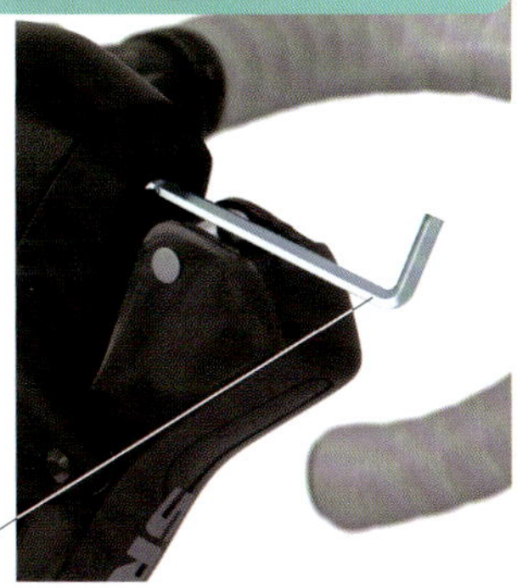

Der Schlüssel wird immer im rechten Winkel eingeführt.

UNGESCHÜTZTE SCHRAUBEN

Schraubenköpfe sind oft verschmutzt, vor allem an Pedalen und Pedalplatten. Bevor Sie sie lösen oder anziehen, müssen Sie zunächst den Schmutz entfernen, damit Sie den Schlüssel leichter ansetzen können.

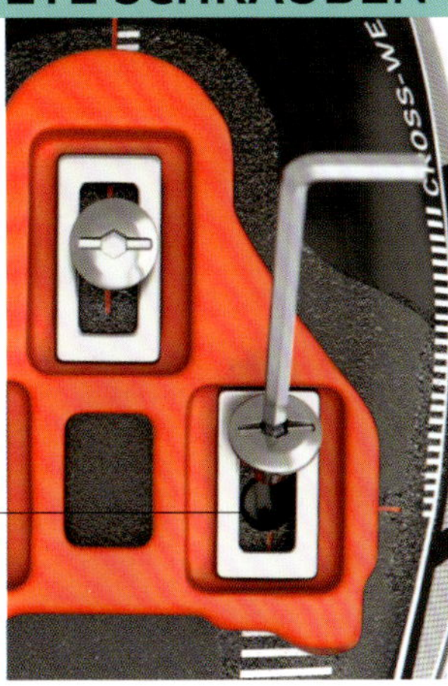

Schmutz muss zuerst von den Schrauben entfernt werden.

DER LÖSENDE SCHLAG

Pedale, Kurbeln und Tretlager können sehr fest sitzen. Häufig hilft ein kurzer, kräftiger Schlag mit der Handkante oder einem Gummihammer auf den Schraubenschlüssel. Sie können auch den Schlüssel mit einem passenden Rohr verlängern, um die Hebelkraft zu verstärken.

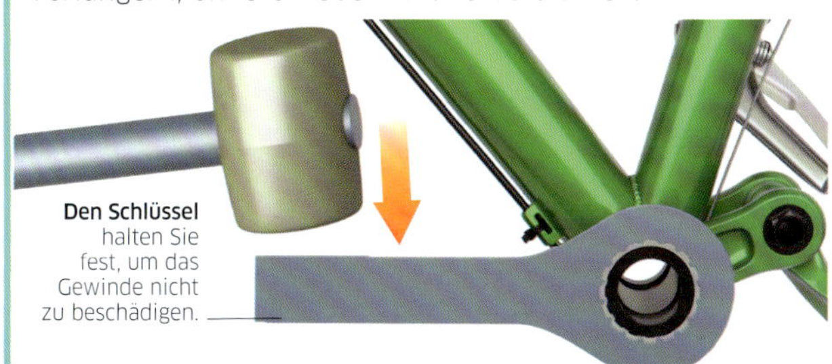

Den Schlüssel halten Sie fest, um das Gewinde nicht zu beschädigen.

▸ WARTUNG UND REPARATUR

Der M-Check

Beim »M-Check« wird geprüft, ob das Fahrrad verkehrssicher ist. Radfahrer schulden es den anderen Verkehrsteilnehmern – und auch sich selbst –, dass sie für die Sicherheit ihres Rads sorgen. Prüfen Sie Ihr Rad daher am besten regelmäßig.

Der Check ist nach der M-förmigen Abfolge der Kontrollpunkte benannt: Rahmen und Komponenten werden auf Schäden, Abnutzung und falsche Einstellungen überprüft. Sie beginnen beim Vorderrad und folgen über Lenker, Tretlager und Sattel einem M-förmigen Weg, bis Sie am Ende die Schaltung erreichen.

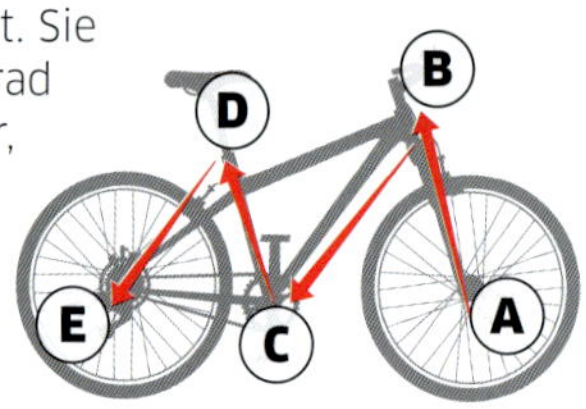

VOR DER FAHRT

Zusätzlich zu den regelmäßigen Kontrollen sollten Sie vor jeder Fahrt folgende Punkte prüfen.

① **Die Bremse** ziehen und Abstand und Funktion der Bremsklötze prüfen.

② **Prüfen** Sie, ob die Bremsklötze abgenutzt und an der Felge ausgerichtet sind.

③ **Vorbau, Lenker, Sattel und Sattelstütze** verdrehen und prüfen, ob die Verbindungen fest sind. (Carbonteile nicht verdrehen, sondern die Schrauben mit dem Drehmomentschlüssel prüfen).

④ **Die Reifen** zur Druckprüfung drücken.

⑤ **An den Laufrädern** den Sitz von Schnellspanner/Radmuttern in den Ausfallenden prüfen.

A VORDERRAD UND NABE

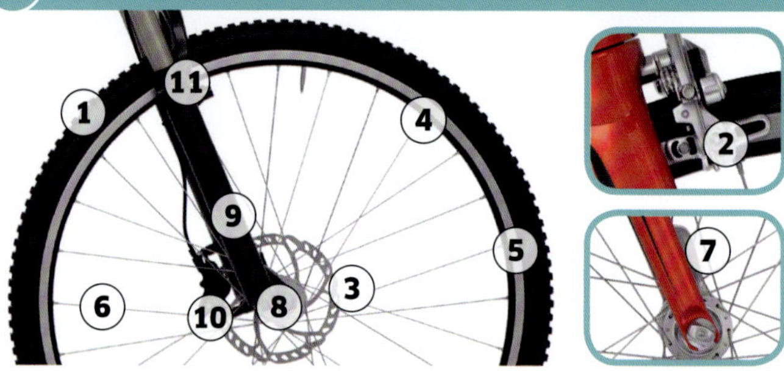

Der Vorderteil des Fahrrads wird zuerst überprüft. Dazu drehen Sie langsam das Laufrad und prüfen Nabe, Gabel und Bremse.

Während sich das Laufrad dreht, wird Folgendes geprüft:

① **Der Reifen** ist nicht abgenutzt und korrekt aufgepumpt.

② **Die Felgenbremse** ist frei.

③ **Die Bremsscheibe** ist gerade.

④ **Die Felge** ist nicht verzogen und hat weder Risse noch Ausbeulungen an Speichenlöchern.

⑤ **Der Reifen** sitzt auf der Felge, kein Schlauch ist sichtbar.

⑥ **Die Speichen** sind gespannt.

Dann drücken Sie das Laufrad oben zur Seite:

⑦ **Radmuttern/Schnellspanner** sitzen fest im Ausfallende.

⑧ **Die Nabenlager** sitzen fest.

Prüfen Sie die:

⑨ **Gabel** auf Beulen oder Risse

Ziehen Sie die Bremse:

⑩ **Funktioniert** sie korrekt?

⑪ **Sind die Führungsbuchsen** intakt? Dazu drücken Sie das Laufrad gebremst nach vorne.

B STEUERSATZ UND LENKER

Anschließend prüfen Sie Lenker, Vorbau, Steuersatz und Griffe.

① **Bremse ziehen**, den Lenker um 90 Grad drehen, das Steuerrohr halten und nach vorne drücken. Bei Spiel sind die Kugellager lose.

② **Den Lenker** auf Beulen und Risse prüfen.

③ **Sind** Lenkerstopfen eingesetzt?

④ **Sind Schalt- und Bremshebel** sicher befestigt?

⑤ **Steht der Lenker** im 90-Grad-Winkel zum Laufrad?

⑥ **Am Lenker** alle Vorbauschrauben prüfen.

Arbeitstipp: Rahmen können auch verdeckte Schäden haben und dann plötzlich brechen. Metallrahmen haben manchmal Schwachstellen wie Haarrisse an den Schweißnähten. Bei Carbonrahmen deuten Weichheit und abgeschabte, rissige Lackierung auf Schäden hin.

C TRETLAGER

Nach dem Lenker werden Tretlager und Kettenantrieb geprüft.

① **Kurbeln** per Hand zur Seite drücken. Sind sie beweglich, ist das Tretlager locker.

② **Die Pedale** drehen, um die Achse zu prüfen.

③ **Pedale** verdrehen und prüfen, ob Kugellager und Gewinde fest sind.

④ **Die Kette** auf das kleinste Blatt und das mittlere Ritzel schalten. Die Pedale rückwärts drehen, ob die Blätter gerade, Schrauben fest und alle Kettenglieder beweglich sind.

⑤ **Sitzt der Umwerfer** fest und verläuft er parallel zu den Blättern?

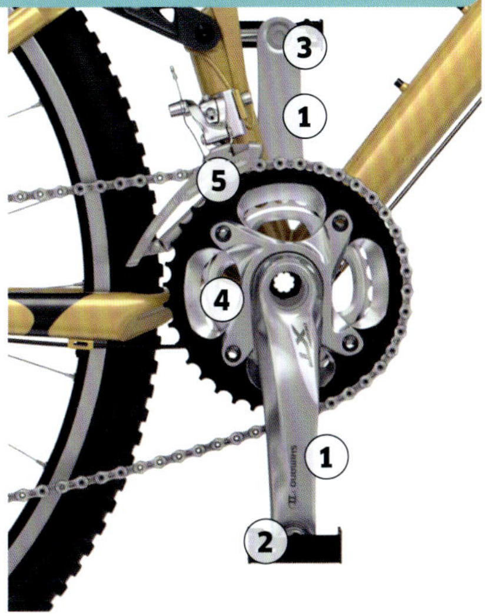

D RAHMEN, KABEL, SATTEL UND FEDERUNG

Wieder oben am Fahrrad werden Rahmen, Kabel, Sattel und Federung geprüft.

① **Jedes Rohr** mit den Fingern auf Beulen oder Risse prüfen. (Vorher das Fahrrad reinigen.)

② **Zughüllen** und Hydraulikschläuche vor allem direkt an den Rohren auf Abnutzung überprüfen.

③ **Sitzt die Sattelstütze** fest?

④ **Der Sattel** muss sicher auf der Sattelstütze sitzen und parallel zum Oberrohr ausgerichtet sein.

⑤ **Die Federung** prüfen, indem Sie den Sattel halten und auf das Hinterrad drücken. Achten Sie darauf, ob zwischen Buchse und Kugellager Spiel auftritt.

Korrekte Bewegung der Stoßdämpfer prüfen.

E HINTERRAD

Im letzten Schritt werden Hinterrad, Bremsen und Schaltung überprüft.

① **Hinter dem Laufrad** stehend prüfen, ob das Schaltwerk verzogen ist. Auch auf lockere Drehgelenke achten.

② **Das sich drehende Hinterrad** auf abgenutzte Reifen oder Felgen und Speichenspannung prüfen.

③ **Funktion** der Bremse testen.

④ **Auf Nabenspiel** prüfen und dazu gegen das obere Laufrad drücken.

⑤ **Alle Gänge schalten,** ob das Schaltwerk richtig eingestellt ist. Ritzel auf abgenutzte Zähne prüfen.

⑥ **Mit einer Kettenlehre** die Kette auf Dehnung prüfen.

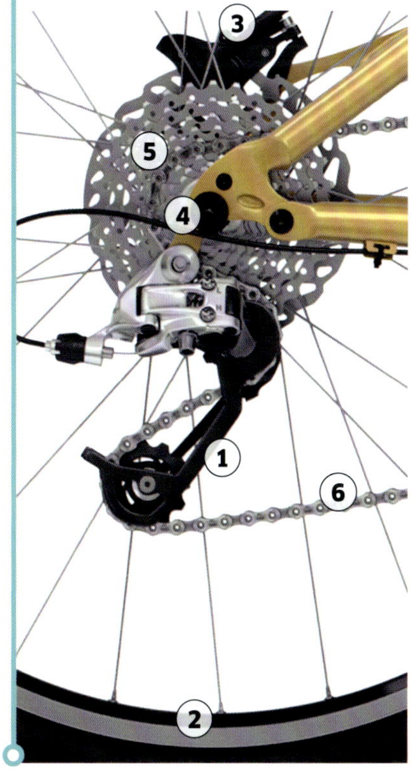

Fahrradreinigung

Für die Instandhaltung ist die regelmäßige Reinigung sehr wichtig, damit sich kein Schmutz ansammelt. Zuerst reinigen Sie die am stärksten verschmutzten Stellen. Sie können nach dieser Anleitung das gesamte Rad putzen oder schmutzige Stellen sofort nach jeder Fahrt reinigen.

REINIGUNGSTIPP

Stellen Sie das Fahrrad nicht auf den Kopf, weil das Schmutzwasser in den Rahmen fließen und Sattel und Lenker beschädigen kann. Haben Sie keinen Montageständer, lehnen Sie es gegen die Wand.

SCHLAMM UND STRASSENSCHMUTZ

Bauen Sie vor der Reinigung alle Zubehörteile ab. Je nach Fahrbedingungen und Untergrund kann es sein, dass Sie das Fahrrad komplett waschen müssen: Nach Geländefahrten ist es z.B. voller Schlammspritzer. Zunächst sprühen oder bürsten Sie den Schmutz ab und achten vor allem auf folgende Stellen:

1. **Reifen**
2. **Laufräder**
3. **Rahmen**
4. **Sattelunterseite**
5. **Unterseite Unterrohr**
6. **Gabelbeine**
7. **Streben,** Gabelkrone (Mountainbike)
8. **Bremsarme** (Straßenräder)

Verwenden Sie zum Sprühen ein spezielles Reinigungsmittel, das Lack und Bremsen nicht angreift, und spülen Sie es anschließend mit Wasser ab.

ANTRIEB

Zum Reinigen des Antriebs entfernen Sie das Hinterrad. Führen Sie die Ketten um einen Kettenhalter, den Sie in das Ausfallende klemmen.

1. **Drehen Sie die Pedale** rückwärts und bürsten oder sprühen Sie Fettlöser auf die Kette. Schmutz von den Kettenrädchen entfernen Sie mit einer Bürste aus Kunststoff.
2. **Mit Fettlöser** und Schwamm werden auch die Kettenblätter auf beiden Seiten gereinigt.
3. **Umwerfer** und Schaltschwinge werden mit einer Flaschenbürste entfettet.
4. **Die Kette** wird mit einem Tuch oder Schwamm vom Fettlöser gereinigt.
5. **Der Fettlöser** muss vollständig entfernt werden, um den Antrieb wieder schmieren zu können.

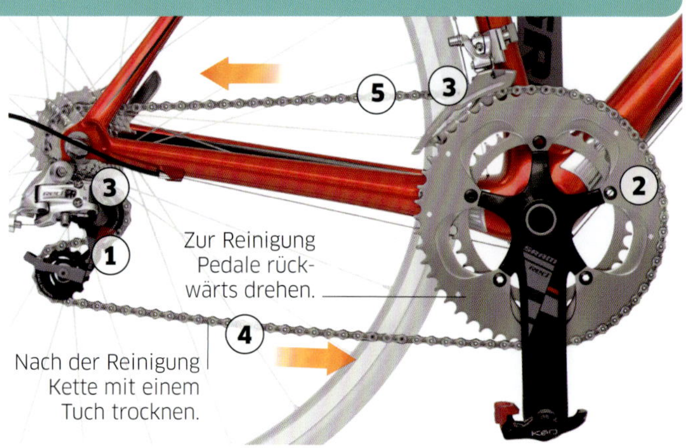

WERKZEUG UND AUSRÜSTUNG

- Bürsten und Schwämme
- Fettlöser
- Tücher und Lappen
- Fahrrad-Reinigungsmittel
- Kettenhalter (optional)
- Politur auf PTFE-Basis

Arbeitstipp: Verwenden Sie kein heißes Wasser, weil es das Fett in Gewinden und Lagern schmilzt. Wenn Sie einen Wasserschlauch verwenden, halten Sie den Druck niedrig und zielen Sie nicht auf die Kugellager. Reinigungsmittel müssen für Fahrräder geeignet sein.

KASSETTE, LAUFRÄDER, BREMSSCHEIBEN

Die Laufräder nehmen Sie zum Reinigen am besten aus den Ausfallenden.

(1) **Die Kassette** wird von hinten (von der Nabenseite) mit Bürste und Fettlöser von verschmutztem Fett befreit. Bewegen Sie einen Lappen vor und zurück, bis auch hartnäckiger Schmutz entfernt ist.

(2) **Reifen**, Speichen und Nabe werden mit einem Reinigungsmittel gereinigt.

(3) **Die Felgen** werden mit einem mit Reinigungsmittel getränkten Tuch abgewischt. Dabei können Sie gleichzeitig die Felgenseiten auf Abnutzung prüfen.

(4) **Scheibenbremsen** werden mit speziellem Reinigungsspray für Bremsen vollständig gesäubert, damit die Bremsen funktionieren.

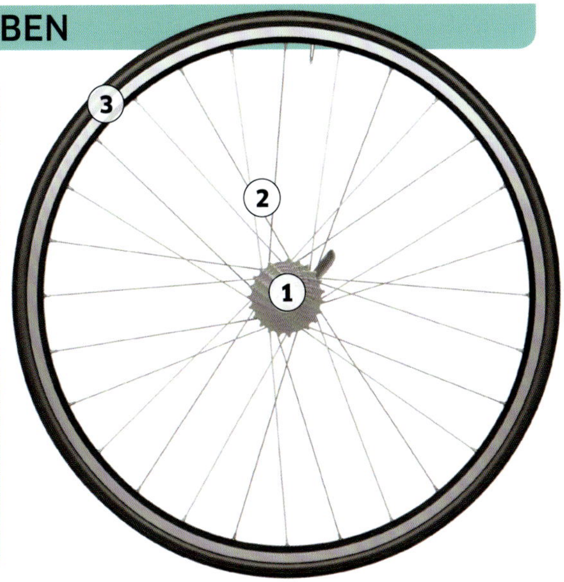

RAHMEN UND GABEL

Mit einem Fahrrad-Putzmittel und einem Schwamm waschen Sie Rahmen, Gabel, Bremsen, Pedale und die Innenseiten der Kurbeln ab.

(1) **Sattelunterseite**, Unterrohr, Tretlager und Innenseiten der Streben werden gereinigt.

(2) **Von Bremsarmen** und Bremsklötzen wird jeder Schmutz entfernt.

(3) **Die Laufräder** werden zum Abtropfen ausgebaut. Mit einem Polituspray auf PTFE-Basis wird Feuchtigkeit verdrängt. Bestimmte Stellen werden bei Bedarf neu eingefettet (S. 44–45).

ELEKTRONIK

Elektronische Schaltungen und Antriebssysteme funktionieren zwar auch bei Feuchtigkeit, man darf sie aber nur vorsichtig mit Wasser und Reinigern säubern. Besser sind spezielle Mittel oder Reinigungssprays für elektronische Schaltungen. Sie reinigen und trocknen und müssen weder abgespült noch abgewischt werden.

- Für elektronische Teile sollten Sie Reiniger auf Alkoholbasis und Fettlöser vermeiden, ebenso Sprays oder Bürsten, die die Dichtungen beschädigen.
- Sind die Verteiler verschmutzt, nehmen Sie sie und die Kabel ab. Reinigen Sie sie mit Fahrrad-Reinigungsmittel und wischen Sie Akkus und Anschlüsse sorgfältig trocken.
- Leistungsmessgeräte an der Kurbel schützen Sie mit einer Abdeckung vor Wasser und Reinigungsmitteln.

Schmieren und Einfetten

Bauteile zu schmieren ist ebenso wichtig wie die Reinigung und Sie sollten es nach jeder Säuberung tun. Schmiermittel und Fette verringern die Reibung an beweglichen Teilen, sodass besonders die Kette immer gut eingefettet sein muss. Schmiermittel bilden auch eine Schutzschicht, die die Bauteile vor Korrosion schützt oder auch zwei verschiedene Materialien voneinander getrennt hält, damit sie sich nicht festfressen – wie z.B. einen Stahlrahmen und eine Sattelstütze aus Aluminium.

KETTE UND SCHALTWERK

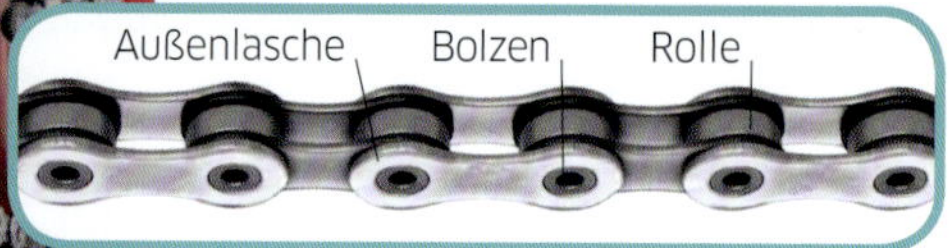

Kette, Schaltschwinge und Kabel müssen gefettet sein, damit der Antrieb reibungslos funktioniert.

(1) **Das Schmiermittel** vor dem Schaltwerk über die Kette halten und gleichzeitig die Pedale drehen.

(2) **Das Schmiermittel** von den Außenlaschen abwischen.

(3) **Alle Gänge** schalten, um Ritzel und Blätter einzufetten.

(4) **Die Gelenke,** Federn und Schaltrollen des Schaltwerks schmieren.

(5) **Die Schaltzüge** in den Kabelhülsen schmieren.

KURBELN UND LAUFRÄDER

Umwerfer und Pedale werden gleichzeitig mit den Speichen eingefettet.

(1) **Gelenke** und Federn einfetten.

(2) **An den Laufrädern** erhalten alle Speichennippel (Verbindung zur Felge) einen Tropfen Öl, um Korrosion zu verhindern.

(3) **Haltefedern** der Klickpedale einfetten.

FELGENBREMSEN

Gelenke und Züge der Bremsen müssen geschmiert sein, damit die Bremse gut wirkt.

(1) **Gelenke** der Bremsarme schmieren.

(2) **Schmiermittel** in die Zughülse tropfen. Dazu öffnen Sie die Bremse mit dem Schnellspanner und legen die Züge frei.

WERKZEUG UND AUSRÜSTUNG

- Schmiermittel (s.u. Verschiedene Schmierstoffe und Fette)
- Lappen oder Mikrofasertuch
- Kabelbinder

Arbeitstipp: Setzen Sie Schmiermittel und Öle immer sparsam ein. Wischen Sie überschüssiges Schmiermittel anschließend ab, damit es sich nicht mit dem Schmutz zu einer schmirgelnden Paste vermischt, die an den Komponenten reibt.

FEDERUNG, SATTELSTÜTZE

Federungen funktionieren nur gut geölt und auch die Sattelstütze muss eingefettet werden, damit sie sich nicht im Rahmen festsetzt.

① **Schmiermittel** oder Carbonmontagepaste unten an der Sattelstütze und im Sitzrohr auftragen.

② **An den Gelenken der Federung** von Mountainbikes die Kugellager schmieren oder die Hülse einölen.

③ **Spezialöl für Federungen** in die Dämpferhülse tropfen. Danach Sattel herunterdrücken, um das Öl zu verteilen.

FEDERGABEL

Die Federgabel wird geölt, damit sie funktioniert.

① **Spezialöl für Federungen** in das Standrohr tropfen lassen.

② **Die Dichtung** mit einem Kabelbinder zurückhalten, damit das Öl in das Standrohr fließt. Die Gabel pumpen, um das Öl zu verteilen.

VERSCHIEDENE SCHMIERSTOFFE UND FETTE

Es gibt spezifische Schmiermittel für Fahrräder. Normale Öle sind zu dickflüssig und Kriechöle eignen sich nur zum Entfernen von überschüssigem Schmiermittel oder Fett.

- **Schmieröle** basieren auf Öl. Sie sind für nasse, schlammige Bedingungen geeignet, weil sie kaum ausgewaschen werden. Sie sammeln aber Staub und Ruß an.
- **Trockenschmiermittel** sind in einer Lösung enthalten. Die Lösung verdampft nach der Anwendung, sodass das Schmiermittel als trockener Wachsfilm zurückbleibt. Diese Mittel sammeln weniger Schmutz an, müssen aber dafür häufiger erneuert werden. Sie sind bei trockenem Wetter und in sandigem, staubigem Gelände nützlich.
- **Schmierfette** reduzieren die Reibung zwischen zwei Oberflächen, z.B. in Kugellagern und Gewinden. Einige Fette sind wasserfest, andere widerstehen hohen Temperaturen, z.B. in den Kolben von Scheibenbremsen.
- **Montagepaste** enthält Kupfer oder Aluminium. Sie verhindert, dass sich zwei Oberflächen durch Korrosion festfressen.
- **Carbonmontagepaste** enthält Mikropartikel, die die Reibung erhöhen. Sie eignet sich für Komponenten, die wie Bauteile aus Carbon mit geringem Drehmoment festgezogen werden.

WARTUNG UND REPARATUR

Den Rahmen schützen

Fahrräder sind für intensive Nutzung gebaut. Sie bleiben aber länger funktionsfähig, wenn Sie den Rahmen vor Steinchen, vor Teilen oder den eigenen Beinen schützen, die an ihm reiben. Hier werden Schutzabdeckungen für bestimmte Bauteile vorgestellt.

3 KABELÖSEN/SPIRALEN

Ringe oder Spiralen aus Kunststoff nehmen Kabel auf, sodass diese nicht am Rahmen scheuern.

2 UNTERROHRSCHUTZ

Ein Unterrohrschutz oder ein Stück eines alten Reifens, den Sie mit Kabelbinder befestigen, schützt das Unterrohr vor Steinchen und Trümmern.

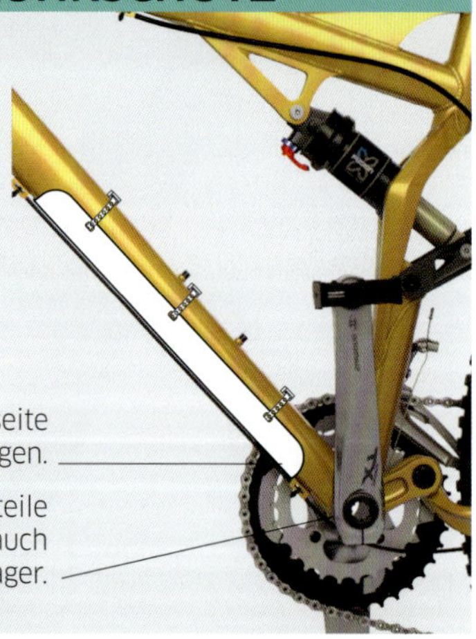

1 ROHRSCHUTZ

Schutzfolien oder PU-Klebeband wie »Helikopter-Band« (s. Arbeitstipp) können Sie an die Stellen kleben, die z.B. Steinschlägen ausgesetzt sind.

7 KETTENSTREBENSCHUTZ

Dieser Schutz verhindert, dass eine Kette durch wiederholtes Schlagen den Rahmenlack beschädigt. Es gibt Strebenschutz aus Neopren oder aus Kunststoff zu kaufen. Alternativ dazu können Sie die Strebe auch mit Helikopter-Band oder sogar mit einem Stück Schlauch schützen (s. Kasten, rechts).

Arbeitstipp: Sog. »Helikopter-Band« wurde für Rotorblätter entwickelt, schützt aber auch Fahrräder sehr gut. Schneiden Sie eine Länge Band ab und erwärmen Sie sie mit einem Fön. Dann ziehen Sie die Rückseite von einem Ende her ab und kleben es auf.

4 RAHMENAUFKLEBER

Kleine Aufkleber oder kurze Stücke vom Band kleben Sie an die Stellen, an denen Kabelzüge scheuern können.

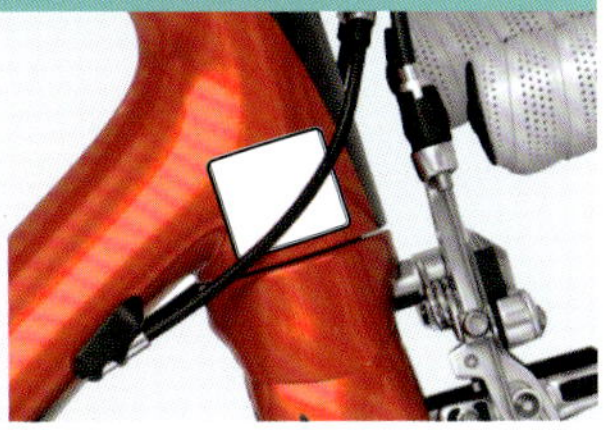

Die Zughülse kann am Steuerrohr reiben.

TRANSPORTSCHUTZ

Vor einem Transport wird der Rahmen gepolstert und der Lenker gesichert.

- Dazu wird Schaumstoff an den Rahmen geklebt.
- Ausfallenden und Schaltung werden gepolstert.

Den Lenker parallel zur Rahmenachse drehen.

5 DOWNHILL-RAD: KETTENSCHUTZ

Ein Kettenschutz verhindert, dass die Kette in rauem Gelände von den Kettenblättern fällt. Ein Kettenblattschutz schont zusätzlich die Kettenblätter vor Steinschlag.

Kettenblattschutz

6 STRASSENRAD: KETTENFÄNGER

Der Kettenfänger wird einfach angeschraubt und verhindert, dass die Kette vom inneren Kettenblatt rutscht und den Rahmen beschädigt.

Ein Ende des Kettenfängers sitzt neben dem inneren Kettenblatt.

EINEN SCHUTZ SELBST HERSTELLEN

Schneiden Sie sich einen alten Schlauch zurecht und wickeln ihn um die Strebe, um den Rahmen vor Kettenschlag zu schützen.

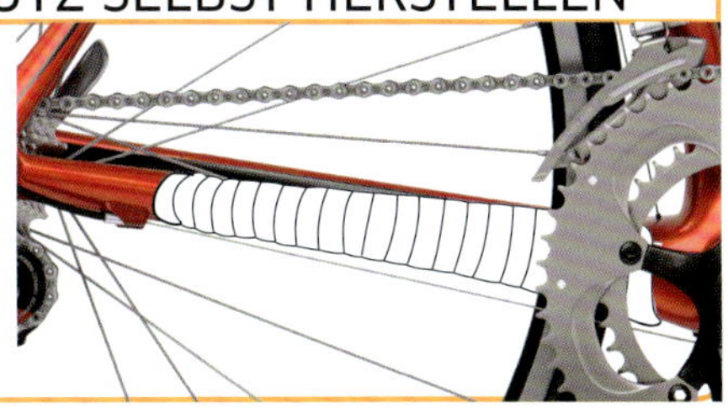

Reparaturen

Wenn Sie oft fahren, sind Pannen unvermeidlich. Bei längeren Fahrten ist neben der Grundausstattung aus Nahrungsmitteln, Wasser, Handy und Geld auch ein Reparatursatz (s. Kasten, rechts) empfehlenswert. Ein Check vor der Fahrt (S. 40) reduziert das Risiko eines mechanischen Defekts. Wenn Sie wissen, wie man z.B. eine Reifenpanne behebt und Notreparaturen durchführt (s. Kasten S. 49), werden Sie jedes Mal sicher wieder nach Hause kommen.

REPARATURSATZ

Zusätzlich zu dem normalen Werkzeugsatz in der Satteltasche (S. 24–25) helfen weitere Werkzeuge bei Pannen, die ansonsten jede Fahrt beenden. Die Ausrüstung hängt von der jeweiligen Ausstattung des Fahrrads ab.

- Kettennieter
- Kabelbinder
- Stück alter Reifen ($5\,cm^2$)
- Klebeband
- Schaltauge
- Presta-Schrader-Ventiladapter (für Autoventil-Pumpen an Tankstellen)
- Ventilverlängerung (bei Bruch einer Ventilspitze)

REIFENPANNEN

Reifenpannen sind für Radfahrer das häufigste Problem. Scherben oder auch spitze Steinchen können sich in Reifenmantel und Schlauch bohren oder der Schlauch wird zwischen Mantel und Felge eingeklemmt. Dabei entstehen dann zwei parallele, schlitzartige Löcher, die an einen Schlangenbiss erinnern. Nehmen Sie deshalb immer Reifenheber und Flickzeug mit. Dieses enthält alle notwendigen Teile zum Flicken sowie Sandpapier, Klebstoff und mitunter auch Kreide.

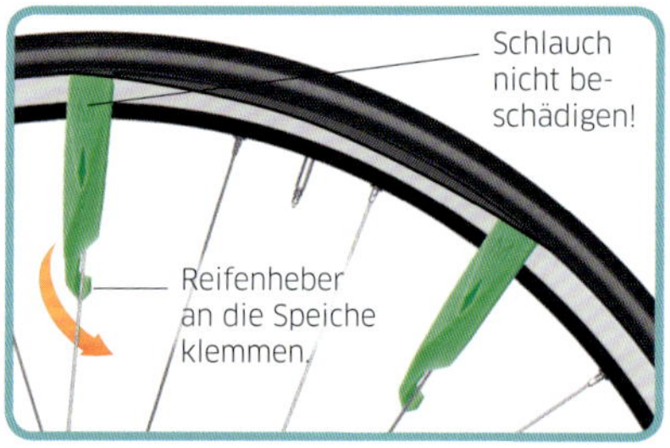

1 **Bauen Sie das Laufrad** aus und lassen die Luft aus. Führen Sie den Reifenheber unter den Mantel. Den zweiten Heber stecken Sie auch unter den Mantel und führen ihn an der Felge entlang.

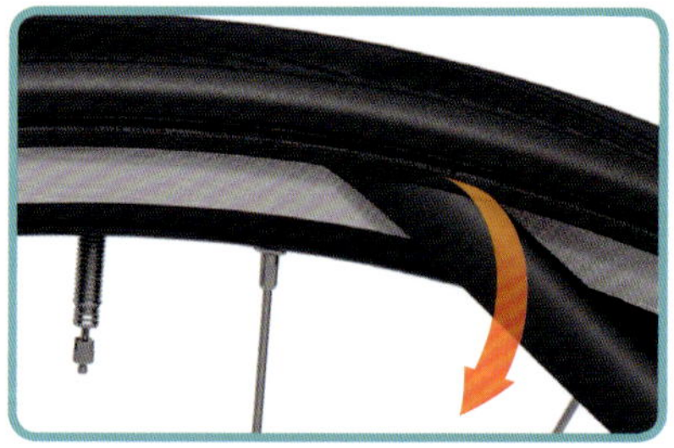

2 **Nachdem Sie eine Seite** des Mantels abgehoben haben, können Sie den Schlauch herausnehmen. Dann untersuchen Sie den Schlauch, um den Grund der Panne zu entdecken.

6 **Rauen Sie den Schlauch am Loch** mit Sandpapier auf, damit der Klebstoff besser haftet. Die Fläche muss etwas größer als der Flicken sein, damit er das Loch gut abdichtet.

7 **Dann bestreichen Sie** die angeraute Stelle mit Klebstoff, der nach etwa 30 bis 60 Sekunden klebrig wird. Achten Sie darauf, dass der Klebstoff nicht mehr flüssig ist.

8 **Setzen Sie den Flicken** auf den Klebstoff. Streichen Sie dann von der Mitte des Flickens mit den Fingern nach außen, um Luftblasen herauszudrücken, und lassen Sie ihn trocknen.

Reparaturtipp: Wenn Sie während der Fahrt ein wichtiges Teil verlieren, suchen Sie am Fahrrad einen Ersatz dafür. Eine Schraube für den Klickschuh ersetzen Sie z.B. mit einer des Flaschenhalters und einen Schnellspannhebel setzen Sie als Reifenheber ein.

NOTREPARATUREN

Auch wenn man ein Fahrrad immer wartet und regelmäßige Sicherheitschecks (S. 40–41) durchführt, können mechanische Defekte auftreten. In diesen Fällen oder wenn man keine Ersatzteile oder Werkzeuge dabei hat, helfen Notreparaturen.

Bruch einer Speiche	■ Wenn Sie die Speiche nicht entfernen können, kleben Sie Band um den Bruch oder wickeln Sie sie um eine benachbarte Speiche.
Delle im Laufrad	■ Ein stark verbogenes Laufrad stellen Sie mit der Delle vor Ihr Knie. Dann ziehen Sie seitlich am Laufrad, um die Felge zu richten. Als letztes Mittel können Sie die Felge auf den Boden schlagen. Zu Hause müssen Sie die Felge dann ersetzen.
Ausfall der Beleuchtung	■ In den meisten Fällen ist das Kabel gerissen, die Glühlampe defekt oder es sind die Kontaktstellen korrodiert.
Bruch des Schaltwerks	■ Entfernen Sie das Schaltwerk, kürzen Sie mit dem Kettennieter die Kette und fahren Sie mit nur einem Gang nach Hause.

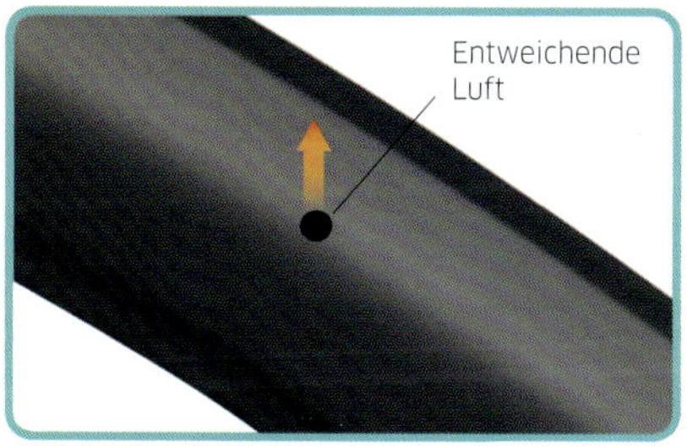

3 **Finden Sie das Loch** nicht, pumpen Sie den Schlauch auf und lauschen Sie nach entweichender Luft. Bei winzigen Löchern halten Sie den Schlauch an die Lippen, die viel empfindlicher sind.

4 **Entdecken Sie das Loch immer noch** nicht, tasten Sie den Reifen innen nach scharfen Objekten ab. Haben Sie ein Objekt gefunden, untersuchen Sie die entsprechende Stelle am Schlauch.

5 **Markieren Sie das Loch** mit einem Filzstift oder Kreide. Auf der anderen Seite des Schlauchs suchen Sie nach einem zweiten Loch, falls eine »Schlangenbiss«-Panne vorliegt.

9 **Reiben Sie die Kreide** am Flickzeugkästchen und verteilen Sie den Staub über die Klebefläche. Der Kreidestaub verhindert, dass der Schlauch später an der Reifeninnenseite kleben bleibt.

10 **Prüfen Sie die Innenseite** des Reifens und die Felge erneut und entfernen Sie dabei alle Dinge wie Staubkörner, Schmutz oder Steinchen, die zu einem weiteren Loch führen können.

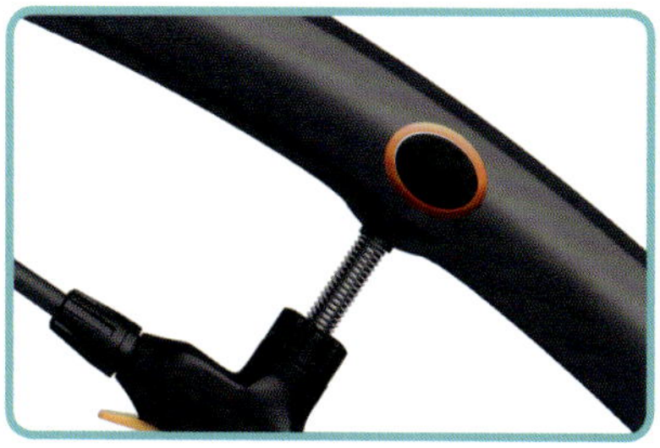

11 **Setzen Sie eine Seite** des Reifens auf die Felge. Pumpen Sie den Schlauch leicht auf, legen Sie ihn in den Reifen ein und stecken Sie das Ventil durch die Felge. Setzen Sie den Reifen ein.

STEUERUNG UND SATTEL

HAUPTKOMPONENTEN

Steuersatz

Der Steuersatz ist eine Lagerung im Steuerrohr, die die Drehung von Lenker und Gabel ermöglicht. Ältere Steuersätze (S. 54–55) sind über ein Gewinde im Steuerrohr mit dem Gabelschaftrohr verbunden, an dem Vorbau und Lenker befestigt sind. Bei modernen, gewindelosen Steuersätzen (S. 56–57) ist das Gabelschaftrohr direkt mit dem Vorbau verbunden. Die gewindelosen Steuersätze unterteilen sich in integrierte (rechts) und solche mit Außenringen. Integrierte Steuersätze haben Patronenlager im Steuerrohr. Wenn Sie ein solches Lager austauschen wollen, ziehen Sie es einfach heraus und stecken ein neues hinein. Bei einem Außenringsystem sind Ringe mit einem Nutendrücker in den Rahmen gepresst.

BAUTEILE IM FOKUS

Ein Steuersatz enthält zwei Lager, die in Laufringen sitzen, damit Lenker und Vorderrad gedreht werden können.

(1) Die **Kralle** sitzt im Gabelschaftrohr. Über die Kopfmutter werden im Steuerrohr Vorbau und Gabelschaftrohr zusammengezogen.

(2) **Abstandsringe** lassen sich zwischen Vorbau und Lagerabdeckung setzen, um die Höhe des Lenkers dem Bedürfnis des Radfahrers anzupassen.

(3) Die **Lager** sorgen für die möglichst reibungslose und ruhige Drehung der Gabel. Da sie stark belastet werden, müssen Sie sie gut warten (S. 54–57).

(4) Die **Gabellagerschale** ist die unterste Schale im Steuersatz. Sie sitzt unter der unteren Steuerrohrschale auf der Gabelkrone.

Die Kopfmutter zieht die Kralle im Gabelschaftrohr an.
Der Vorbau verbindet den Lenker mit dem Gabelschaftrohr.
1
2
3
Das obere Lager hat Kugeln.
Ein Kompressionsring hält das Lager an der Stelle.
Kugellager reduzieren die Reibung bei der Drehung der Gabel.
Der Kugelkäfig hält die Kugeln an ihrem Platz.
Das Gabelschaftrohr verbindet die Gabel mit dem Vorbau und dem Lenker.
Das Steuerrohr umschließt das Gabelschaftrohr.
Die Lenkerklemmung befestigt den den Lenker am Vorbau.
RACE LITE
Der Lenker ist mit den Lagern im Steuersatz frei drehbar.
Die Gabelkrone verbindet die Gabel mit dem Gabelschaftrohr.
Die untere Schale sitzt am Grund des Steuerrohrs.
3
Das untere Lager befindet sich in der unteren Schale.
4
Die Gabeln drehen sich, wenn der Lenker bewegt wird.

STEUERSATZ WARTEN

Steuersatz mit Gewinde

Hier hat das Gabelschaftrohr ein Gewinde, das Sie mit einer Kopfmutter anziehen können. Der Steuersatz hat ein Kugel- oder Patronenlager. Lässt sich die Steuerung nur schwer oder ruckartig drehen, muss der Steuersatz gewartet werden.

VORBEREITUNGEN

- Das Fahrrad in einen Montageständer setzen.
- Einen Platz für alle Bauteile leer räumen.
- Lenker und Vorbau abbauen (S. 58–59).
- Das Vorderrad ausbauen (S. 78–79).

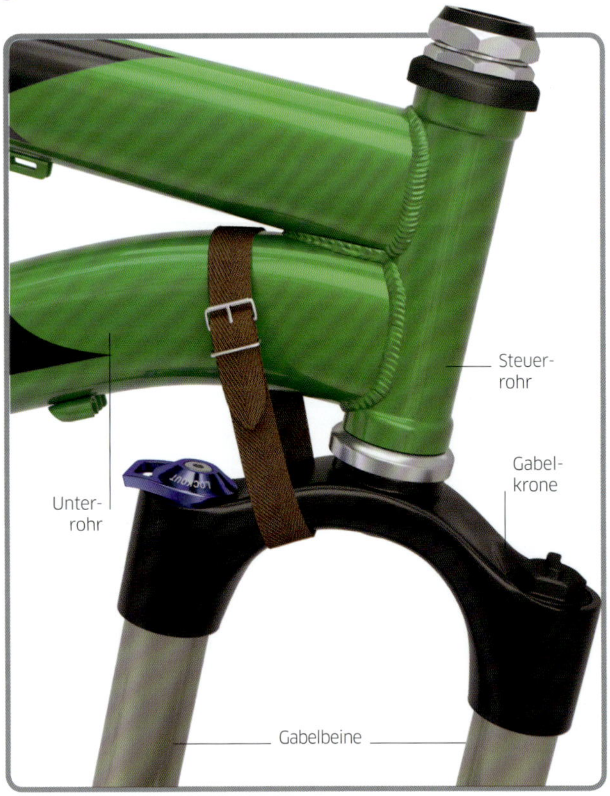

1 **Zuerst sichern** Sie die Gabel am Unterrohr mit einem Gurt. Dieser verhindert, dass sie herunterfällt, während Sie die Gabelschaftschale und Kopfmutter lösen.

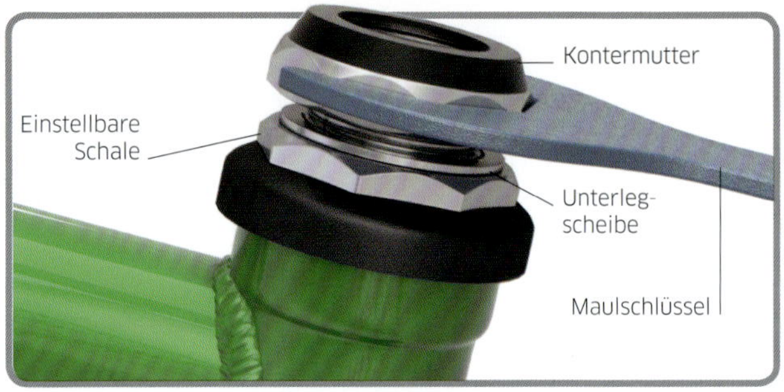

2 **Nachdem die Gabel gesichert ist,** lösen Sie die Kontermutter mit einem Schraubenschlüssel. Dann entfernen Sie Unterlegscheiben, Abstandsringe und die einstellbare Schale, um das Lager freizulegen.

3 **Nehmen Sie das Kugellager** aus der Schale und prüfen Sie, ob die Schale unbeschädigt ist. Abgenutzte Kugeln müssen Sie ersetzen. Ist die Schale beschädigt, tauschen Sie den Steuersatz aus.

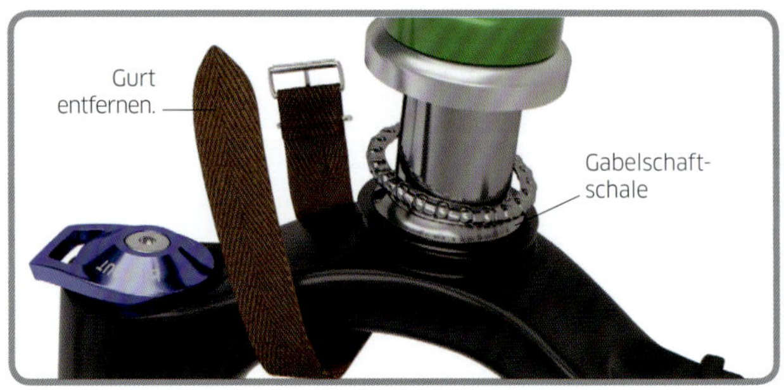

4 **Dann entfernen** Sie den Gurt und senken die Gabel, um an das Lager in der unteren Schale zu gelangen. Die Kugeln werden entfernt, geprüft und gereinigt. Abgenutzte Kugeln müssen Sie ersetzen.

WERKZEUG UND AUSRÜSTUNG

- Montageständer
- Gurt
- Satz Schraubenschlüssel
- Schraubendreher
- Pinzette
- Lagerfett

Arbeitstipp: Notieren Sie sich Reihenfolge und Lage der Dichtungen, Unterlegscheiben und Abstandsringe. Wenn die Schalen lose Kugeln enthalten, notieren Sie sich ihre Anzahl. Ein Magnet verhindert, dass sie auf den Boden fallen oder wegrollen.

5 **Fetten Sie die untere Schale** großzügig ein und setzen Sie das Kugellager ein oder tauschen Sie es gegen ein neues aus.

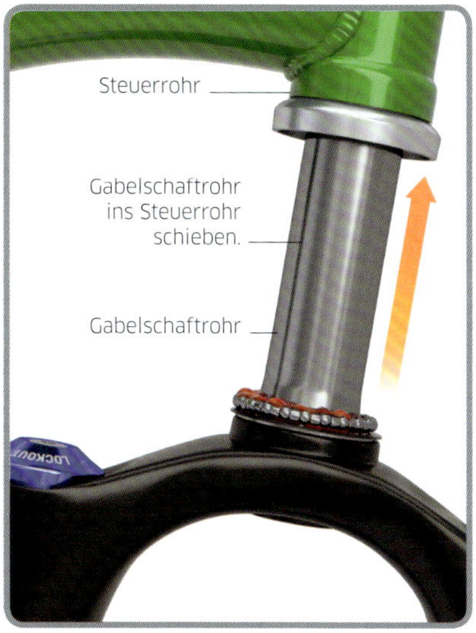

6 **Schieben Sie** das Gabelschaftrohr ins Steuerrohr und sichern Sie es mit dem Gurt, bis die Kontermutter angezogen ist.

BAUTEILE IM FOKUS

Ein Steuersatz mit Gewinde enthält Schalen, Lager und Muttern, die die Gabel sichern und ihre Bewegung anpassen.

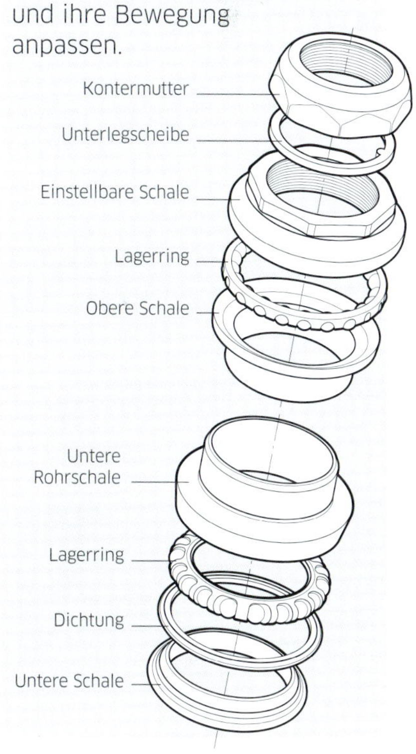

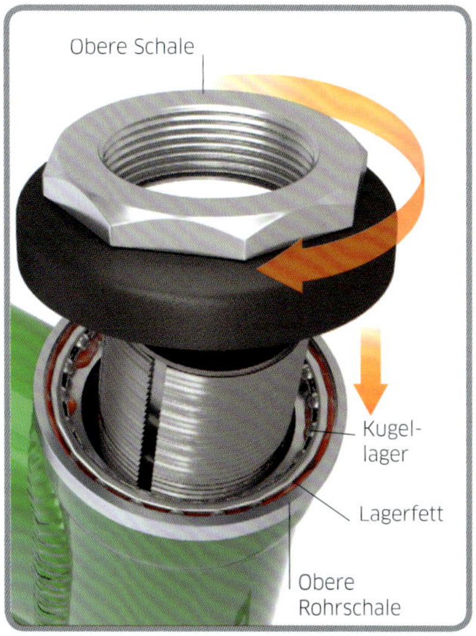

7 **Fetten Sie die obere Schale** ein und setzen Sie das Lager ein. Dann schrauben Sie die Schale auf das Gabelschaftrohr.

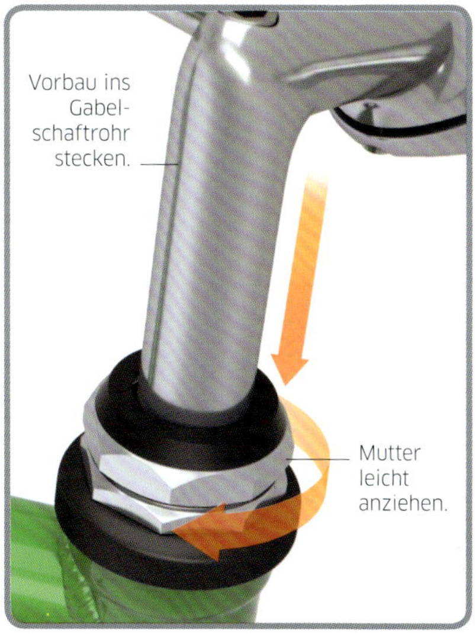

8 **Setzen Sie Unterlegscheibe** und Mutter auf, schieben Sie den Vorbau ins Rohr und ziehen Sie die Mutter mit den Fingern an.

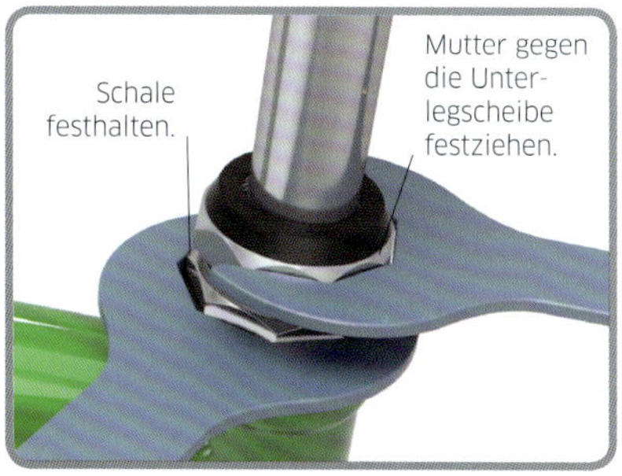

9 **Ziehen Sie mit** zwei Schlüsseln die Kontermutter an. Stellen Sie den Lenker ein und ziehen Sie die Mutter fest.

Steuersatz ohne Gewinde

Gewindelose Steuersätze sichern die Gabel mit einer Klammer am Vorbau, die am Gabelschaftrohr angreift. Eine Abdeckkappe zieht alles zusammen. Auch bei ihnen weist ein raues oder schweres Gefühl beim Lenken darauf hin, dass das Lager gewartet oder ersetzt werden muss.

VORBEREITUNGEN

- Das Fahrrad in einen Montageständer setzen.
- Das Vorderrad ausbauen (S. 78–79).
- Bremse und Schaltzüge freilegen, falls notwendig.
- Die Gabel mit einem Gurt sichern (S. 54–55).

1 **Lösen und entfernen Sie die Kappenschraube.** Lösen Sie die Vorbauschrauben und ziehen Sie den Vorbau mit Ringen aus dem Gabelschaftrohr. Vorsichtig ablegen, um Kabel nicht zu beschädigen.

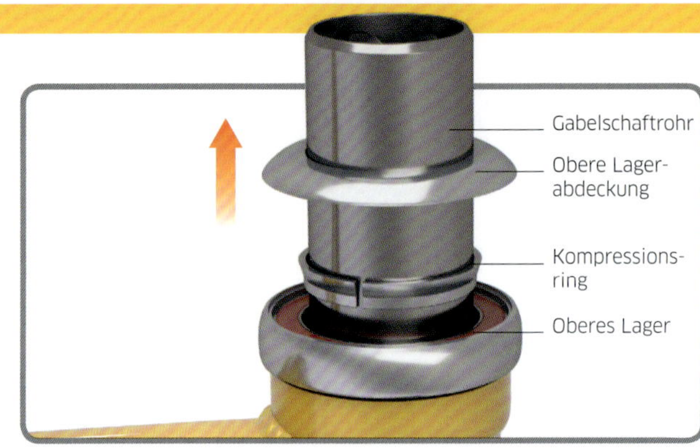

2 **Das Gabelschaftrohr** wird in das Steuerrohr gedrückt. Wenn es klemmt, schlägt man mit einem Gummihammer oben auf das Rohr. Dann entfernt man die Kappe und den Kompressionsring.

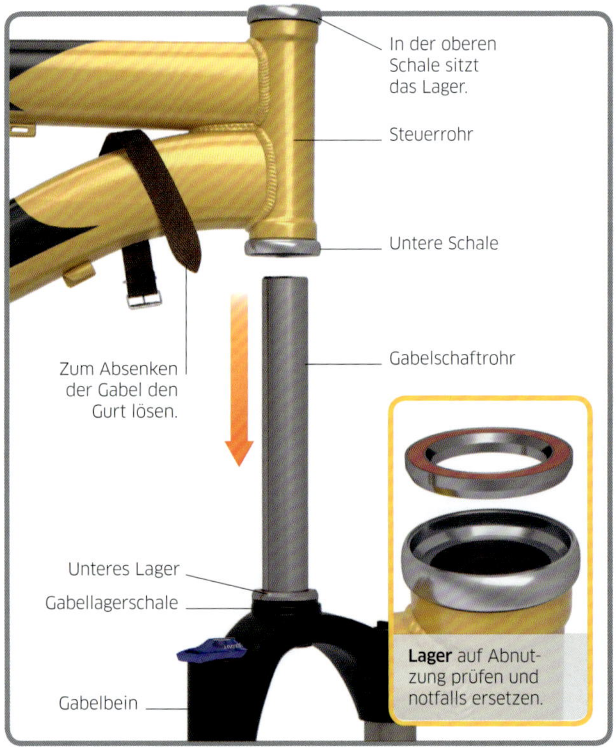

3 **Nehmen Sie die Gabel** aus dem Steuerrohr. Entfernen Sie die Lager aus den beiden Schalen. Reinigen Sie dann beide Lager, die Innenschalen im Steuerrohr und die abgenommenen Schalen.

WERKZEUG UND AUSRÜSTUNG

- Montageständer
- Gurt
- Satz Inbus-Schlüssel
- Gummihammer
- Fettlöser und Lappen
- Lagerfett

Arbeitstipp: Ein Gurt am Unterrohr verhindert, dass die Gabel aus dem Steuersatz herausfällt, sobald der Kompressionsring entfernt ist. Ohne Gurt müssen Sie die Gabel mit einer Hand unterstützen.

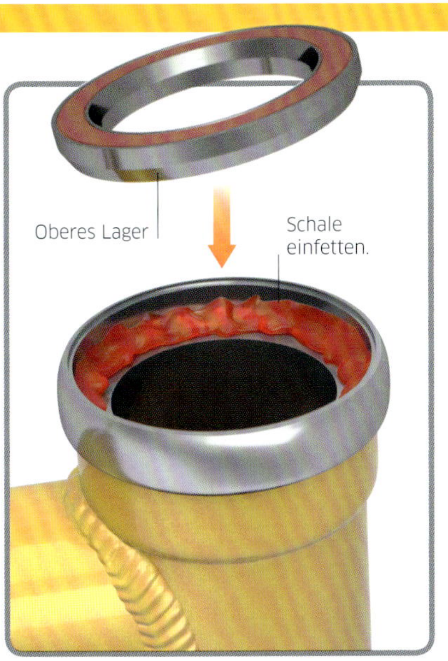

4 **Fetten Sie die Innenseite** der Schale und das Lager gut ein, auch ein neues Lager. Legen Sie dann das Lager in die Schale.

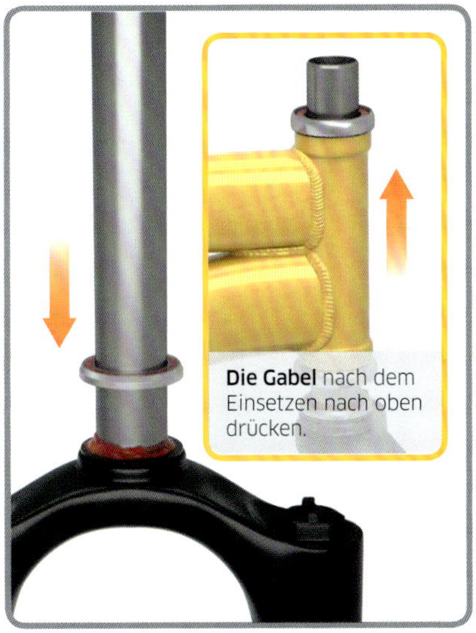

5 **Schieben Sie das untere Lager** am Gabelschaftrohr herunter, führen Sie das Gabelschaftrohr in das Steuerrohr und halten es fest.

6 **Setzen Sie den Kompressionsring** auf das Gabelschaftrohr und drücken Sie ihn mit der richtigen Seite nach oben in die Schale.

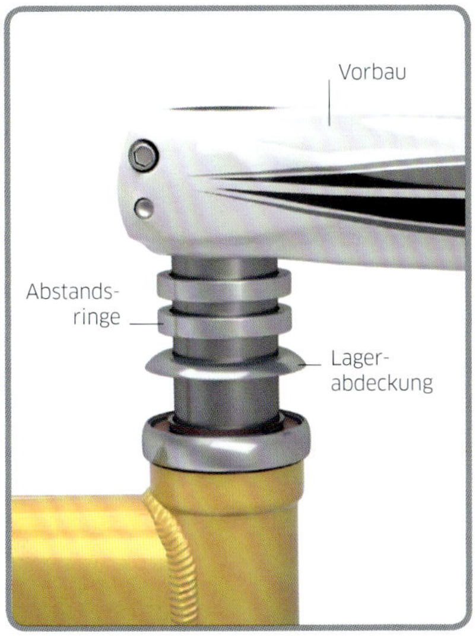

7 **Setzen Sie die Lagerabdeckung** und Abstandsringe auf das Lager und setzen Sie den Vorbau locker an.

8 **Bringen Sie Lagerabdeckung** und Schraube an und ziehen Sie sie fest, aber nicht zu fest, damit Sie leicht lenken können.

9 **Bauen Sie das Vorderrad** ein. Bevor Sie die Schrauben anziehen, müssen Sie Lenker und Vorbau gerade ausrichten.

HAUPTKOMPONENTEN

Lenker und Vorbau

Mit dem Lenker steuern Sie das Fahrrad. Wenn Sie ihn drehen, überträgt er die Bewegung über den Vorbau auf die Gabel und das Vorderrad. Am Lenker sind Brems- und Schalthebel befestigt. Lenker sind in mehreren Versionen erhältlich, Rennlenker ebenso wie gerade Lenker für Mountainbikes. Zusammen mit den Vorbauten gibt es sie in verschiedenen Größen. Breite Lenker eignen sich für Radfahrer mit breiten Schultern, während längere Vorbauten eine aerodynamische Sitzposition erlauben. Wollen Sie einen Lenker austauschen, müssen Sie vorher den Durchmesser der Lenkerklemmung messen.

BAUTEILE IM FOKUS

Der Lenker ist ein relativ einfaches, aber wichtiges Bauteil des Fahrrads. Er muss deshalb gut befestigt und ausgerichtet sein.

1. Der **Vorbau** verbindet Lenker und Gabel.
2. Mit der **Lenkerklemmung** wird der Lenker am Vorbau befestigt. Ihr Durchmesser muss genau dem des Lenkers entsprechen.
3. Am **Lenker** sind Brems- und Schalthebel montiert. Die meisten Lenker bestehen aus Aluminium, hochwertige aber oft auch aus Carbon.
4. **Lenkerband und Griffe** erhöhen Griffigkeit und Komfort. Unter dem Lenkerband sind häufig Züge verlegt, um sie zu fixieren.
5. **Lenkerstopfen** verschließen die Enden des Lenkers und sichern das Lenkerband.

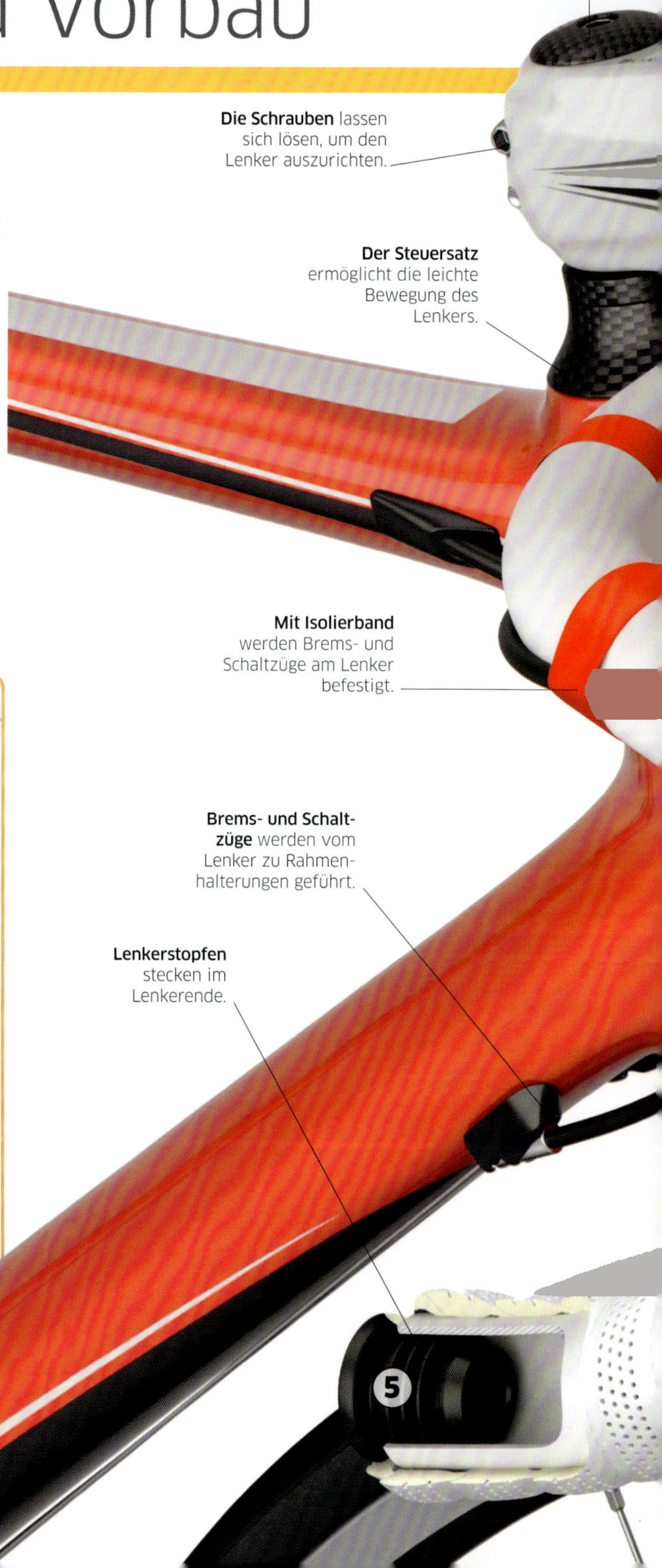

GERADE LENKER

Diese Lenker werden wie Rennlenker am Gabelschaftrohr angebracht. Sie erleichtern das Steuern bei Geländefahrten und ermöglichen auch auf der Straße eine bequeme Sitzposition.

Breite Lenker sind im Gelände bei geringer Geschwindigkeit stabiler.

Die Lenkerklemmung sichert den Lenker am Vorbau.

ABBAUEN UND ERSETZEN

MTB- und Rennlenker

Lenker werden zwar nicht sehr häufig ersetzt, aber nach einem Unfall kann es notwendig sein. Vielleicht möchten Sie auch einen besseren Lenker einbauen oder den Fahrkomfort erhöhen? Bei dieser einfachen Aufgabe gleichen sich die einzelnen Schritte für MTB- und Rennlenker.

VORBEREITUNGEN

- Schon beim Kauf darauf achten, dass der neue Lenker in den vorhandenen Vorbau passt.
- Winkel und Stellung des alten Lenkers messen/notieren.
- Positionen von Brems- und Schalthebel messen/notieren.
- Das Fahrrad in einen Montageständer setzen.

Wenn Griffe an geraden Lenkern festsitzen, schneiden Sie sie vorsichtig auf, um Brems- oder Schalthebel freizulegen.

1 **Entfernen Sie Lenkerband** oder Griffe (S. 62–65) und falten Sie bei Bedarf die Bremsgriffabdeckung nach oben. Schneiden Sie die Isolierbänder oder Kabelhalter ab, die die Kabelzüge fixieren.

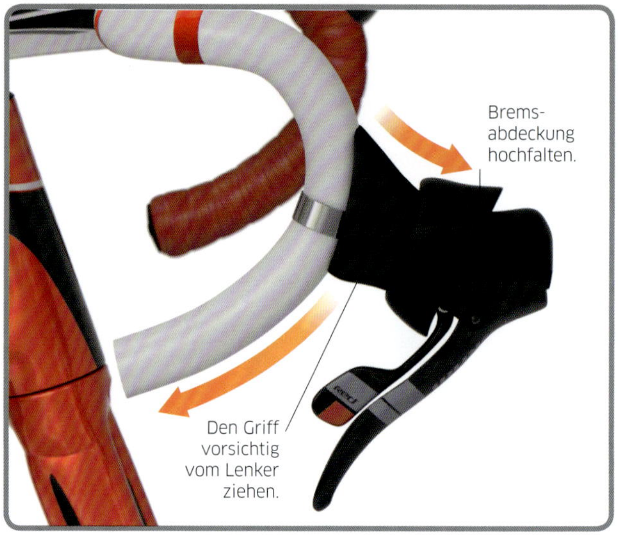

2 **Lösen Sie die Schelle** des Brems-Schaltgriffs mit einem Schlüssel und ziehen Sie den Griff vom Lenker. Entfernen Sie auch den zweiten Griff. Lassen Sie die Griffe an den Zügen baumeln.

3 **Lösen Sie die Schrauben** an der Frontplatte und nehmen Sie die Platte ab. Bauen Sie den gleichen Lenker erneut ein, notieren Sie sich den Lenkerwinkel. Nehmen Sie den Lenker heraus und reinigen ihn.

WERKZEUG UND AUSRÜSTUNG

- Maßband
- Montageständer
- Cuttermesser
- Satz Inbus- oder Schraubenschlüssel
- Reinigungsbenzin
- Lappen
- Schmierfett oder Carbonmontagepaste

Arbeitstipp: Passen Sie Position und Winkel der Brems- und Schalthebel so an, dass Sie sie bequem erreichen. Manchmal müssen Sie sie sogar nachstellen.

Ziehen Sie die Schrauben nicht sofort ganz fest an, damit noch kleine Änderungen möglich sind.

4 **Fetten Sie Lenker,** Frontplatte und Schrauben ein. Bei Carbonlenkern nehmen Sie Carbonpaste, die die Reibung etwas erhöht. Dann ziehen Sie die Schrauben etwas an, um den Lenker auszurichten.

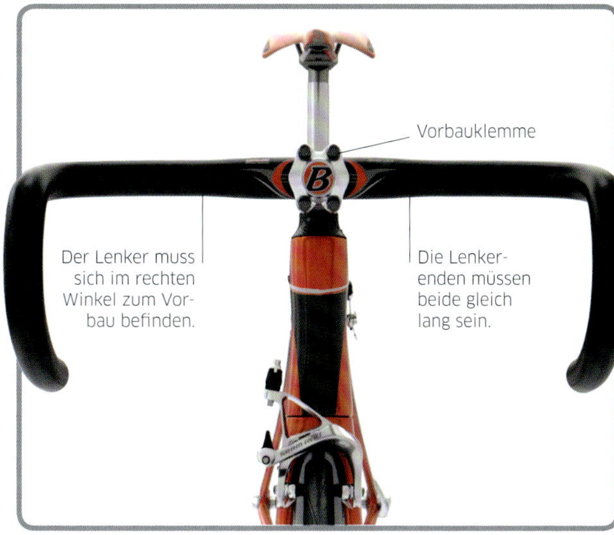

5 **Nun zentrieren Sie den Lenker,** damit er gerade im Vorbau sitzt – die meisten Lenker haben Markierungen dafür. Nachdem Sie den Winkel eingestellt haben, ziehen Sie die Schrauben kreuzweise an.

6 **Bauen Sie die Hebel** im richtigen Winkel an, fixieren Sie die Kabel und bringen Sie Lenkerband oder Griffe wieder an (S. 62–65).

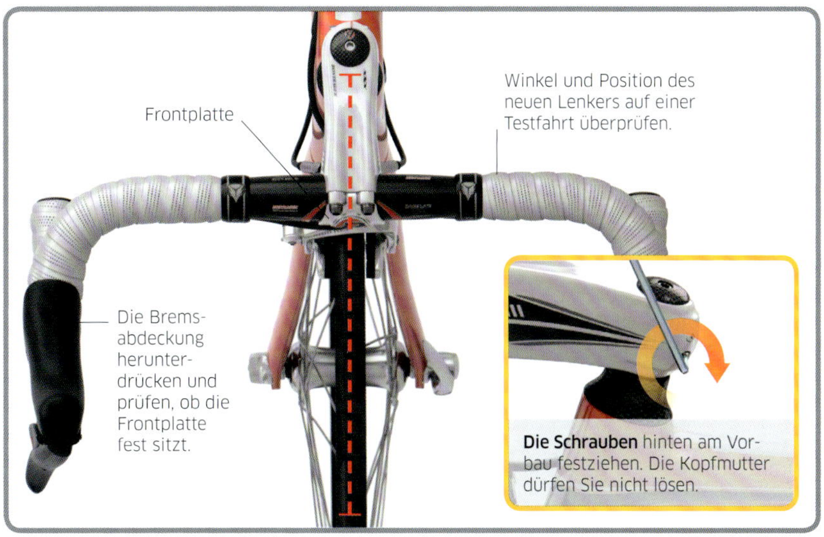

Die Schrauben hinten am Vorbau festziehen. Die Kopfmutter dürfen Sie nicht lösen.

7 **Zum Ausrichten des Vorbaus** am Vorderrad lösen Sie zwei Schrauben mit einer Viertelumdrehung. Nehmen Sie das Vorderrad zwischen die Knie und richten Sie den Vorbau mithilfe des Lenkers gerade aus. Ziehen Sie die Schrauben schrittweise und abwechselnd fest.

LENKER WARTEN

Lenkerband ersetzen

Lenkerbänder sind angenehm und griffig für die Hände und schützen Brems- und Schaltzüge. Sie werden durch Schweiß, schlechtes Wetter und regelmäßigen Gebrauch schmutzig, locker oder abgenutzt, lassen sich aber leicht ersetzen.

VORBEREITUNGEN

- Passendes Lenkerband für den Lenker wählen.
- Hände waschen, damit das Band sauber bleibt.
- Das neue Band abwickeln und auslegen.
- 20cm-Streifen vom Isolierband abschneiden.

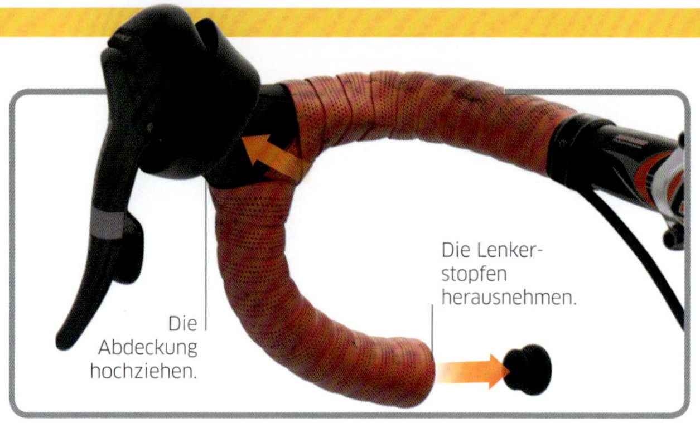

1 **Ziehen Sie die Abdeckung des Griffs** vom Griffkörper hoch, um das Lenkerband darunter freizulegen. Nehmen Sie die Lenkerstopfen mit einem Schlitzschraubendreher heraus.

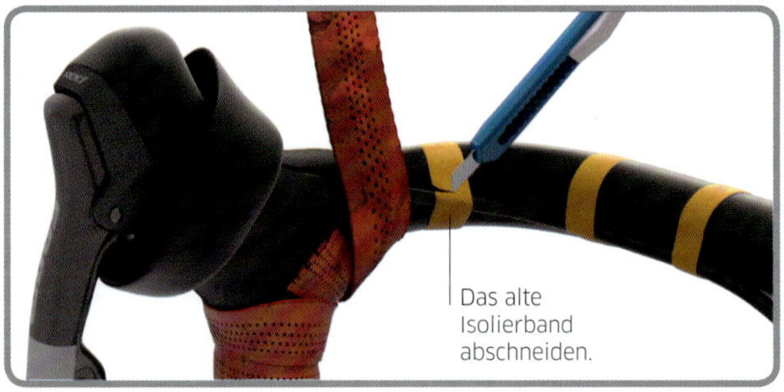

2 **Beginnen Sie am Vorbau** und wickeln Sie das alte Lenkerband ab. Wenn Brems- oder Schaltzüge unter dem Lenkerband verlaufen, entfernen Sie das Isolierband, das wahrscheinlich abgenutzt ist.

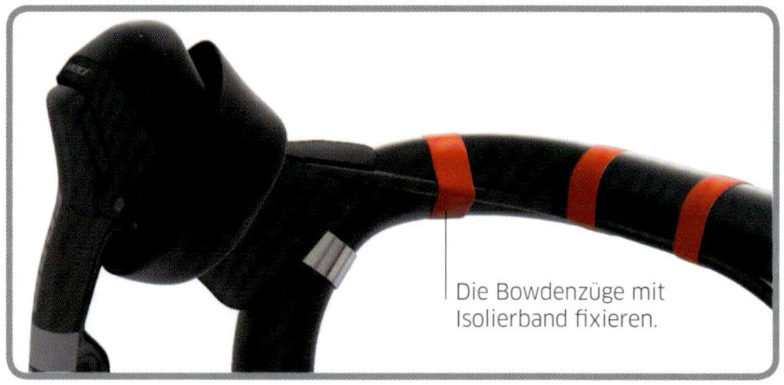

3 **Reinigen Sie den Lenker** mit Reinigungsbenzin, um Schmutz und Klebstoffreste zu entfernen. Mit neuem Isolierband befestigen Sie die Brems- und Schaltzüge am Lenker.

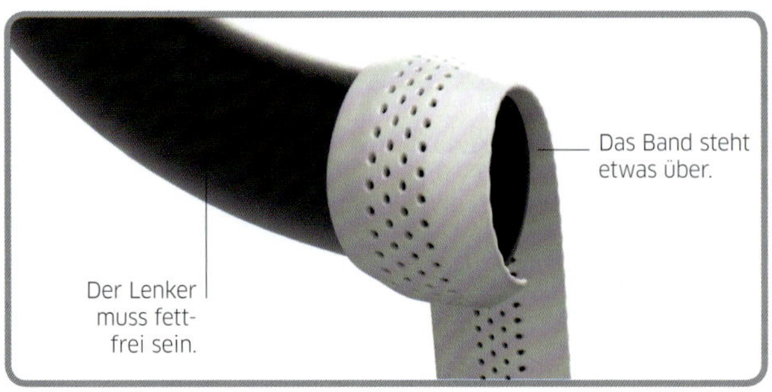

4 **Befestigen Sie ein Ende** des Lenkerbands unten am Lenkerende so, dass die halbe Breite über das Lenkerende hinaussteht, und wickeln Sie dann das Lenkerband im Uhrzeigersinn um den Lenker.

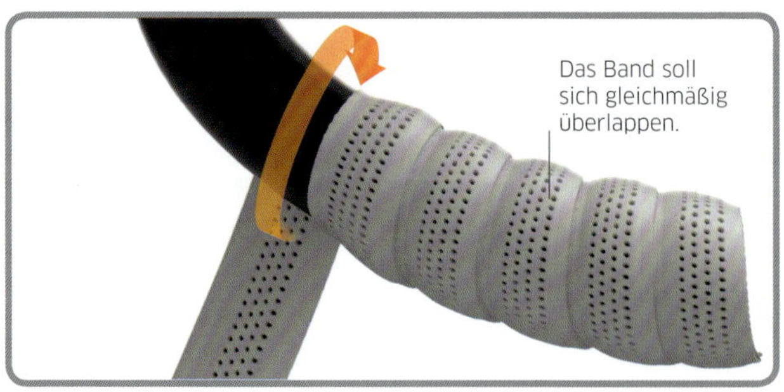

5 **Ziehen Sie beim Wickeln** immer gleich stark am Band und achten Sie darauf, dass es sich immer gleichmäßig überlappt. Hat das Band einen Klebestreifen, sollte dieser nur am Lenker haften.

WERKZEUG UND AUSRÜSTUNG

- Lenkerband
- Isolierband
- Schere
- Schlitzschraubendreher
- Cuttermesser
- Reinigungsbenzin
- Gummihammer

Arbeitstipp: Wickeln Sie neues Lenkerband im Uhrzeigersinn um den Lenker, von der Innenseite des Lenkerendes nach außen. Das Band zieht sich dann selbst fest, weil die Hände beim Fahren natürlicherweise nach außen drücken.

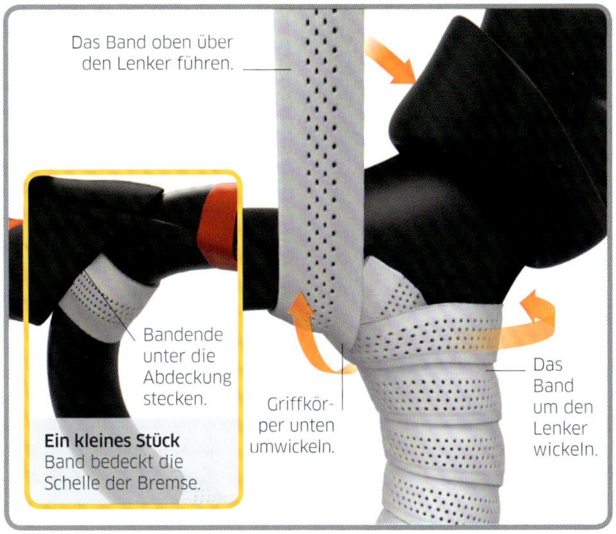

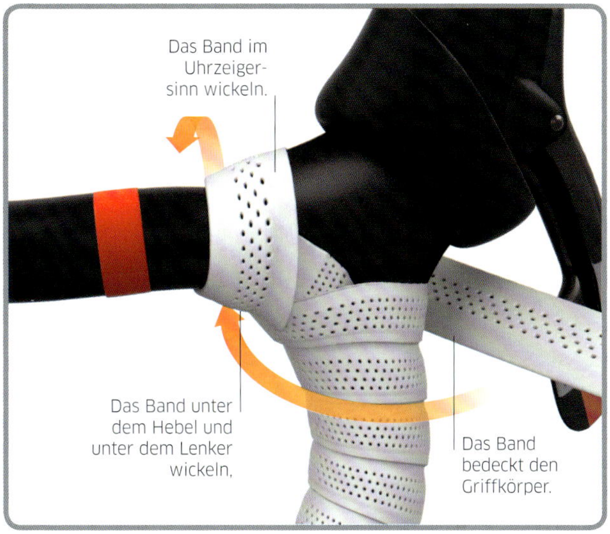

6 **Bei den Bremshebeln** führen Sie das Band unter dem Lenker und unter dem Griffkörper durch. Dann führen Sie es auf der anderen Seite unter und über den Lenker. Wickeln Sie immer unter Zug.

7 **Dann wickeln Sie** das Band über den Lenker und unter dem Griffkörper in entgegengesetzter Richtung und führen es zurück über den Lenker. Danach umwickeln Sie den Lenker im Uhrzeigersinn weiter.

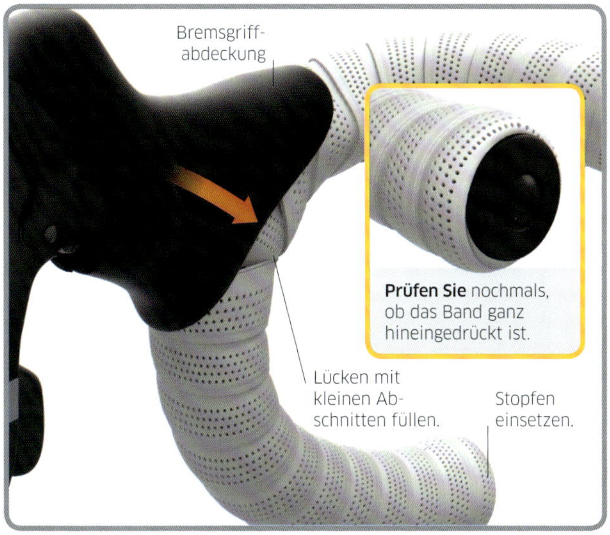

8 **Wenn Sie** den Vorbau erreichen, schneiden Sie die letzten 8 bis 10cm des Bands im spitzen Winkel in Richtung des Lenkers ab. Dann wickeln Sie es um den Lenker und befestigen es mit Isolierband.

9 **Klappen Sie die Abdeckung** zurück und prüfen Sie die Wicklung auf Lücken. Die überstehenden Enden drücken Sie in die Lenkerenden. Dann setzen Sie die Stopfen mit einem Gummihammer ein.

LENKER WARTEN

Lenkergriffe ersetzen

Lenkergriffe beeinflussen das Fahrverhalten und werden ersetzt, wenn sie abgenutzt oder zerschlissen sind oder wenn Sie gern bessere Griffe hätten. Normale Griffe werden durch Reibung in ihrer Position gehalten, andere werden dagegen mit Schrauben am Lenker befestigt. Beide Arten lassen sich sehr leicht ersetzen.

VORBEREITUNGEN

- Das Fahrrad in einen Montageständer setzen.
- Schraubbare Griffe vorher zusammenbauen.
- Brems- und Schalthebel lösen und in die Mitte des Lenkers schieben, um die Griffe leichter zu erreichen.

Bei einem schraubbaren Griff lösen Sie die Schrauben mit einem Inbus-Schlüssel und schieben ihn vom Lenker.

1 **Ziehen Sie die Lenkerstopfen** mit den Fingern heraus. Sitzen sie zu fest, benutzen Sie dazu einen Schlitzschraubendreher. Dabei sollten Sie darauf achten, die Stopfen nicht zu beschädigen.

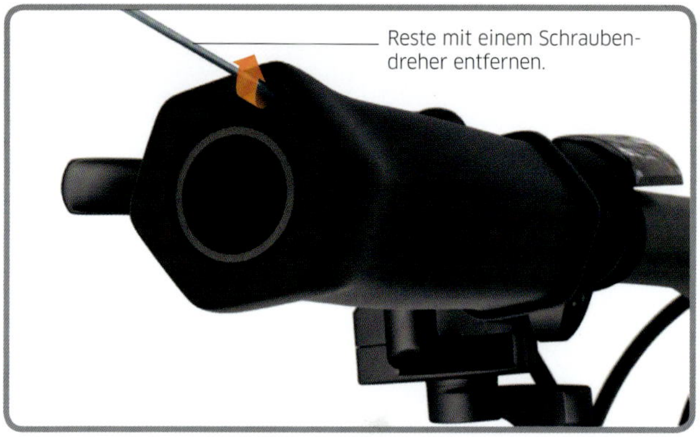

2 **Schieben Sie einen Schlitzschraubendreher** etwa 2,5 cm unter den Griff, um ihn abzulösen. Wenn es von einer Seite nicht gelingt, nehmen Sie die andere Seite.

Drehen Sie den Griff mehrmals vor und zurück, um den Fettlöser besser zwischen Griff und Lenker zu verteilen.

3 **Heben Sie den Griff** mit einem Schraubendreher an und sprühen Sie Fettlöser in die Lücke und an ihre Seiten. Der Griff sollte dann so locker sein, dass Sie ihn mit Drehbewegungen abziehen können.

WERKZEUG UND AUSRÜSTUNG

- Montageständer
- Satz Inbus- oder Schraubenschlüssel
- Kleiner Schlitzschraubendreher
- Fettlöser, Lappen
- Cuttermesser
- Reinigungsbenzin
- Gummihammer

Arbeitstipp: Wenn sich die Griffe nur schwer aufschieben lassen, legen Sie zwei oder drei Kabelbinder hinein. Schieben Sie den Griff auf den Lenker und ziehen Sie die Kabelbinder heraus.

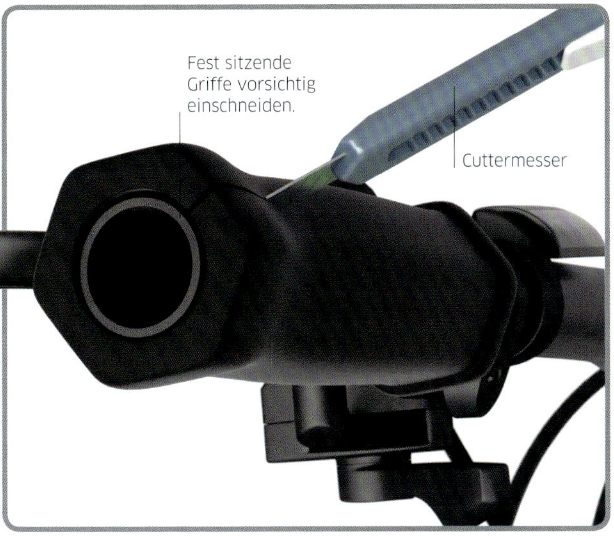

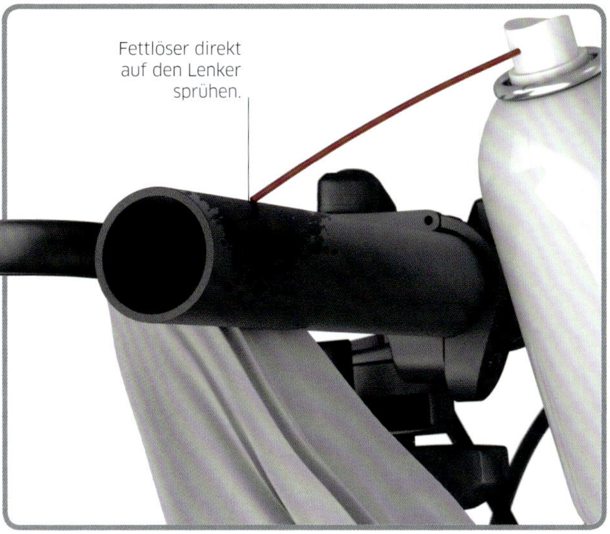

4 **Wenn sich die Griffe nicht vom Lenker lösen,** schneiden Sie sie längs ein. Achten Sie darauf, den Lenker nicht zu zerkratzen. Ziehen Sie dann die Griffe vom Lenker ab und entsorgen Sie sie.

5 **Entfernen Sie** mit Fettlöser Fett, Schmutz oder Reste des alten Griffs vom Lenker. Dann wischen Sie die Flüssigkeit ab und reiben den Lenker trocken. Eventuell müssen Sie ihn auch innen trocknen.

Das Reinigungsbenzin kreisförmig in den Griff sprühen, sodass die Innenseite vollständig bedeckt ist.

Bei schraubbaren Griffen ziehen Sie die Schrauben mit einem Inbus-Schlüssel an.

6 **Den Lenker** und die Innenseite des Griffs sprühen Sie mit Reinigungsbenzin ein. Dann schieben Sie ihn so auf den Lenker, dass beide Enden bündig sind. Lassen Sie den Griff dort zehn Minuten ruhen.

7 **Den Lenkerstopfen drücken Sie** so ein, dass er mit dem Griff abschließt und nicht hervorsteht. Lässt sich ein Lenkerstopfen nur schwer hineindrücken, schlagen Sie ihn mit einem Gummihammer ein.

Sattel und Sattelstütze

Die Wahl eines Sattels ist eine persönliche Entscheidung, weil er für Sie bequem sein muss. Sättel gibt es in vielen Formen und Breiten mit Polsterung und Ausschnitten. Sättel für Straßenräder sind länger und schmaler als solche für Mountainbikes. Tourenräder haben dagegen breitere Sättel, damit die Kontaktfläche auf längeren Touren größer ist. Ein Sattel besitzt an seiner Unterseite ein Sattelgestell, mit dem er an der Sattelstütze befestigt wird. Das Gestell ermöglicht auch die Einstellung von Sattelposition und -winkel. Sattelstützen sind in vielen Längen und Durchmessern erhältlich, damit Sie die Höhe des Sattels frei einstellen können (S. 68–69). Sattelstützen bestehen in der Regel aus Aluminium oder Carbon.

BAUTEILE IM FOKUS

Der Sattel ist an der Sattelstütze mit dem Sattelgestell verbunden. Die Sattelstütze wird in das Sitzrohr des Rahmens eingeführt.

① **Über Sattelgestelle** aus Stahl, Titan oder Carbon wird der Sattel an der Sattelstütze befestigt und seine Position nach vorne oder hinten verstellt.

② Der **Sattelkloben** verbindet den Sattel über das Sattelgestell mit der Sattelstütze. Bei den meisten Modellen lässt sich der Sattelwinkel anpassen.

③ Die **Sattelstütze** verbindet den Sattel mit dem Sitzrohr. Um die Sattelhöhe zu verstellen, ziehen Sie die Sattelstütze heraus oder senken sie hinein – dabei muss die Markierung im Rahmen stecken bleiben (S.68–69).

④ Die **Sattelklemmung** sichert die Sattelstütze im Sitzrohr in der gewählten Höhe.

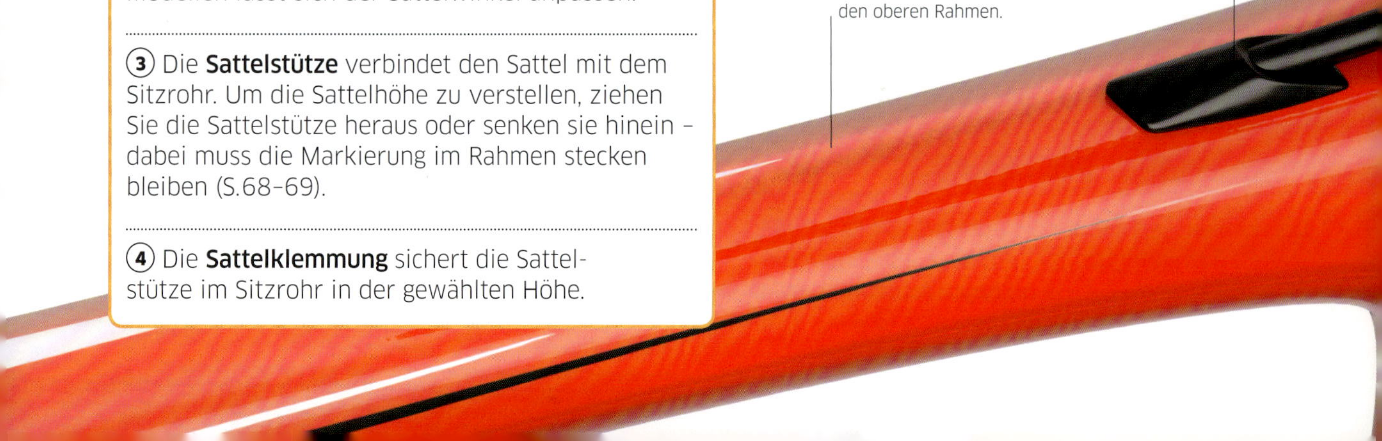

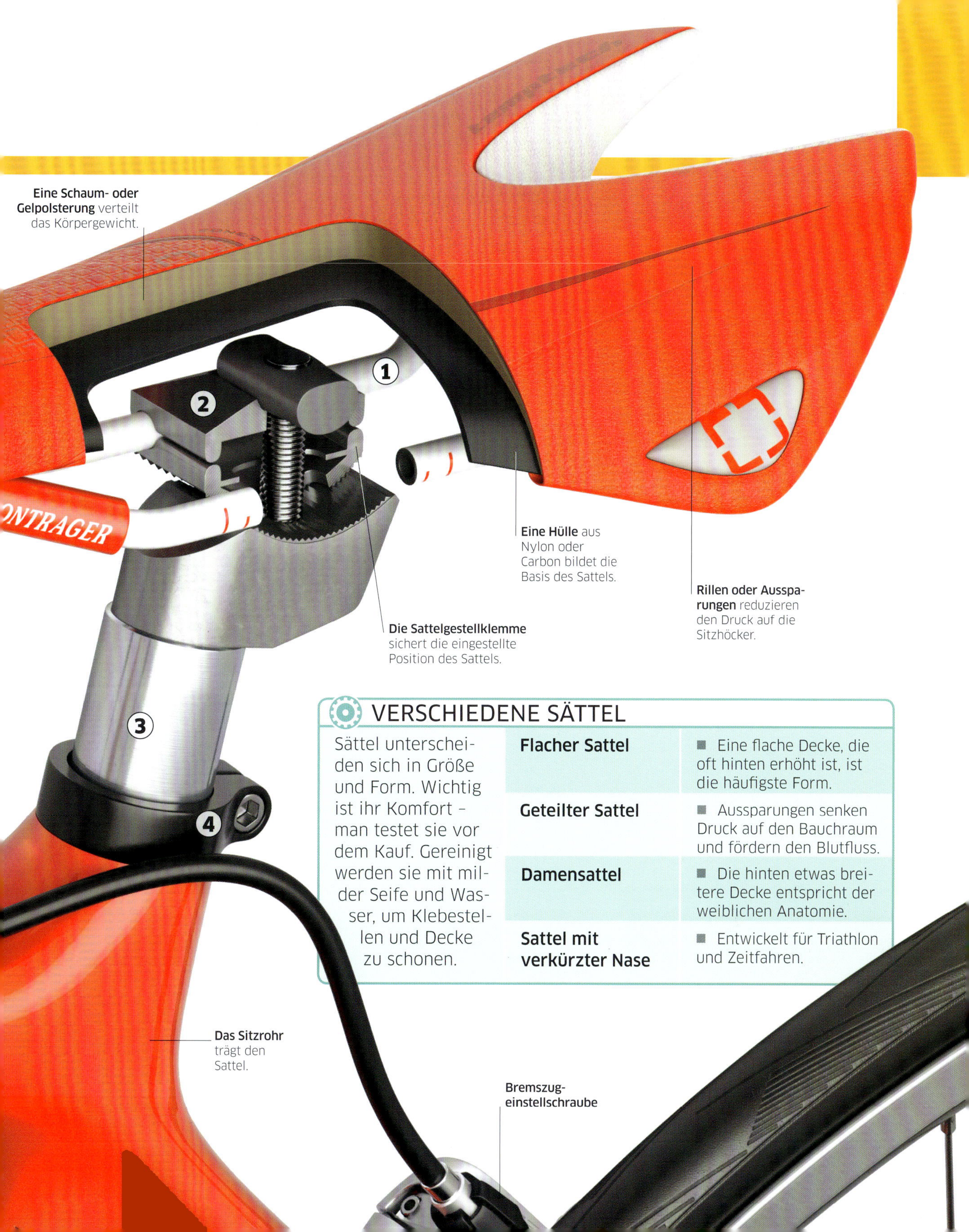

VERSCHIEDENE SÄTTEL

Sättel unterscheiden sich in Größe und Form. Wichtig ist ihr Komfort – man testet sie vor dem Kauf. Gereinigt werden sie mit milder Seife und Wasser, um Klebestellen und Decke zu schonen.

Flacher Sattel	■ Eine flache Decke, die oft hinten erhöht ist, ist die häufigste Form.
Geteilter Sattel	■ Aussparungen senken Druck auf den Bauchraum und fördern den Blutfluss.
Damensattel	■ Die hinten etwas breitere Decke entspricht der weiblichen Anatomie.
Sattel mit verkürzter Nase	■ Entwickelt für Triathlon und Zeitfahren.

SATTELSTÜTZE ANPASSEN

Wartung der Sattelstütze

Für effizientes und angenehmes Radfahren ist die Höheneinstellung des Sattels entscheidend. Sie schont auch Knie und Hüfte. Die Sattelhöhe lässt sich sehr leicht einstellen, aber die Sattelstütze kann sich mit der Zeit festsetzen.

VORBEREITUNGEN

- Das Fahrrad in einen Montageständer setzen.
- Mit Reinigungsbenzin und Lappen Sattelstütze und Sattelgestellklemmung reinigen.
- Sicherstellen, dass der Sattel fest angebracht ist.

HÖHE DER SATTELSTÜTZE EINSTELLEN

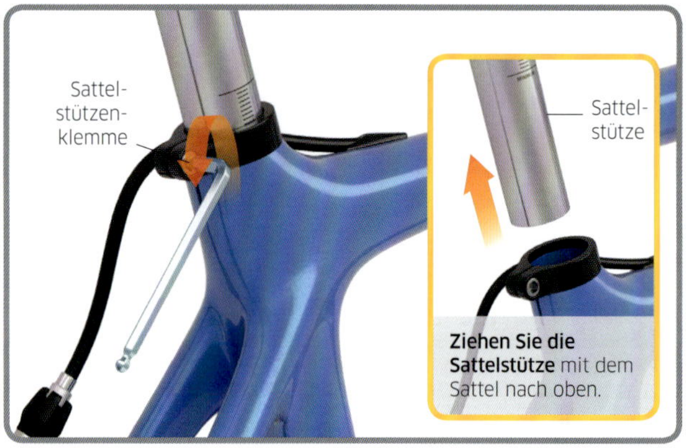

1 **Lösen Sie zuerst die Sattelstützenklemme** oder den Schnellspanner, um die Sattelstütze herauszuziehen. Wenn sie zu fest sitzt, drehen Sie den Sattel beim Ziehen nach links und rechts.

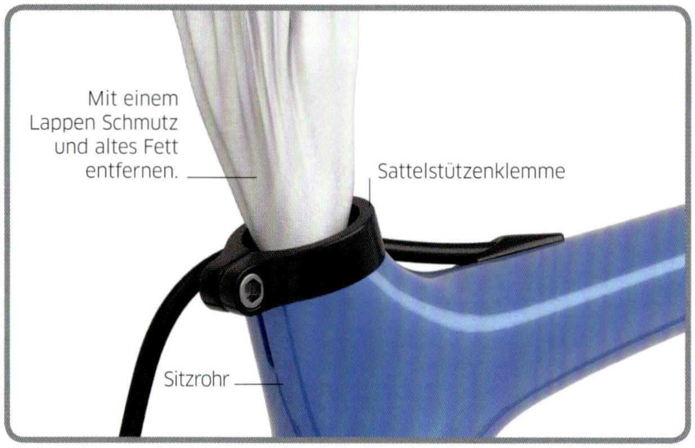

2 **Reinigen Sie Sattelstütze**, Klemme und das obere Sitzrohr mit einem Lappen, um Schmutz und oberflächliche Korrosion zu entfernen. Ist die Klemme rostig oder beschädigt, wird sie ersetzt.

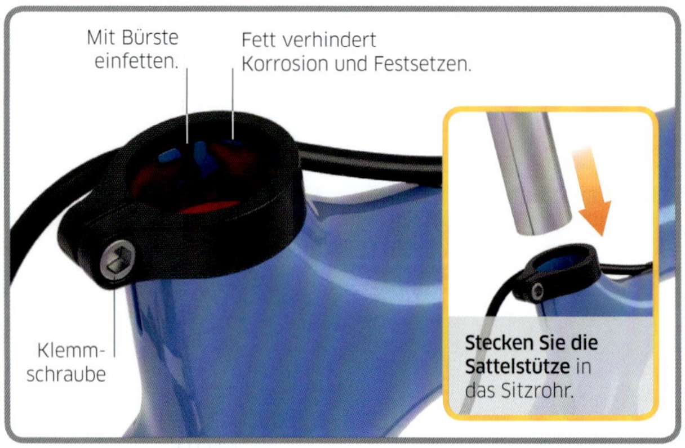

3 **Fetten Sie den oberen, inneren Bereich des Sitzrohrs** und das Gewinde der Klemmschraube ein. Bei Carbonrahmen verwenden Sie Montagepaste, damit die Sattelstütze nicht verrutscht.

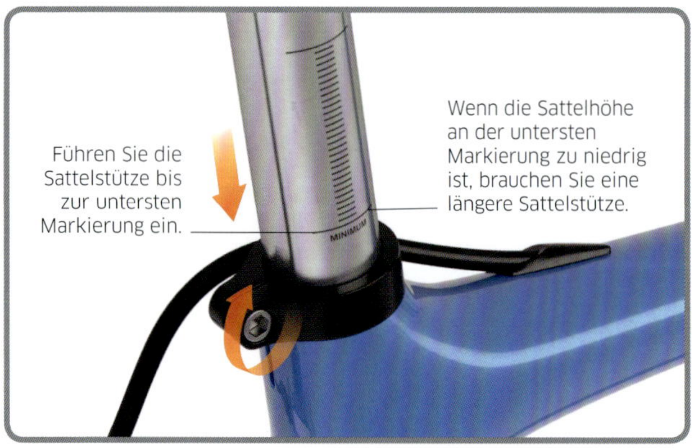

4 **Stellen Sie den Sattel** auf die gewünschte Höhe ein (S. 20–23) und prüfen Sie, ob er gerade ausgerichtet ist. Ziehen Sie die Sattelstützenklemmung mit der Schraube oder dem Schnellspanner fest.

WERKZEUG UND AUSRÜSTUNG

- Montageständer
- Lappen
- Reinigungsbenzin
- Satz Inbus- oder Schraubenschlüssel
- Schmierfett
- weiche Bürste
- Montagepaste
- Kriechöl
- Wasserkocher
- Kältespray

FEST SITZENDE METALLSATTELSTÜTZE

Lösen Sie die Klemme und schieben Sie sie nach oben. Geben Sie Öl in das Sitzrohr.

1 **Lösen Sie zuerst die Sattelstützenklemmung** oder den Schnellspanner. Sitzt die Schraube fest, sprühen Sie sie mit Kriechöl ein. Dann schieben Sie die Klemmung an der Sattelstütze nach oben und sprühen die Sattelstütze an der Verbindung zum Sitzrohr mit Kriechöl ein.

LOCKERE STÜTZEN

Wenn die Sattelstütze locker ist, überprüfen Sie die Klemmung. Prüfen Sie auch, ob Sie die richtige Sattelstütze für den Fahrradrahmen haben.

- Bei einer lockeren Sattelstütze sind Schmutz oder Rost an der Sattelstütze und Klemmung die wahrscheinlichsten Ursachen.
- Sattelstütze und Klemmung werden entfernt und gereinigt. Anschließend werden beide eingefettet und eingesetzt.
- Wenn die Sattelstütze immer noch rutscht oder quietscht, muss sie ersetzt werden.

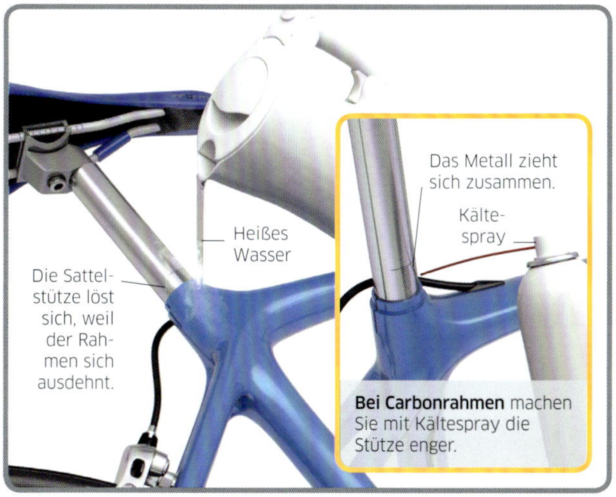

Bei Carbonrahmen machen Sie mit Kältespray die Stütze enger.

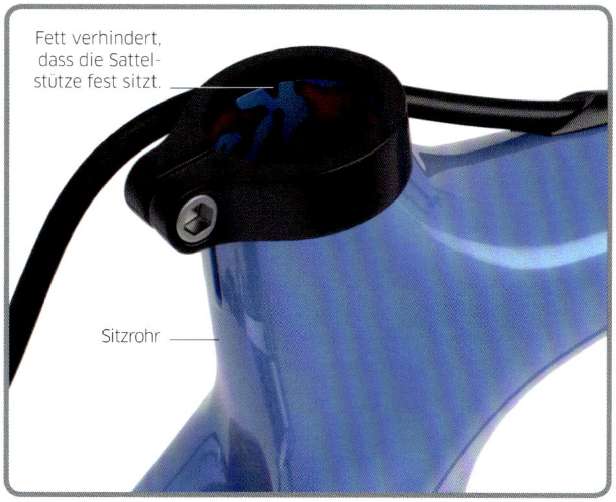

2 **Besteht der Rahmen** aus Metall und die Sattelstütze sitzt immer noch fest, gießen Sie heißes Wasser auf das Sitzrohr. Dadurch dehnt sich das Metall und löst sich von der Sattelstütze.

3 **Ist die Sattelstütze entfernt,** reinigen Sie das Sitzrohr innen und fetten Sie es großzügig ein. Sattelstütze und Klemmung müssen Sie ebenfalls reinigen, einfetten und wieder einsetzen.

SATTELSTÜTZE EINBAUEN

Vario-Sattelstütze

Mit einer verstellbaren Sattelstütze lässt sich die Höhe des Sattels während der Fahrt einstellen. Dazu bedienen Sie einfach einen Hebel am Lenker oder unter dem Sattel. Oft werden Mountainbikes mit diesen Sätteln nachgerüstet, die mechanisch (hier) oder hydraulisch arbeiten.

VORBEREITUNGEN

- Die alte Sattelstütze entfernen (S. 68–69).
- Das Fahrrad in einen Montageständer setzen.
- Die Innenseite des Sitzrohrs reinigen.
- Wo soll das Kabel verlaufen – im Rahmen oder außerhalb?

1 **Bringen Sie den Hebel** nach Herstellerangaben am Lenker an und positionieren Sie ihn so, dass Sie ihn leicht erreichen.

2 **Abhängig vom Rahmen** führen Sie die Schaltzughülle vom oberen Ende des Sitzrohrs zum Ausgangspunkt am Oberrohr.

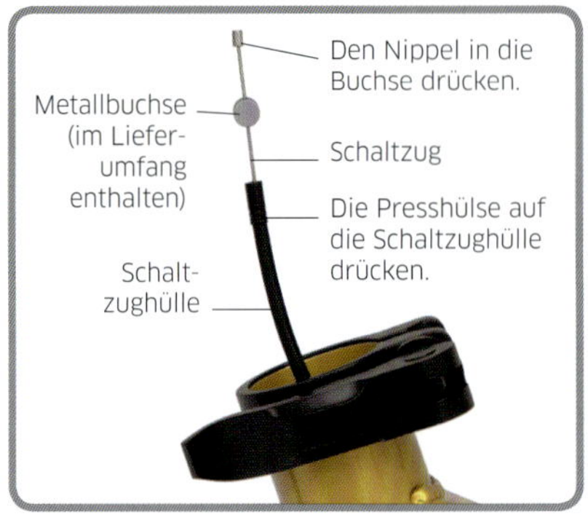

3 **Schieben Sie die Metallbuchse** auf den Schaltzug und drücken Sie den Nippel hinein. Die Zughülle fädeln Sie in eine Presshülse ein.

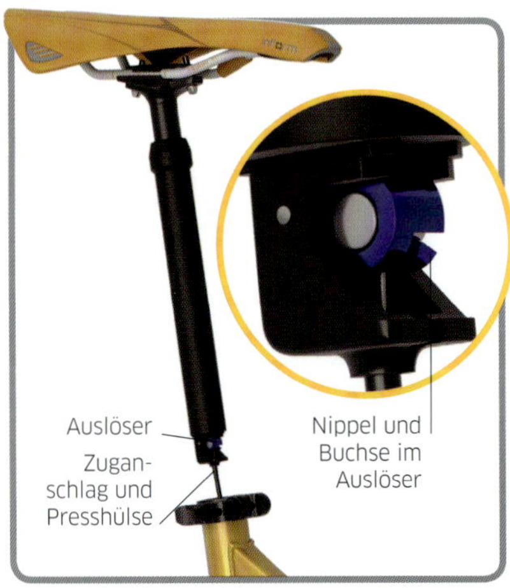

4 **Setzen Sie Buchse** und Nippel in den Auslösemechanismus ein. Auf das Zughüllenende drücken Sie am Auslöser eine Presshülse.

Ziehen Sie die Schaltzughülle nach vorne, während die Sattelstütze in das Sitzrohr sinkt, um einen Durchhang zu vermeiden.

5 **Schieben Sie die Sattelstütze** in das Sitzrohr, während Sie gleichzeitig am Lenker die Zughülle mit Schaltzug nach vorne ziehen. Stellen Sie die richtige Höhe des Sattels ein, wobei die verstellbare Sattelstütze ganz ausgefahren ist.

WERKZEUG UND AUSRÜSTUNG

- Satz Inbus-Schlüssel
- Montageständer
- Reinigungsbenzin
- Vario-Sattelstütze und Bowdenzug
- Presshülsen
- Bandmaß
- Bowdenzugzange oder Seitenschneider

Arbeitstipp: Wenn Sattelstütze und Rahmen eine innere Schaltzugführung haben, müssen Sie wahrscheinlich das Tretlager ausbauen, um das Kabel aus dem Sitzrohr zu führen (S. 176–181).

6 **Zughülle** und Schaltzug müssen lang genug sein, um den Lenker voll einzuschlagen. Drehen Sie den Lenker möglichst weit vom Schaltzuganschluss weg und messen Sie, wie lang beide sein müssen.

7 **Entfernen Sie die Sattelstütze** und trennen Sie den Schaltzug vom Mechanismus. Ziehen Sie Zughülle und Schaltzug (beide bilden einen Bowdenzug) ungefähr 5cm aus der Sattelstütze heraus.

8 **Ziehen Sie ausreichend** Zughülle durch die Nut am Sattelstützenende und schneiden Sie die leere Zughülle am Hebel ab.

9 **Befestigen Sie den Schaltzug** am Auslöser, schieben Sie die Sattelstütze ins Sitzrohr und stellen Sie die Sattelhöhe ein.

10 **Bringen Sie den Schaltzug** am Hebel nach Herstellerangaben an und stellen Sie ihn entsprechend ein.

LAUFRÄDER

RATGEBER

Laufräder

Laufräder gibt es in vielen Variationen, die alle unterschiedliche Fähigkeiten und Vorteile aufweisen. Wenn Sie Ihr Fahrrad für verschiedene Zwecke einsetzen, können Sie jeweils auch verschiedene Laufräder verwenden. Achten Sie beim Kauf auf die Unterschiede zwischen Vorder- und Hinterrad und darauf, dass einige nur mit bestimmten Schaltungen kompatibel

ART	EIGNUNG	SPEICHEN
Last-/Tourenrad Für den Alltag und auch für Freizeitfahrten müssen die Laufräder aus stabilem und haltbarem Material bestehen. Gewicht und gutes Aussehen sind nachrangig.	■ **Pendeln** oder lange Strecken mit Gepäck ■ **Leichte Geländefahrten** auf einem Straßen- oder Trekkingrad	■ **Glatte Edelstahlspeichen** (mit gleichbleibendem Durchmesser), die mit Haken im Flansch und Nippeln in der Felgenöse befestigt sind ■ **Bis zu 36 Speichen** – für Trekking- oder Tourenräder auch mehr
Schnelles Straßenrad Diese Laufräder sind häufig mit aerodynamischen Bauteilen ausgestattet. Sie befinden sich an hochwertigen Straßen- und Rennrädern. Sie bestehen aus Carbon oder einer Aluminiumlegierung und sind leicht und steif.	■ **Straßenrennen,** sportliche und Cyclo-Cross-Räder oder für Leichtlauf-Fahrräder ■ **Bergfahrten,** bei denen leichtere, schnellere Laufräder zur Leistungssteigerung führen	■ **Normalerweise Edelstahl** manchmal aber auch Aluminium oder Verbundwerkstoff. Einige Modelle besitzen abgeflachte, aerodynamische Speichen. ■ **Häufig** 20 bis 32 Speichen; radiale Einspeichung bei Vorderrädern
Trainings-Straßenrad Trainingslaufräder sind Standard bei vielen mittelpreisigen Straßenrädern. Sie sind für alle Straßenradmodelle außer Rennrädern geeignet und können auch im Winter genutzt werden.	■ **Allgemeine** Straßen- und Trainingsfahrten ■ **Regelmäßige, längere,** nicht wettkampforientierte Fahrten, weil die Laufräder so stabil sind, dass sie auch langem Gebrauch standhalten	■ **Glatte Edelstahlspeichen** (mit gleichbleibendem Durchmesser), die mit Haken im Flansch und Nippeln in der Felgenöse befestigt sind ■ **Mehr Speichen** als Leichtlaufräder: normalerweise 28 bis 36
Mountainbike Diese Laufräder sind für harte Geländefahrten geeignet, aber einige Laufräder sind dennoch leicht und steif, vor allem bei Mountainbikes mit Federung.	■ **Cross-Country-** und Downhill-Rennen auf Mountainbikes mit Federgabeln und/oder Hinterradfederung ■ **Schlammiges** und rutschiges Gelände	■ **Edelstahl-** oder Aluminiumspeichen, abhängig von Qualität und Leichtbauweise ■ **In der Regel 28 bis 32 Speichen** an einem Standardlaufrad, oder auch nur 24 Speichen bei Leichtbauweise

sind. Auch die Achsenbefestigung (Schraube oder Schnellspanner) muss mit dem Rahmen kompatibel sein. Zudem werden die verschiedenen Laufradkomponenten in unterschiedlichen Maßen angegeben wie Felgenbreite, Reifenbreite und Reifendurchmesser. Um Ihnen die Sache zu erleichtern, werden hier die Maße in den gebräuchlichsten Einheiten angegeben.

FELGEN	NABEN	VARIATIONEN
■ **Aluminiumfelgen** mit Bremsfläche für Felgenbremsen ■ **Vorwiegend Wulstfelgen** mit interner Verstärkung für Schwerlastversionen ■ **Breitere Varianten** für Schwerlast- und MTB-Reifen	■ **Meist** aus einer Legierung ■ **Niederflanschnabe** mit versiegeltem oder Kalottenlager und Schnellspannern oder Steckachsen ■ **Hochbelastbare Achsen** befinden sich häufig an Lastenrädern, vor allem am Hinterrad.	■ **Beliebt** in der Standardgröße 28 Zoll ■ **Auch beliebt** in der kleineren 26-Zoll-Größe, die dickere Reifen mit gröberem Profil aufnehmen. Diese Laufräder eignen sich besser für raues Gelände.
■ **Legierung oder Carbon** mit Ösen für Speichen ■ **Gehärtete Bremsfläche** (nur für Felgenbremsen) ■ **Kasten-** bis Tropfenprofil ■ **Felgenbett** muss dem Reifen entsprechen: Wulst oder schlauchlos	■ **Normalerweise Niederflanschnaben** mit Wälzlager und Achse mit Schnellspanner ■ **Modelle für Scheibenbremsen** haben eine Gewindeplatte und einen Steckachsenverschluss des Laufrads.	■ **Industriestandard ist 28 Zoll** mit Felgenbreiten von 13 bis 25mm (am beliebtesten sind 18 bis 19mm) ■ **Breitere Felgen sind** für Reifen mit größerem Volumen von 25 bis 40mm erhältlich
■ **Schwerer und stabiler** als die leichteren Versionen, meist mit Kasten- oder schmalem Tropfenprofil ■ **Leichtere Felge** ohne Bremsfläche bei Scheibenbremsen ■ **Entworfen** für Wulstreifen, nehmen aber auch schlauchlose auf	■ **Häufig aus einer Legierung,** haben einen Schnellspanner oder Steckachsenverschluss. ■ **Einige Modelle haben Kalottenlager,** die geschmiert und genau eingestellt werden müssen.	■ **Industriestandard ist 28 Zoll** mit Felgenbreiten von 13 bis 25mm (am beliebtesten sind 18 bis 19mm) ■ **Breitere Felgen sind** für Reifen mit größerem Volumen von 25 bis 40mm erhältlich
■ **Aluminiumfelgen** ohne Bremsfläche bei Scheibenbremsen ■ **Hochwertige** Felgen bestehen aus Carbon. ■ **Alle Mountainbikefelgen** sind für Wulst- oder schlauchlose Reifen entworfen.	■ **Häufig** aus einer Legierung, aber Rennlaufräder sind aus Carbon. ■ **Niederflanschnabe** mit Ösen oder geraden Schlitzen für Speichen ■ **Achse** mit Verschluss zur Befestigung der Laufräder ■ **Abgedichtete Lager** sind vor Verschmutzung geschützt.	■ **Die drei häufigsten Größen** sind 29, 26 und 27,5 Zoll. ■ **Zu den neuesten Modellen** zählen etwas schmalere 24-Zoll- und 26-Zoll-Laufräder, von denen einige sogar am gleichen Fahrrad austauschbar sind.

HAUPTKOMPONENTEN

Speichenräder

Laufräder bilden den Kontaktpunkt zum Boden. Wenn Sie in rauem Gelände oder über Bodenwellen fahren, absorbieren die Reifen und Felgen die Stöße und dämpfen sie zum größten Teil. Einen Teil leiten sie an die Speichen, die ebenfalls dämpfen. Speichen verbinden Felge und Nabe. Einige Rennlaufräder besitzen Speichen aus Verbundwerkstoff, aber die meisten haben Drahtspeichen aus Edelstahl. Aerodynamische Scheibenlaufräder erhöhen die Leistung eines Rennrads. Speichen sind mit Nippeln an der Felge befestigt. Mit einem Speichenschlüssel lässt sich am Nippel die Speichenspannung einstellen.

BAUTEILE IM FOKUS

Ein Laufrad besteht aus Nabe, Speichen, Felge und Reifen. Am Hinterrad sind die Speichen auf der Zahnkranzseite kürzer.

(1) Die **Nabe** besitzt Speichenlöcher. In ihnen sind die Speichen befestigt. Sie übertragen die Bewegung auf die Felge und sind dabei stark belastet.

(2) **Felgen** bestehen aus einer Legierung oder Carbon und halten mit ihren Flanken den Reifen. Sie sind in verschiedenen Profilen erhältlich.

(3) Die Außenseite der Felge bildet die **Bremsfläche** für Felgenbremsen. Wenn sie abgenutzt ist, muss die Felge ersetzt werden (S.78–83).

(4) **Speichen** können unterschiedlich eingespeicht sein, z.B. radial, gekreuzt oder in einer Mischform. Sie müssen Brems- und Beschleunigungskräfte aufnehmen.

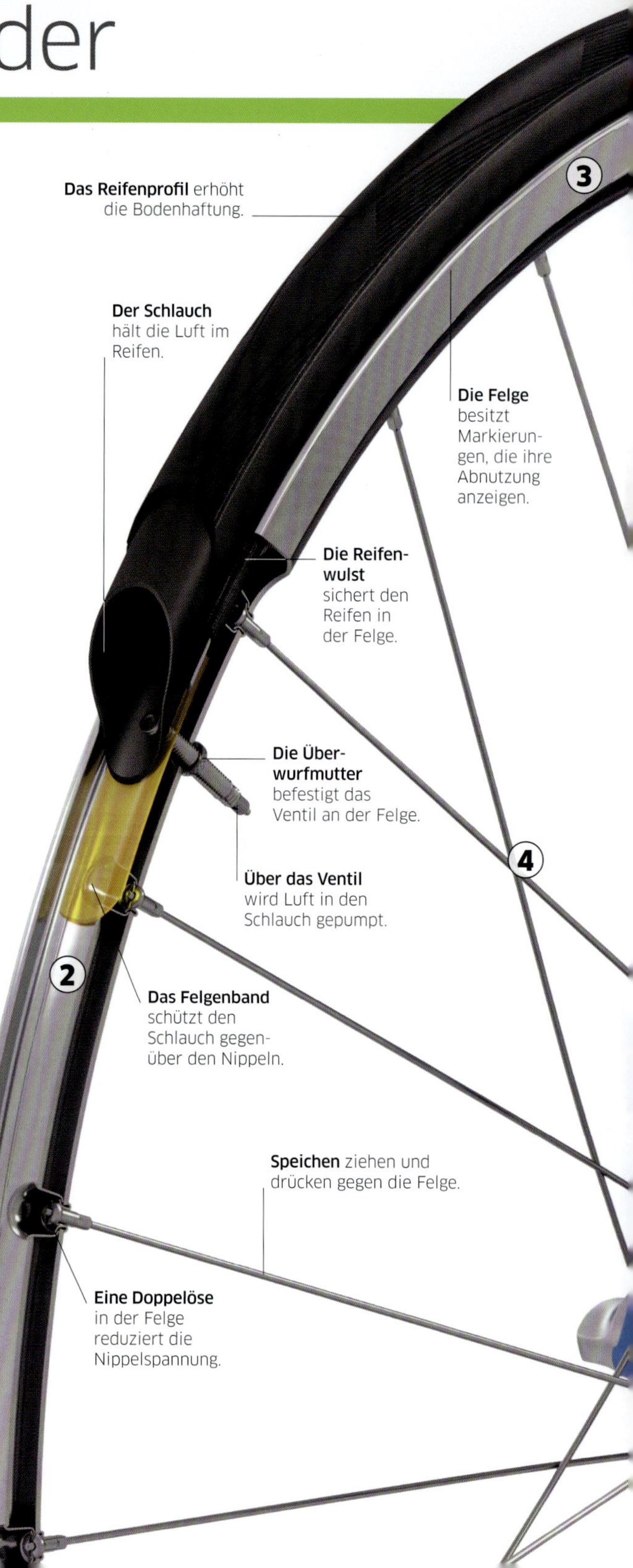

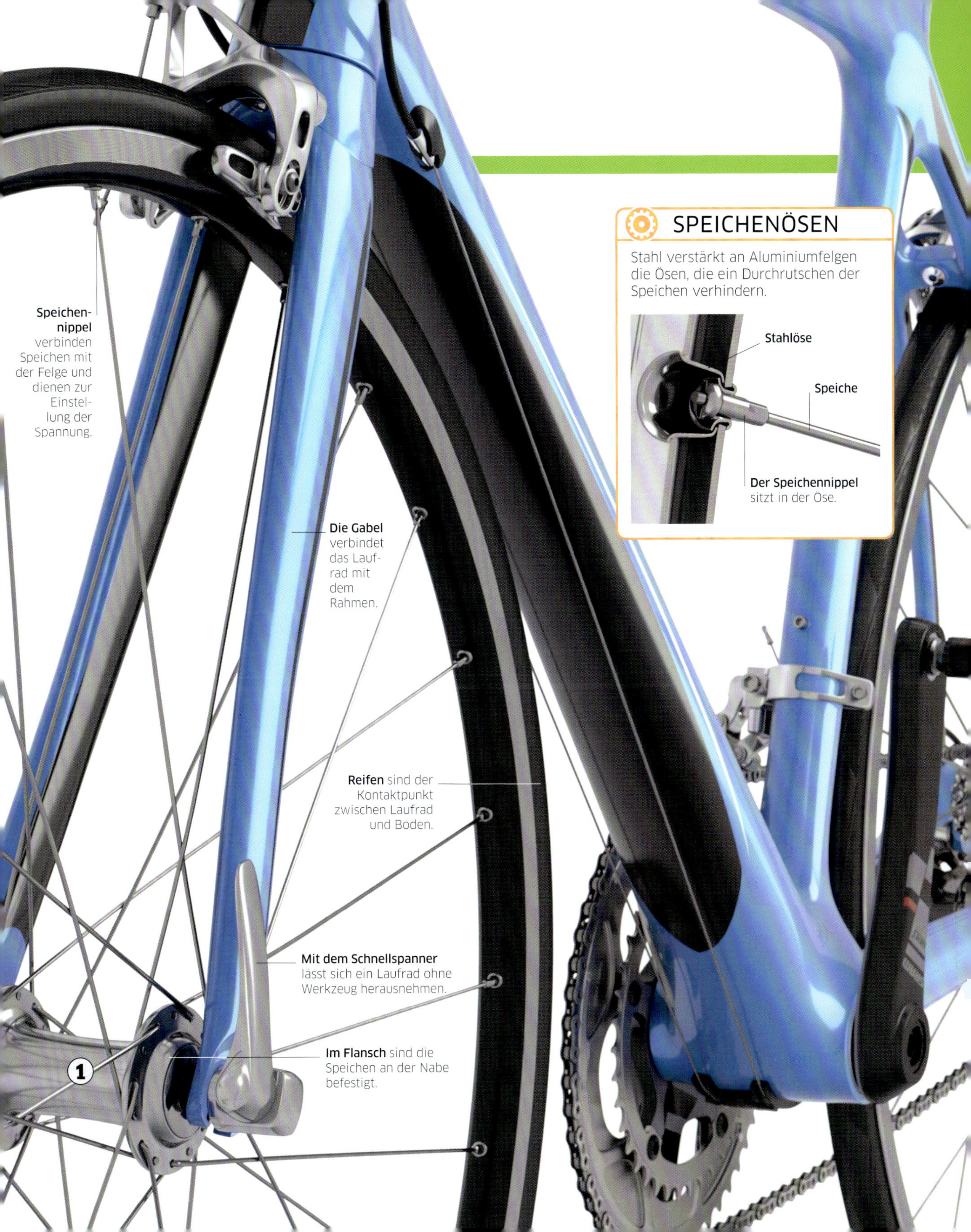

SPEICHENÖSEN

Stahl verstärkt an Aluminiumfelgen die Ösen, die ein Durchrutschen der Speichen verhindern.

Stahlöse

Speiche

Der Speichennippel sitzt in der Öse.

LAUFRAD AUS- UND EINBAUEN

Vorderrad

Nach einer Panne bauen Sie das Vorderrad aus, um es zu reparieren. Die meisten modernen Fahrräder besitzen Schnellspannhebel, sodass Sie keine Werkzeuge benötigen. Laufräder an älteren Fahrrädern haben noch Muttern, die Sie mit einem Schraubenschlüssel lösen.

VORBEREITUNGEN

- Das Fahrrad in einen Montageständer setzen.
- Den Schnellspannhebel auf Rost oder Korrosion überprüfen. In diesem Fall wird die Stelle mit Öl eingesprüht.

1 **Lockern Sie die Felgenbremse** am Schnellentspanner. So vergrößert sich der Abstand der Bremsbeläge und Sie können den Reifen herausnehmen (bei Campagnolo sitzt der Knopf am Schalthebel).

Halten Sie die Schnellspannmutter auf der anderen Seite fest, wenn Sie den Hebel drehen.

2 **Suchen Sie zuerst den Schnellspannhebel** an der Nabe. Öffnen Sie ihn und drehen Sie ihn ab, ohne die Mutter abzudrehen. Bei Naben mit Muttern lösen Sie diese mit einem Schraubenschlüssel.

3 **Dann heben Sie den Rahmen etwas an** und drücken das Laufrad aus den Ausfallenden der Gabel. Wenn das Laufrad nicht herausfällt, lockern Sie den Schnellspannhebel oder die Mutter ein wenig mehr.

WERKZEUG UND AUSRÜSTUNG

- Montageständer
- Öl
- Satz Schraubenschlüssel (für ältere Fahrräder)

Arbeitstipp: Wenn Sie beide Laufräder ausbauen müssen, nehmen Sie das Vorderrad zuerst heraus. Dadurch schleift die Kette nicht über den Boden oder die Schaltschwinge fällt nicht auf den Boden.

4 **Beim Einbau des Vorderrads** prüfen Sie, ob die Federn auf beiden Seiten richtig sitzen und dass sich der Hebel auf der linken Seite des Fahrrads befindet. Dann senken Sie die Gabel auf die Nabe.

5 **Stellen Sie das Laufrad** auf den Boden und nutzen Sie das Gewicht des Fahrrads, um es gerade zu halten. Dann drehen Sie den Schnellspannhebel oder, bei älteren Fahrrädern, die Muttern wieder fest.

6 **Schließen Sie den Schnellentspanner** (oder drücken Sie den Knopf am Schalthebel bei Campagnolo-Bremsen) und prüfen Sie, ob die Bremsbeläge korrekt an der Felge positioniert sind.

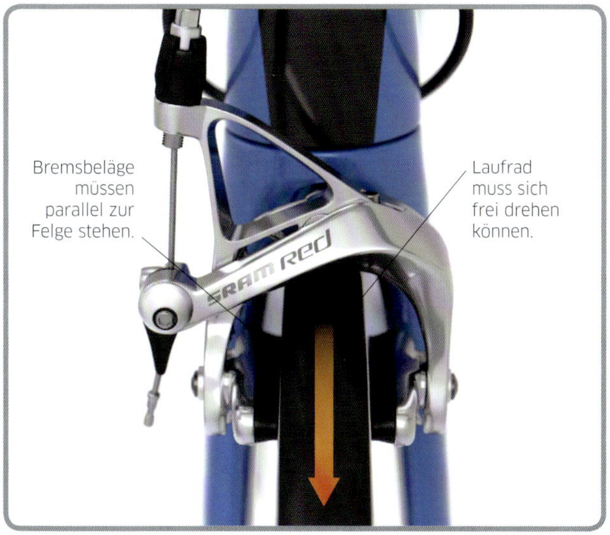

7 **Dann stellen Sie sich vor das Fahrrad** mit dem Vorderrad zwischen den Knien und prüfen, ob es zwischen den Bremsbelägen zentriert ist. Um es zu zentrieren, wiederholen Sie die Schritte 3 bis 7.

LAUFRAD AUS- UND EINBAUEN

Rad mit Kettenschaltung

Um ein Hinterrad auszubauen, müssen Sie die Kette von der Schaltung abnehmen. Diese Aufgabe erfordert mehr Sorgfalt bei Kettenschaltungen, weil sie wichtige Komponenten des Antriebs sind. Die Arbeit ist einfach und dauert nur wenige Minuten, vor allem bei Hinterrädern mit Schnellspannern.

VORBEREITUNGEN

- Wenn der Hebel korrodiert ist, muss er eingeölt werden.
- Die Kette vorne auf das größte Kettenblatt schalten.
- Hinten auf das kleinste Ritzel schalten.
- Das Fahrrad in einen Montageständer setzen.

1 **Zum Ausbau des Hinterrads** halten Sie mit einer Hand die Schnellspannmutter an der Schaltschwinge fest. Mit der anderen Hand drehen Sie den Schnellspannhebel um 180 Grad herum.

2 **An der Hinterradbremse** oder am Lenker (Campagnolo) drücken Sie den Schnellentspanner nach oben. Dadurch öffnen sich die Bremsklötze, sodass Sie das Hinterrad herausnehmen können.

3 **Ziehen Sie das Schaltwerk** nun nach hinten und nach oben, damit das Laufrad aus den Ausfallenden fällt. Wenn es nicht herausfällt, drehen Sie den Schnellspannhebel noch einmal ganz herum.

WERKZEUG UND AUSRÜSTUNG

- Öl
- Montageständer

Arbeitstipp: Einige Schnellspannsysteme besitzen einen Sicherungsmechanismus. Dabei sind beide Seiten festgezogen und über eine hohle Achse miteinander verbunden. Für diese Systeme benötigen Sie besondere Schlüssel, ohne die sich das System nicht öffnen lässt.

4 **Heben Sie den Rahmen** am Sattel oder Oberrohr an, damit das Hinterrad nach vorne herausfällt. Die Kette führen Sie von der Kassette weg. Bleibt sie auf der Kassette, entfernen Sie sie mit der Hand.

5 **Vor dem Einbau** prüfen Sie, ob hinten der höchste Gang geschaltet ist. Dann führen Sie das Hinterrad so in Position, dass die Kette auf dem kleinsten Zahnkranz liegt und senken den Rahmen.

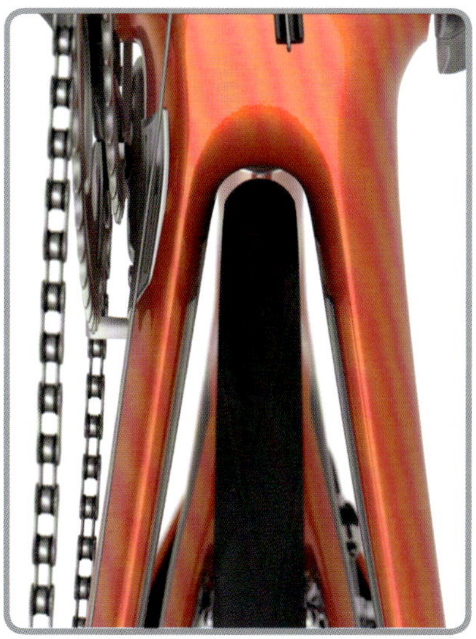

6 **Ziehen Sie das Hinterrad** nach oben und hinten und führen Sie es in die Ausfallenden ein. Prüfen Sie, ob es zentriert sitzt.

7 **Mit dem Schnellspannhebel** sichern Sie das Hinterrad. Die Spannung soll wie vorher sein – fest, aber nicht zu fest.

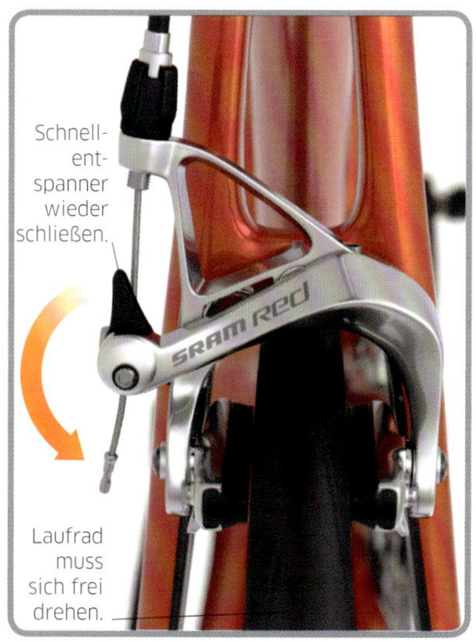

8 **Die Bremse** schließen Sie am Bremsarm oder am Lenker an. Dann prüfen Sie, ob die Bremsbeläge ausgerichtet sind.

LAUFRAD AUS- UND EINBAUEN
Rad mit Nabenschaltung

Nabenschaltungen findet man häufig bei Rädern, die im Alltag, z.B. zum Pendeln, benutzt werden, an Lastenrädern und an einigen Mountainbikes. Um ein Hinterrad auszubauen, müssen Sie zunächst den Schaltzug von der Nabe trennen.

VORBEREITUNGEN

- Die Nabe zuerst reinigen.
- Anzahl und Position der Unterlegscheiben notieren.
- Den Schaltzug auf Gängigkeit überprüfen.
- Das Fahrrad in einen Montageständer setzen.

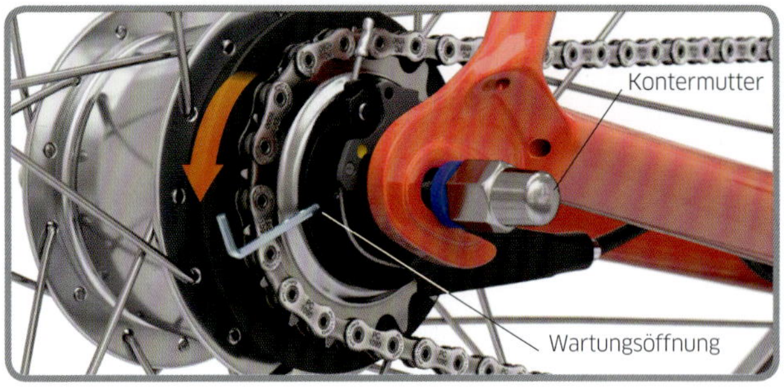

1 **Schalten Sie die Schaltung** in den ersten Gang. In die Wartungsöffnung an der Nabe setzen Sie einen Inbus-Schlüssel. Damit drehen Sie den Mitnehmer, bis der Schaltzug entspannt ist.

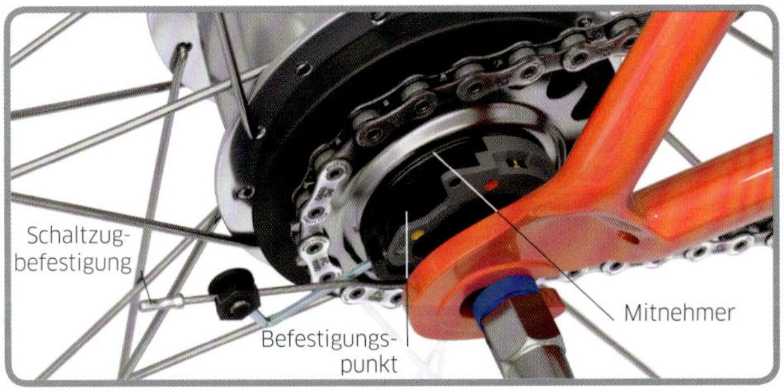

2 **Halten Sie den Mitnehmer** mit einem Inbus-Schlüssel in Position, während Sie gleichzeitig die Zugbefestigung vom Befestigungspunkt abziehen. Wenn diese zu fest sitzt, nehmen Sie eine Zange.

3 **Ziehen Sie den Schaltzug** vor die Nabe und ziehen Sie die Schaltzughülle vom Schaltzugstopp auf der Nabe ab. Entfernen Sie dann den Schaltzug vom Hinterrad.

Lösen Sie die Kontermuttern gegen den Uhrzeigersinn.

4 **Öffnen Sie die Bremsarme** entsprechend der Bremse am Fahrrad (S. 112–117). Mit einem Schraubenschlüssel lösen Sie die Kontermuttern am Laufrad, ohne sie vollständig zu entfernen.

5 **Ziehen Sie das Hinterrad** aus den Ausfallenden. Heben Sie die Kette vom Zahnkranz und legen Sie sie auf dem Rahmen ab. Halten Sie mit einer Hand das Hinterrad, während Sie den Rahmen anheben.

WERKZEUG UND AUSRÜSTUNG

- Lappen
- Reinigungsflüssigkeit
- Montageständer
- Inbus- oder verstellbarer Schraubenschlüssel
- Zange

Arbeitstipp: Nach dem Anziehen der Kontermuttern am Laufrad nehmen Sie das entsprechende Werkzeug bei der nächsten Fahrt mit. Dann sind Sie in der Lage, das Laufrad gegebenenfalls neu anzupassen.

6 **Setzen Sie das Hinterrad** in die Ausfallenden ein. Die farbige Unterlegscheibe befindet sich außerhalb des Rahmens. Heben Sie die Kette auf den Zahnkranz und ziehen Sie die Kontermuttern halb an.

7 **Richten Sie das Hinterrad** so aus, dass es im Rahmen zentriert ist. Es wird so positioniert, dass die Kette auf dem Zahnkranz einrastet. Ziehen Sie dann die Kontermuttern so fest wie möglich an.

8 **Setzen Sie den Schaltzug** mit der Schaltzughülle an den Zugstopp. Drehen Sie den Mitnehmer zum Zugstopp und fügen Sie die Zugbefestigung in den Befestigungspunkt ein (umgekehrte Schritte 1 bis 3).

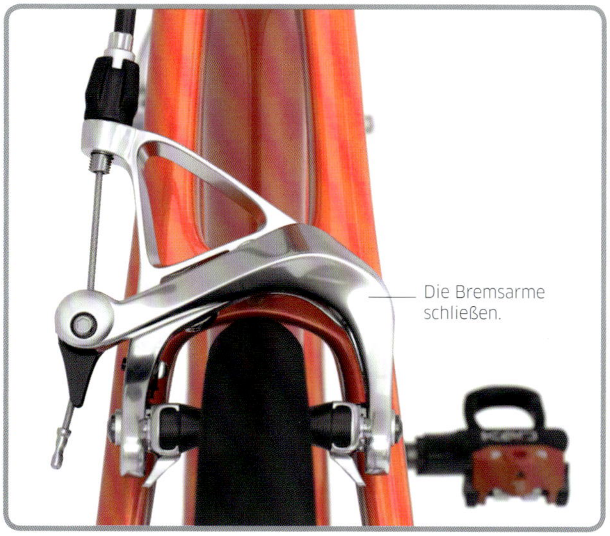

9 **Prüfen Sie,** ob sich das Hinterrad gleichmäßig dreht, und setzen Sie die Bremsarme wieder an. Testen Sie, ob die Schaltung richtig schaltet. Tut sie das nicht, stellen Sie sie ein (S. 152–153).

REIFENWECHSEL

Wulstreifen

Bei einer Reifenpanne entweicht Luft aus dem Schlauch, weil der Schlauch entweder eingeklemmt war oder ein scharfer Gegenstand ihn durchstochen hat. Aber auch wenn die Decke des Reifens abgefahren ist oder sich an den Wänden Risse zeigen, muss man einen Reifen austauschen.

VORBEREITUNGEN

- Beim Kauf auf die richtige Reifengröße achten.
- Das Laufrad aus dem Rahmen (S. 78–83) nehmen.
- Den alten Reifen von der Felge (S. 48–49) abziehen.
- Den neuen Reifen auspacken.
- Man prüft, ob der Schlauch beschädigt ist und das Ventil nicht verbogen ist.
- Das Felgenband überprüfen und notfalls ersetzen.

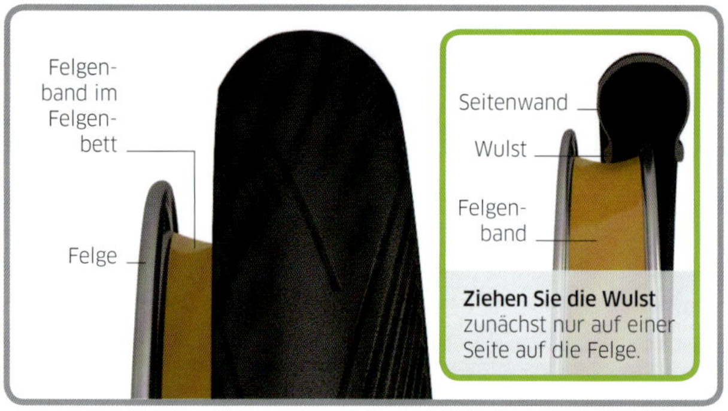

Ziehen Sie die Wulst zunächst nur auf einer Seite auf die Felge.

1 **Ziehen Sie zuerst** eine Seite des Reifens auf die Felge und drücken Sie die Wulst rundherum in das Felgenbett. Wenn der Reifen dabei zu stark spannt, heben Sie ihn mit einem Reifenheber auf die Felge.

Wenn Sie eine Seite aufziehen, bleibt Platz für den Schlauch.

2 **Schieben Sie die Wulst** auf der anderen Seite gegen die Felgenflanke, um Platz für den Schlauch zu schaffen. Drehen Sie die Felge dabei um ihre Achse, um den gesamten Reifen aufzuziehen.

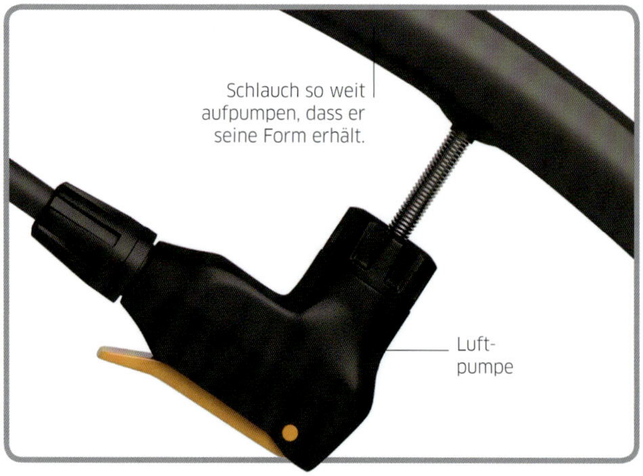

3 **Entfernen Sie die Ventilkappe** und -mutter vom Schlauch und pumpen Sie ihn teilweise auf, sodass er seine Form erhält. Pumpen Sie ihn nicht zu stark auf, weil er noch in den Reifen gesetzt wird.

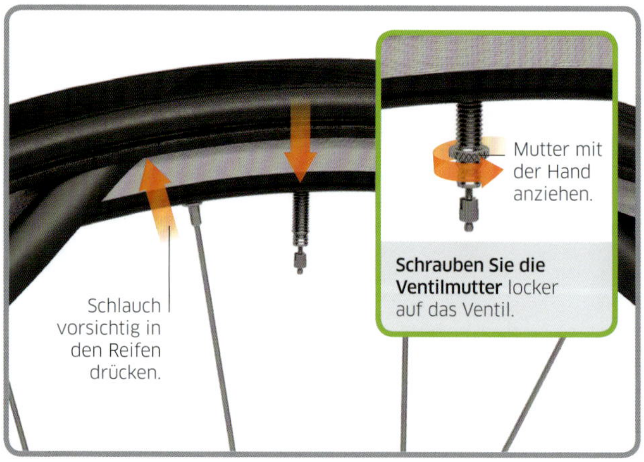

Schrauben Sie die Ventilmutter locker auf das Ventil.

4 **Schieben Sie das Ventil** durch die Öffnung im Felgenbett, sodass es gerade sitzt. Drücken Sie auf beiden Seiten des Ventils etwas Schlauch unter den Reifen auf die Felge und schrauben Sie dann die Ventilmutter auf.

WERKZEUG UND AUSRÜSTUNG

- Felgenband
- Reifenheber
- Luftpumpe

Arbeitstipp: Beginnen Sie mit dem Aufziehen des Reifens beim Ventil und beenden Sie den Vorgang auf der Seite gegenüber. An der Stelle steht mehr Reifen zur Verfügung, den Sie dann leichter über die Felgenflanke in das Felgenbett drücken können.

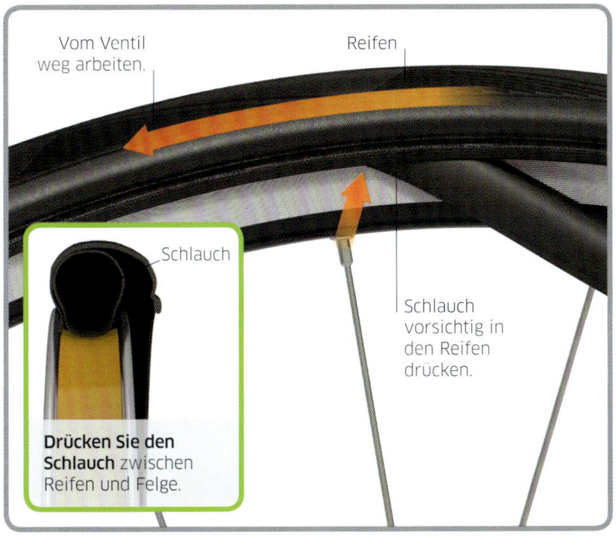

Drücken Sie den Schlauch zwischen Reifen und Felge.

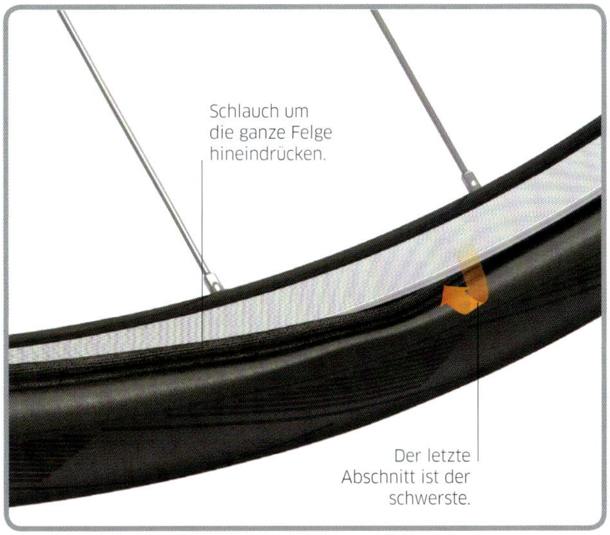

5 **Drücken Sie den Schlauch vom Ventil aus** in beide Richtungen in den Reifen, sodass er im Felgenbett zwischen Reifen und Felgenflanke sitzt. Der Schlauch darf nicht verdreht oder geknickt sein.

6 **Drücken Sie die zweite Wulst** über die Felge, ohne den Schlauch einzuklemmen oder zu verdrehen. Wird das zu schwer, nehmen Sie Reifenhebel. Dann lassen Sie die Luft aus dem Schlauch.

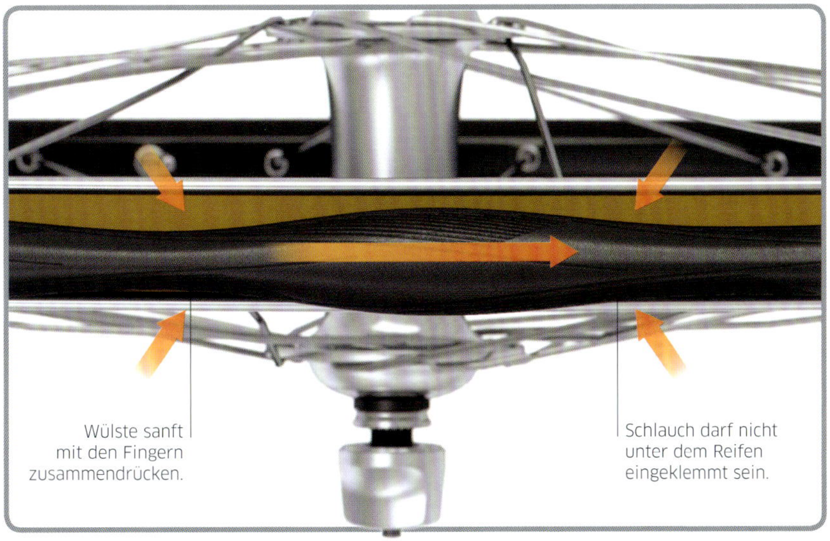

7 **Wenn der Reifen auf der Felge sitzt,** drücken Sie die Wülste zusammen. Das Felgenband wird sichtbar und Sie prüfen, ob der Schlauch zwischen Felge und Reifen eingeklemmt ist. Ist der Schlauch eingeklemmt, wackeln Sie am Reifen, um ihn freizusetzen.

8 **Pumpen Sie** den Schlauch auf – der korrekte Druck steht auf der Reifenwand – und setzen Sie das Laufrad ein (S. 78–83).

REIFENWECHSEL

Schlauchlose Reifen

Schlauchlose Reifen wie die von Mountainbikes sitzen fest auf der Felge und reduzieren das Risiko von Reifenpannen. Bei einem Schaden trocknet sofort Dichtungsmittel um das Loch, sodass der Reifen keine Luft verliert.

VORBEREITUNGEN

- Die Felge muss für schlauchlose Reifen geeignet sein.
- Den neuen Reifen auspacken.
- Das Laufrad ausbauen (S. 78–83).
- Den alten Reifen abziehen (S. 48–49).

1 **Ist die Felge für schlauchlose Reifen vorbereitet,** gehen Sie zu Schritt 5. Bei anderen Felgen nehmen Sie das alte Felgenband ab und entfernen mit Reinigungsbenzin Klebstoffreste im Felgenbett.

2 **Legen Sie das Felgenband** für schlauchlose Reifen im Felgenbett über die Öffnungen für die Speichen und das Ventil. Spannen Sie dabei das Band gleichmäßig, damit es keine Falten schlägt.

3 **Markieren Sie die Ventilöffnung** und stechen Sie mit einem Cuttermesser durch das Felgenband, um das Ventil hindurchzudrücken. Der Schnitt darf nicht zu groß ausfallen.

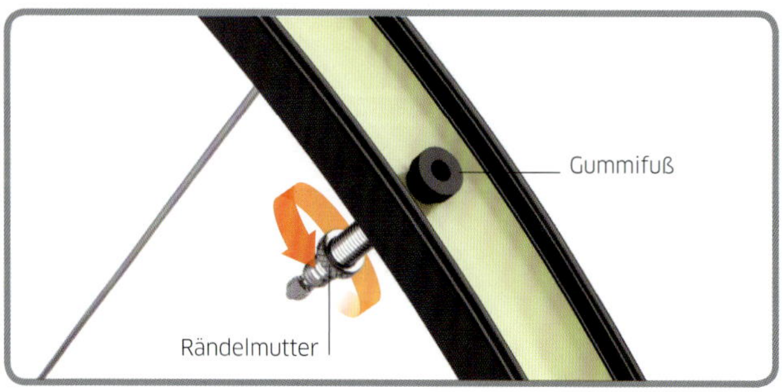

4 **Entfernen Sie die Rändelmutter,** drücken Sie das Ventil durch die Öffnung und setzen Sie den Gummifuß auf das Felgenband. Schrauben Sie die Rändelmutter auf das Ventil und ziehen Sie sie fest.

WERKZEUG UND AUSRÜSTUNG

- Lappen und Reinigungsbenzin
- Cuttermesser
- Felgenband für schlauchlose Reifen
- Luftpumpe oder Luftkompressor
- Seifenwasser
- Dichtungsmittel

Arbeitstipp: Nachdem Sie das Dichtungsmittel zugefügt und den Reifen aufgepumpt haben, tauchen Sie das Laufrad mit dem Ventil in Seifenwasser. Warten Sie etwa 10 bis 20 Sekunden ab. Wenn Blasen auftauchen, ist der Reifen undicht.

5 **Setzen Sie den schlauchlosen Reifen** mit den Händen auf die Felge – ein Reifenheber kann das Felgenband beschädigen. Pumpen Sie den Reifen auf und prüfen Sie in warmem Wasser, ob er dicht ist.

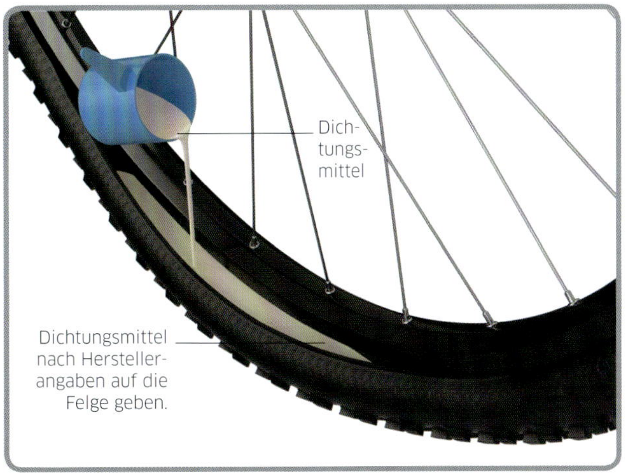

6 **Um den Reifen abzudichten,** lassen Sie die Luft durch das Ventil vollständig ab. Nehmen Sie einen Teil des Reifens von der Felge und schütten Sie Dichtungsmittel in die Lücke.

7 **Setzen Sie den Reifen** wieder auf und drehen Sie das Laufrad mehrere Male, um das Dichtungsmittel zu verteilen.

8 **Pumpen Sie** den Reifen auf den gewünschten Druck auf und bauen Sie das Laufrad wieder in den Rahmen ein.

VARIATIONEN

Einige Dichtungsmittel können Sie mit einer Spritze durch das Ventil in den Reifen geben.

- Führen Sie die Schritte 1 bis 5 aus und lassen Sie dann die Luft vollständig ab.
- Füllen Sie nach Herstellerangaben die entsprechende Menge Dichtungsmittel in die Spritze.
- Spritzen Sie das Dichtungsmittel durch das Ventil in den Reifen und drehen Sie das Laufrad, um es zu verteilen.
- Pumpen Sie dann den Reifen wieder auf (Schritt 8).

LAUFRAD WARTEN

Lockere Speichen spannen

Mit der Zeit lockern sich Speichen, sodass sich das Laufrad verformt. Damit der Lauf gerade und genau ausgerichtet ist, müssen Sie dann die Speichen auf beiden Felgenseiten erneut spannen. Die Speichenspannung ist wichtig für die Stabilität des Laufrads. Sie können sie anpassen, indem Sie die Speichennippel an der Felge entweder fester oder lockerer anziehen.

VORBEREITUNGEN

- Das Fahrrad in einen Montageständer setzen, sodass sich das Laufrad frei drehen kann.
- Der Nippelspanner muss der Größe der Speichennippel entsprechen.

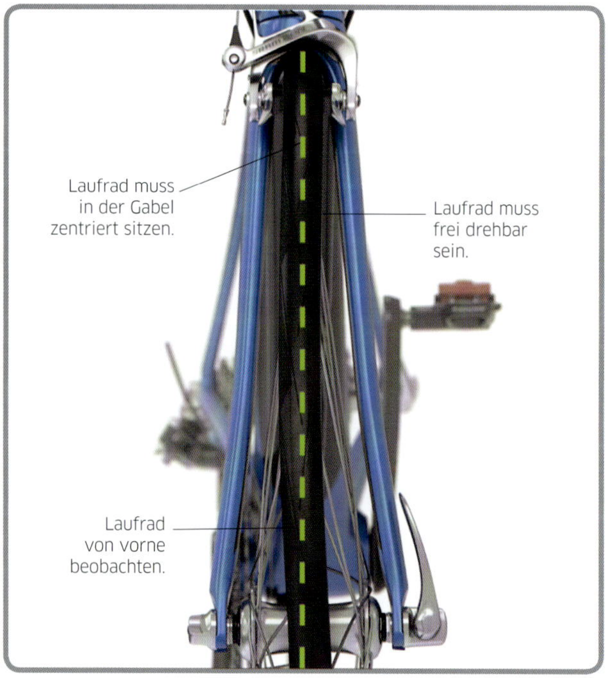

1 **Stellen Sie sich** vor das Laufrad und prüfen Sie, ob es zwischen den Gabelbeinen zentriert sitzt. Notfalls zentrieren Sie es (S. 78–79). Drehen Sie es und prüfen Sie von vorne, ob es Dellen aufweist.

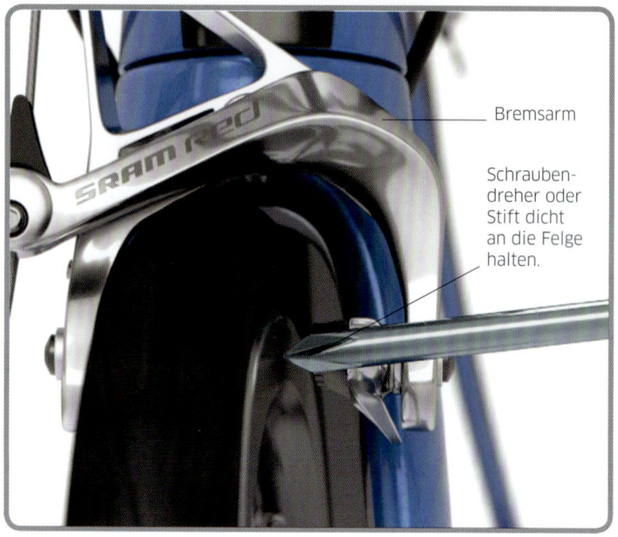

2 **Halten Sie auf jeder Felgenseite** einen Schraubendreher oder Bleistift an den Bremsarm und drehen Sie das Laufrad. Mit Kreide markieren Sie die Stellen, an denen die Felge das Werkzeug berührt.

3 **Prüfen Sie, ob die Speichen** neben der Markierung lockerer sind als andere. Speichen auf der gegenüberliegenden Felgenseite wirken dem Zug entgegen, sodass Sie beide Seiten einstellen müssen.

WERKZEUG UND AUSRÜSTUNG

- Montageständer
- Schraubendreher oder Bleistift
- Nippelspanner
- Kreide
- Gummiband
- Kabelbinder
- Zange
- Kriechöl

Arbeitstipp: Nippel dürfen Sie nur vorsichtig drehen, weil Speichen leicht brechen. Lassen sich einige Nippel nicht drehen, sprühen Sie sie mit Kriechöl ein, warten Sie einige Minuten und setzen Sie den Nippelspanner dann erneut an.

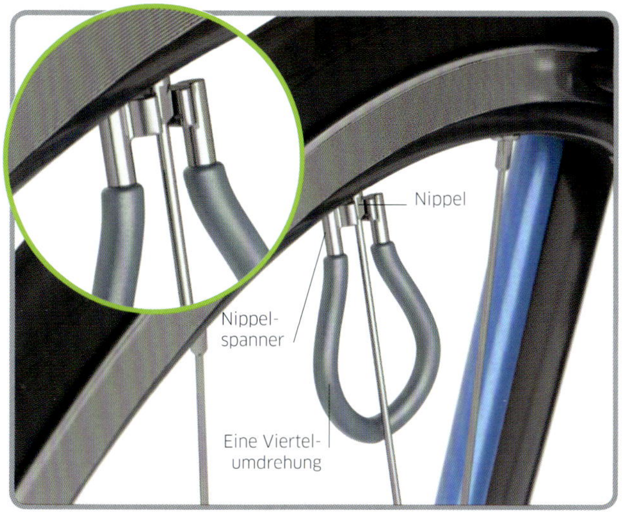

4 **Weist die Felge** zu einer Seite eine Delle auf, lösen Sie den Speichennippel auf dieser Seite im Uhrzeigersinn und ziehen die lockere Speiche auf der anderen Seite gegen den Uhrzeigersinn fest an.

5 **Mit einem Schraubendreher** oder Bleistift prüfen Sie das Laufrad auf weitere Dellen. Stellen Sie immer zwei bis drei Speichen gleichzeitig ein, damit die Spannung gleichmäßig bleibt.

6 **Drehen Sie den Nippelspanner** in sehr kleinen Schritten. Jede Einstellung wirkt sich sofort auf das gesamte Laufrad aus.

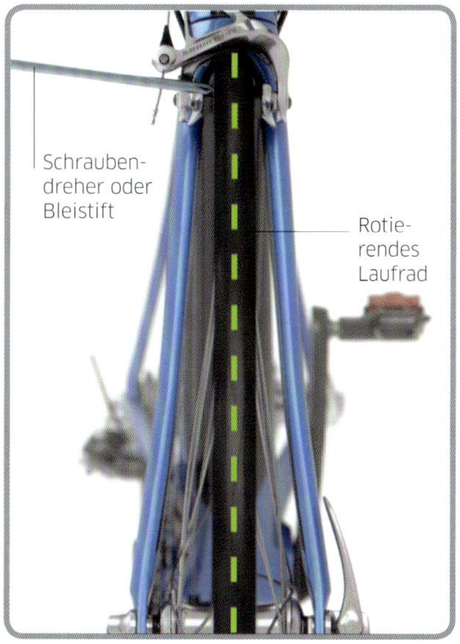

7 **Mit einem Schraubendreher** oder Bleistift prüfen Sie, ob die Felge gerade läuft. Notfalls wird sie nochmals eingestellt.

LAUFRADPRÜFUNG

Bei der Prüfung des Laufrads müssen Sie den Schraubendreher oder Bleistift ganz ruhig halten. Wenn sich das Werkzeug bewegt, können Sie Abweichungen von intakten Laufrädern nicht erkennen. Diese Methoden funktionieren:

- Befestigen Sie den Schraubendreher oder Bleistift mit Gummiband am Bremsarm. Die Befestigung erfolgt bei jeder Überprüfung neu.
- Ziehen Sie einen Kabelbinder fest um die Bremse. Das lange Ende schneiden Sie so ab, dass es dicht an der Felge steht.

HAUPTKOMPONENTEN
Laufradnaben

Die Nabe im Zentrum eines Laufrads besteht aus Achse, Gehäuse und Flansch. Die Achse ist an den Ausfallenden des Rahmens befestigt. Das Nabengehäuse enthält Kugellager, die sich um die Achse drehen. Die beiden Flansche an den Enden des Gehäuses enthalten Speichenlöcher. Ihre Anzahl entspricht der Anzahl der Speichenöffnungen in der Felge. Normalerweise haben Naben 28, 32 oder 36 Speichenlöcher. Je mehr Speichen ein Laufrad hat, desto stabiler, aber auch schwerer ist es. Naben werden aus Stahl, aus Legierungen oder aus Carbon hergestellt. Hochwertige Naben besitzen Patronenlager und zusätzliche Dichtungen, die nicht mehr gewartet werden müssen.

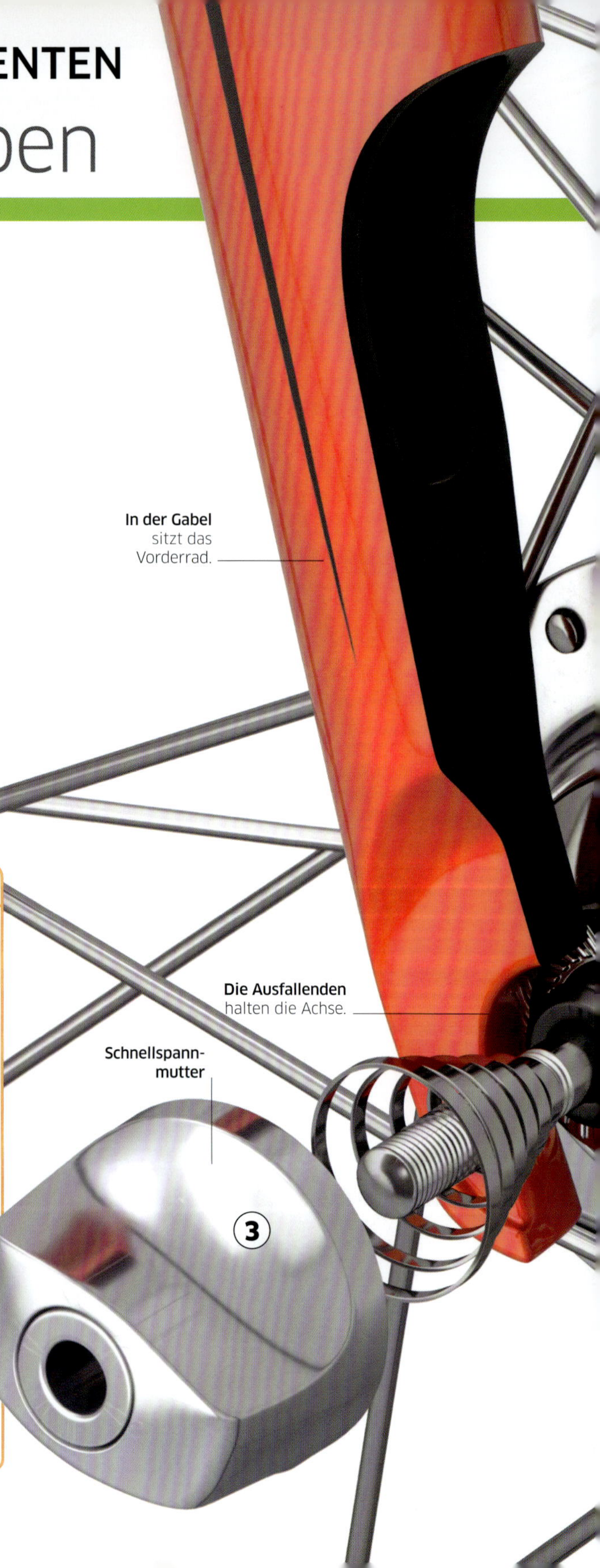

BAUTEILE IM FOKUS

Die Nabe wird über ihre Achse am Rahmen befestigt und ist über die Speichen mit der Felge verbunden.

(1) Die **Achse** verläuft durch die Nabe. Ihre Enden haben jeweils ein Gewinde, auf das die Innenringe und die Kontermutter geschraubt werden.

(2) Die **Kugellager** in der Nabe sorgen für reibungslose Drehung des Laufrads. Sie befinden sich entweder in einer versiegelten Patrone oder lose in Ringen. Nicht versiegelte Lager müssen regelmäßig gewartet werden (S. 92–95).

(3) Der **Schnellspannmechanismus** verläuft durch die Achse. Mit seiner Hilfe können Sie das Laufrad ohne Werkzeug herausnehmen.

Speichenköpfe verhindern, dass die Speichen durch die Speichenlöcher im Flansch rutschen.
Metalldichtung
Das Gehäuse enthält Achse und Kugellager.
Die Schnellspannfeder erlaubt einfache Bedienung des Hebels.
2
Die Kugeln sind lose oder befinden sich in einer Patrone.
1
2
Die Achse sitzt in der Nabe.
Kontermuttern halten die Nabe zusammen.
Im Flansch sind die Speichen verankert.
Speichen tragen das Gewicht des Fahrers.
Der Innenring enthält Kugeln.

LAUFRADLAGER WARTEN
Patronenlager

Derartige Industrielager sitzen häufig in »Patronen«, die sich nur mit Spezialwerkzeug öffnen lassen. Sie können die Lager dennoch regelmäßig warten, um Abnutzung zu verhindern und ihre Lebensdauer zu verlängern. Dazu gehört auch das Reinigen und Einfetten der Kugellager. Einpressnaben werden durch die Gabel geschlossen und öffnen sich sofort, wenn Sie sie aus der Gabel nehmen. Sie erkennen, dass Sie das Lager warten müssen, wenn das Laufrad unruhig läuft oder wenn Sie mahlende Geräusche hören.

VORBEREITUNGEN

- Platz zum Ablegen der Einzelteile schaffen.
- Das Fahrrad in einen Montageständer setzen.

1 **Bauen Sie das Laufrad** aus (S. 78–83). Öffnen Sie die Schnellspanner oder lösen Sie die Radmuttern. Entspannen Sie die Bremsarme und ziehen Sie das Laufrad aus dem Rahmen.

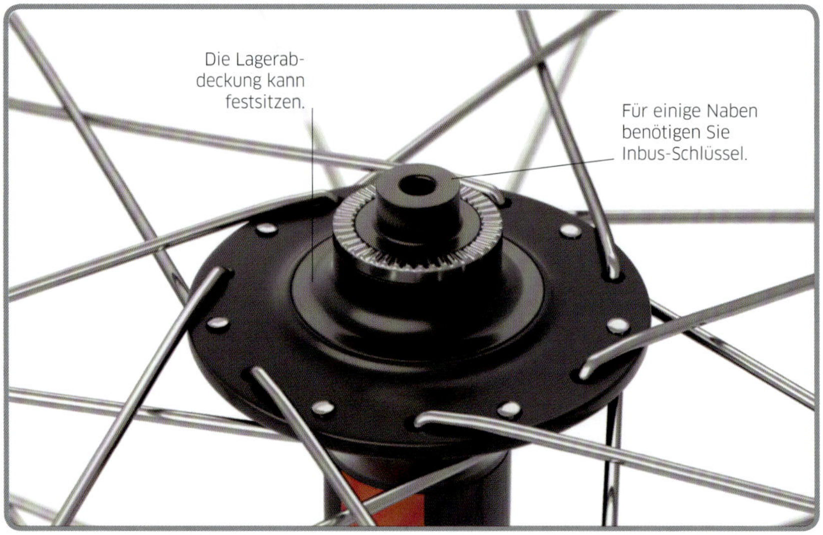

2 **Wenn Sie das Laufrad aus der Gabel genommen haben,** nehmen Sie die Abdeckung ab. Sitzt sie fest, heben Sie sie mit dem Schraubendreher an. (Für einige Naben brauchen Sie Inbus-Schlüssel, um die Abdeckung abzudrehen, anstatt sie aufzuhebeln.)

3 **Nehmen Sie die Abdeckung ab,** um die Dichtkappe des Lagers freizulegen. Die Abdeckung wird vor dem Einsetzen gereinigt.

WERKZEUG UND AUSRÜSTUNG

- Montageständer
- Schlitzschraubendreher
- Satz Inbus-Schlüssel
- Fettlöser und Lappen
- Fettpresse

Arbeitstipp: Sie können prüfen, ob ein Lager gewartet werden muss. Dazu drehen Sie jedes Laufrad und lauschen gleichzeitig mit dem Ohr am Sattel, weil jedes Geräusch der Laufradnabe durch den Rahmen verstärkt wird.

Das Lager ist nach Abnahme der Staubdichtung sichtbar.

4 **Nehmen Sie mit einem** Schlitzschraubendreher die Dichtkappe ab, um die Lager freizulegen. Dabei darf ihr Rand nicht beschädigt werden, damit sie nach dem Einbau wieder dicht schließt.

BAUTEILE IM FOKUS

Eine normale Einpressnabe mit Patronenlager besitzt Abdeckungen an jedem Ende, die durch Druck geschlossen sind.

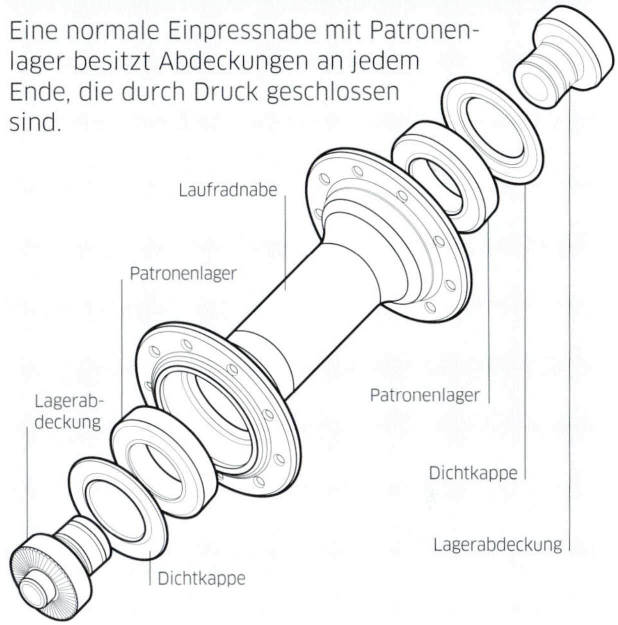

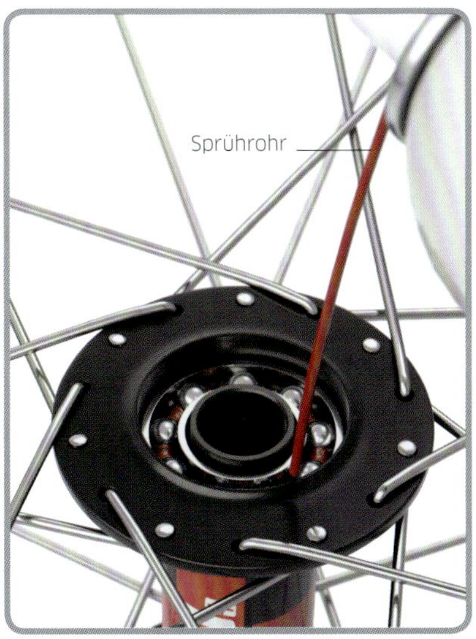

5 **Sprühen Sie die Lager** mit Fettlöser ein und drehen Sie sie dabei. Alte Fettreste und Schmutz wischen Sie mit einem Lappen ab.

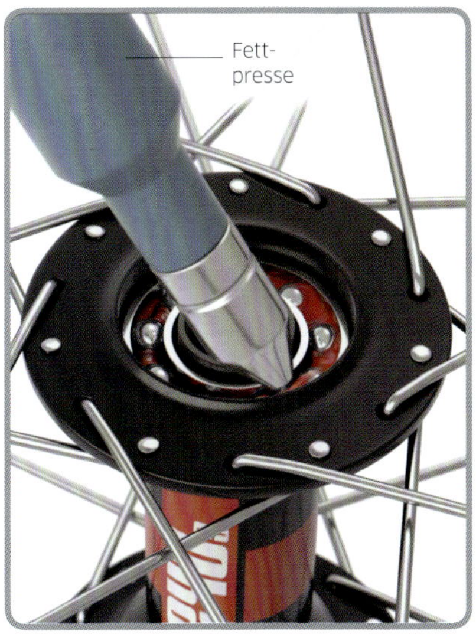

6 **Sobald das Lager** trocken ist, schmieren Sie es mit frischem Fett wieder ein. Dann setzen Sie die Dichtkappe wieder ein.

7 **Setzen Sie die Abdeckung ein,** wiederholen Sie die Schritte 2 bis 6 für die andere Nabenseite und setzen Sie das Laufrad ein.

Konuslager

Wenn das Laufrad rumpelt, sich langsam dreht oder Spiel an der Achse hat, sind die Lager abgenutzt. Tauschen Sie die Lager jährlich aus, verlängern Sie die Lebensdauer der Nabe und des Laufrads. Die vielen verschiedenen Lager werden alle auf ähnliche Art ausgebaut.

VORBEREITUNGEN

- Im Handbuch prüfen, welche Nabe das Fahrrad besitzt.
- Den passenden Schraubenschlüssel für die Nabe heraussuchen.
- Ersatzlager in der passenden Größe kaufen.
- Bremsarme öffnen (S. 112–117).

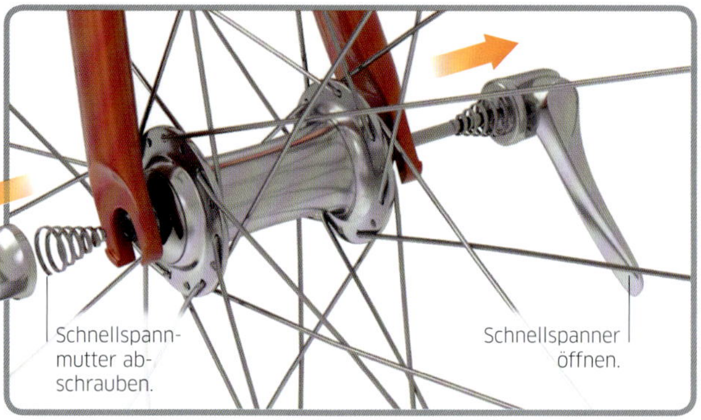

1 **Bauen Sie das Laufrad aus,** indem Sie den Schnellspanner öffnen (S. 78–79) oder die Radmutter mit einem Schraubenschlüssel lösen. Legen Sie das Laufrad auf eine flache Oberfläche.

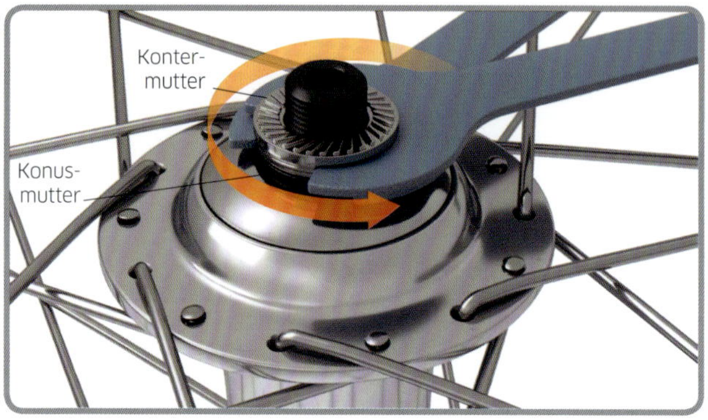

2 **Fixieren Sie die Konusmutter** mit einem Schraubenschlüssel und lösen Sie die Kontermutter mit einem anderen. Legen Sie Kontermutter und Unterlegscheiben ab und merken Sie sich ihre Reihenfolge.

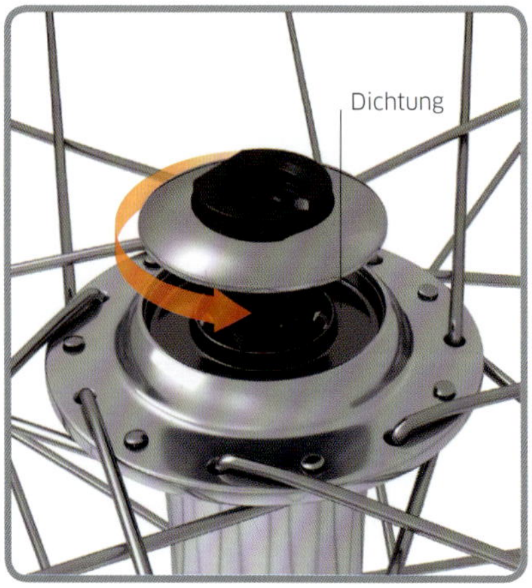

3 **Nach der Kontermutter** schrauben Sie die Konusmutter ab, um die Dichtung über dem Kugellager freizulegen.

4 **Die Konusmutter** des anderen Achsenendes bleibt fest. Dann ziehen Sie die Achse aus der Nabe und entfernen sie vollständig.

5 **Prüfen Sie,** ob sich die Dichtung abheben lässt und nehmen Sie sie vorsichtig mit einem Schraubendreher heraus.

WERKZEUG UND AUSRÜSTUNG

- Schraubenschlüssel
- Schlitzschraubendreher
- Magnet
- Fettlöser
- Lappen
- Fett
- Pinzette

BAUTEILE IM FOKUS

Nahezu alle Laufradlager bestehen aus ähnlichen Komponenten.

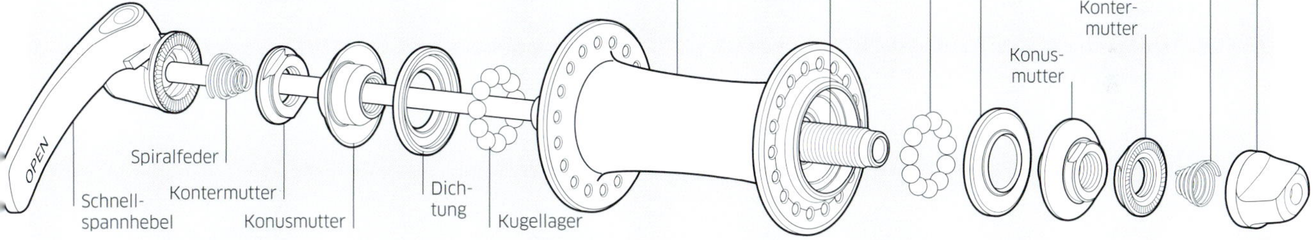

Reinigen Sie die Nabe innen mit Fettlöser und Lappen und prüfen Sie sie auf Schäden.

6 **Können Sie die Dichtung nicht abnehmen,** holen Sie die Kugeln mit einem Magneten heraus. Zählen Sie sie und legen Sie sie in einen Behälter. Holen Sie auch auf der anderen Seite die Kugeln heraus.

7 **Fetten Sie die Lagerschalen ein** und setzen Sie die Kugeln mit einer Pinzette ein – so viele, wie Sie entfernt hatten. Setzen Sie sie auch auf der anderen Seite wieder in die Nabe ein.

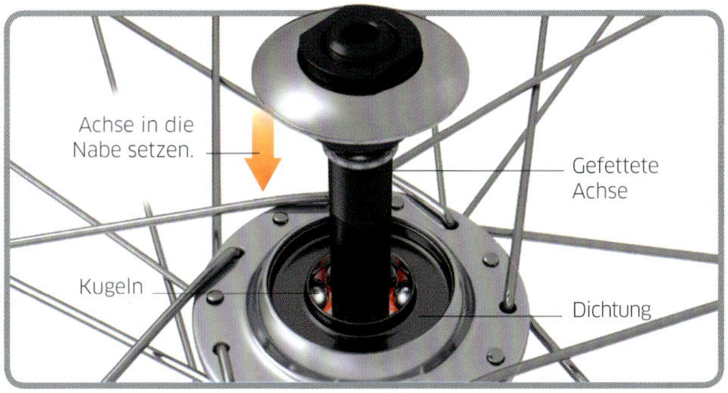

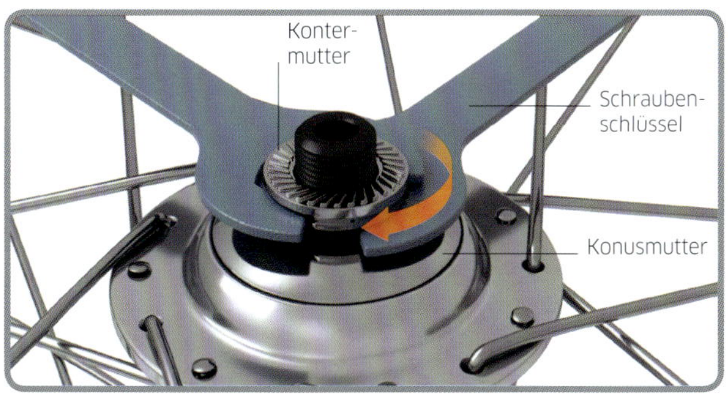

8 **Setzen Sie die Achse** und alle Unterlegscheiben in der richtigen Reihenfolge wieder in die Nabe ein – die Lager dürfen dabei nicht beschädigt werden. Die Konusmutter ziehen Sie dann mit der Hand fest.

9 **Mit zwei Schraubenschlüsseln** kehren Sie Schritt 2 um: Ziehen Sie die Kontermutter gegen die Konusmutter fest. Die Konusmutter wird nicht festgezogen – dabei könnten die Lager beschädigt werden.

BREMSEN

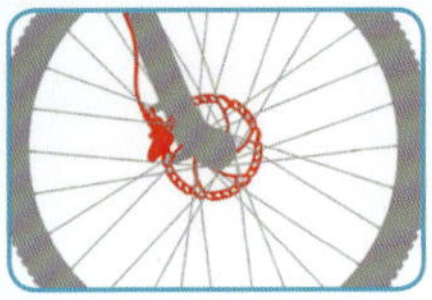

RATGEBER

Bremsen

Alle Bremssysteme (außer Nabenbremsen) funktionieren ähnlich. Sie drücken Bremsbeläge auf eine Fläche am Laufrad, erzeugen dabei Reibung und bremsen das Fahrrad. Die Fläche ist entweder die Felgenwand (Dual-Pivot-, Cantilever-, Mittelzug-, V-Bremse) oder sitzt an der Nabe (Scheibenbremse). Die Bremssysteme haben unterschiedliche Stärken und Schwächen.

ART	EIGNUNG	BEDIENUNG
DUAL-PIVOT Sie ist die beliebteste Felgenbremse und wird seit über 45 Jahren eingesetzt. Diese »Doppelgelenkbremsen« sind verlässlich und leicht. Sie sind vor allem im Vergleich zu Scheibenbremsen sehr viel leichter.	■ **Straßenfahrten** von Rennen, über sportliches Training bis hin zu Trainingsfahrten ■ **Leichte** Straßenräder ■ **Bei warmem, trockenem** Wetter ■ **Begrenzte Reifenfreigängigkeit** schließt Geländeräder aus.	■ **Der Bremszug zieht** am Arm der Bremse und presst die Bremsklötze an die Felgenwand. ■ **Moderne Dual-Pivot-Bremsen** üben mehr Druck aus als herkömmliche Single-Pivot-Bremsen (»Eingelenkbremsen«).
SCHEIBENBREMSE Sie wurde ursprünglich für Mountainbikes entwickelt, wird aber auch an Straßenrädern zunehmend beliebter. Hochwertige Systeme funktionieren häufig hydraulisch, preiswertere Scheibenbremsen werden dagegen mit Bremszügen bedient.	■ **Gelände- und Straßenräder,** vor allem bei nassem Wetter oder zum Transport schwerer Lasten ■ **Cyclo-Cross** oder auf Schotter ■ **Im Winter** oder bei schlechtem Wetter	■ **An der Nabe** pressen Kolben von einer oder von beiden Seiten die Bremsbeläge an die Bremsscheibe. ■ **Die Aktivierung** erfolgt über Bremszüge (mechanisches System) oder durch hydraulische Flüssigkeit im Bremsschlauch.
V-BREMSE Damit sind häufig Trekking- oder Lastenräder, Tandems und ältere Mountainbikes ausgestattet. V- oder Mittelzugbremsen verzögern sehr stark. Spezielle Versionen werden für Straßen- und Zeitfahrräder gebaut.	■ **Vielfältige Einsatzbereiche,** z.B. an Alltags- und Nutzrädern, Mountainbikes und Tandems, weil die langen Bremsarme beträchtliche Hebelkraft und Bremswirkung entfalten. ■ **Im Gelände,** da die langen Arme breite Reifen erlauben.	■ **Die beiden langen,** federgelagerten Bremsarme sind an Sockeln an der Gabel befestigt. ■ **Beim Bremsen** drückt die Zughülle einen Arm, während der innere Bremszug an dem anderen Arm zieht.
CANTILEVER-/MITTELZUGBREMSE Cantileversysteme sind aus einer Bremse entwickelt worden, die schon seit fast 100 Jahren im Einsatz ist. Sie sind bei Cyclo-Cross-Fahrern sehr beliebt, weil sie einfach und leicht sind und auch breitere Reifen erlauben.	■ **Cyclo-Cross-Räder:** Trotz der zunehmenden Verbreitung und der besseren Wirkung der Scheibenbremsen sind sie immer noch sehr beliebt. ■ **Tourenräder,** weil sie größere Reifen erlauben.	■ **Cantilever- und Mittelzugbremsen** funktionieren gleich: Der Bremszug zieht einen quer verlaufenden Verbindungszug nach oben. ■ **Beide Bremsen** nutzen Züge, die vom Bremshebel am Lenker zur Felgenbremse verlaufen.

Scheibenbremsen wirken unmittelbar, sind aber schwerer als Dual-Pivot-Bremsen. Ähnlich stark sind V-Bremsen. Bei hohen Geschwindigkeiten besteht dann aber die Gefahr, dass Sie über den Lenker geschleudert werden. Einige Bremssysteme, wie z.B. hydraulische Scheibenbremsen, müssen häufiger und regelmäßig gewartet werden.

KOMPONENTEN	POSITION	EINSTELLUNG
■ **Dual-Pivot-Bremsen bestehen** aus Bremsarmen, Bremsbelägen, Bremszugspanner und einem Schnellentspanner. ■ **Bremsgriffe** sind am Lenker montiert.	■ **Die Bremse** ist meist vorne an der Gabelkrone und hinten an einer Brücke zwischen den Sitzstreben montiert. ■ **Ein Gewindebolzen** auf der Bremsrückseite wird mit einer bündig abschließenden Mutter gesichert.	■ **Bremsbeläge** mit dem Bremszugspanner vor- oder zurücksetzen. ■ **Dual-Pivot-Bremsen** mit versenkter Schraube im Bremsarm zentrieren. ■ **Den Anstellwinkel** der Bremsbeläge mit einer konkaven Unterlegscheibe verstellen.
■ **Scheiben oder Rotoren** sind an der Laufradnabe angebracht. ■ **Bremsarme** werden zur Scheibe gepresst. ■ **Bremszug oder Hydrauliköl** in einem Schlauch, der vom Bremsgriff zur Bremse verläuft.	■ **Die Scheiben** sitzen im Zentrum auf einer Seite des Laufrads. ■ **Die Bremsarme sind** am unteren Ende an einem Gabelbein des Vorderrads und hinten am Dreieck aus Ketten- und Sitzstreben befestigt.	■ **Hydraulische Scheibenbremsen** müssen in der Regel nicht nachgestellt werden. Die Kolben im Bremsarm halten die Bremsbeläge automatisch im korrekten Abstand zur Scheibe. ■ **Mechanische Scheibenbremsbeläge** lassen sich näher an die Scheibe setzen, wenn sie abgenutzt sind.
■ **Bremsarme** sitzen oben an der Vorderradgabel und hinten an den Sitzstreben. ■ **Bremszüge** werden mit flachen Bremsgriffen bedient. ■ **Schnellentspanner** an der Bremszugklemmung	■ **V-Bremsen sitzen** in der Regel vorne oben an der Gabel und hinten an den Sitzstreben. ■ **Bremsen für »Aero-Räder«** liegen bündig an den Gabelbeinen des Vorderrads. Hinten sind sie hinter dem Tretlager angebracht.	■ **Den Abstand der Hebelarme** mit einer kleinen Einstellschraube an der Feder verändern, an der der Hebelarm am Bolzen befestigt ist. ■ **Der Schnellentspanner** an der Bremszugklemmung löst einen Hebelarm vollständig.
■ **Cantilever-Bremsen** besitzen Bremsarme, die an Bremssockeln an der Gabel befestigt sind, sowie einen Verbindungszug. ■ **Mittelzugbremsen** haben sich kreuzende Bremsarme, die an einem zentralen Sockel über dem Laufrad befestigt sind.	■ **Cantilever-Bremsen** sind mit Gewindebolzen oben an der Gabel des Vorderrads und hinten oben an den Sitzstreben befestigt. ■ **Mittelzugbremsen** sind vorne über einen Mittelbolzen an der Gabelkrone und hinten an der Sitzstrebenbrücke montiert.	■ **Die Bremsen** entweder an den Muttern der Bremsarme oder (bei Mittelzugbremsen) an der Bügelverbindung des Bremszugs zum Verbindungszug einstellen. ■ **Eine Feineinstellung** bieten einige Bremsarme über eine versenkte Schraube am Bremsarm.

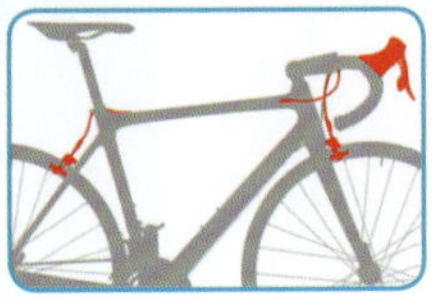

HAUPTKOMPONENTEN

Felgenbremsen

Felgenbremsen pressen Bremsbeläge gegen die Felgenflanken und erzeugen so Reibung. Wenn man am Bremsgriff zieht, wird der Bremszug gespannt. Dieser bewegt die Bremsarme und eine Feder bringt sie wieder in ihre Ausgangsposition zurück, sobald der Bremsgriff losgelassen wird. Die meisten modernen Straßenräder haben Dual-Pivot-Bremsen, die stärker bremsen als Single-Pivot-Bremsen. Cantilever-Bremsen und V-Bremsen besitzen unabhängige Bremsarme. Sie werden für Mountainbikes, Cyclo-Cross- und Tourenräder verwendet, weil sie wirksamer sind und mehr Reifenfreigängigkeit bieten.

BAUTEILE IM FOKUS

Felgenbremsen haben zwei Bremsarme, die sich um ein oder zwei Gelenke drehen oder separat an den Gabelbeinen montiert sind.

(1) Die **Bremsbeläge** bestehen aus Verbindungen auf Gummibasis. Für Carbon- oder Keramikfelgen existieren besondere Werkstoffe.

(2) Die Bremsarme sitzen an **Gelenken oder Drehpunkten,** damit sie beweglich sind und Hebelkraft entwickeln. Moderne Systeme haben zwei Gelenke.

(3) Die **Bremsarme** pressen die Bremsbeläge auf die Bremsfläche. Es gibt verschiedene Mechanismen für Straßen- und Geländeräder.

(4) Single- und Dual-Pivot-Bremsen haben einen **Befestigungsbolzen.** Cantilever-Bremsen und V-Bremsen besitzen einen Bolzen pro Bremsarm.

Der Bremszugspanner erlaubt geringe Anpassungen am Bremszug.

Bremsfläche an der Felge

Die Presshülse sichert den Bremszug.
Die Feder öffnet die Bremsarme, wenn der Bremsgriff losgelassen wird.
Mit dem Bremsarmbolzen lassen sich die Bremsarme zentrieren.
Mit dieser Einstellschraube wird die Bremse über dem Laufrad zentriert.
Drehpunkt für den Bremsarm
Zweiter Drehpunkt für den Dual-Pivot-Bremsarm
Im Bremsschuh sitzt der Bremsbelag.
Bremsbelag wird gegen die Felge gepresst.
Bremszug
Bremsklemmbolzen
Schnellentspanner
Bremsbelagbolzen
SRAM RED
4
2
2
3
1
3
1

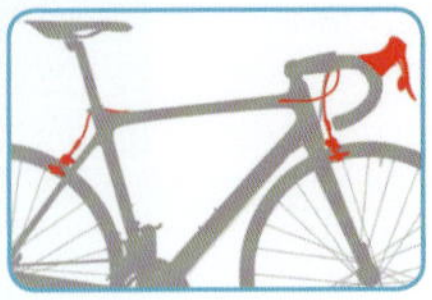

BREMSZUG EINBAUEN
Rennlenker

Bremszüge nutzen sich mit der Zeit ab und werden gedehnt, sodass die Bremsen weniger Wirkung zeigen. Sind die Bremszüge korrekt eingebaut, lässt sich der Lenker in jede Richtung vollständig einschlagen und die Bremsen funktionieren ohne zu rattern oder nachzugeben.

VORBEREITUNGEN

- Im Handbuch zum Fahrrad nachsehen, mit welchem Drehmoment der Klemmbolzen angezogen wird.
- Die vorhandene Bremszugführung auf nicht korrekte Abschnitte überprüfen.
- Die Bremszugführung notieren.
- Beim Kauf auf die richtige Länge und Größe achten.

1 **Schneiden Sie die Endkappe** des vorhandenen Bremszugs ab, sodass Sie den Bremszug durch die Klemme ziehen können.

2 **Öffnen Sie den Schnellentspanner.** Lösen Sie mit dem Inbus-Schlüssel die Klemme am Bremsarm. Ziehen Sie den Zug heraus.

3 **Wickeln Sie das Lenkerband** ab. Das Isolierband zur Fixierung des Bremsmantels schneiden Sie mit einem Cuttermesser ab.

4 **Drücken Sie den Bremsgriff,** um die Montierung freizulegen, und ziehen Sie den Bremszug mit einer Zange heraus. Bei manchen Bremsen müssen Sie dazu die Abdeckung hochfalten.

5 **Lösen Sie** die Bremszughülle vollständig vom Fahrrad bis zu den Bremsgriffen. Entfernen Sie jedes Stück der Hülle und notieren Sie sich dabei, wo es vorher angebracht war.

WERKZEUG UND AUSRÜSTUNG

- Kabelschneider
- Satz Inbus-Schlüssel
- Zange und Cuttermesser
- Bremszughülle
- Isolierband
- Lenkerband

Arbeitstipp: Wenn Sie die Bremszughülle von innen einfetten, ist der Bremszug vor Wasser und Rost geschützt und hält länger. Geben Sie etwas Schmierfett auf einen Finger und den Daumen und ziehen Sie den Bremszug zwischen ihnen hindurch, um ihn zu fetten.

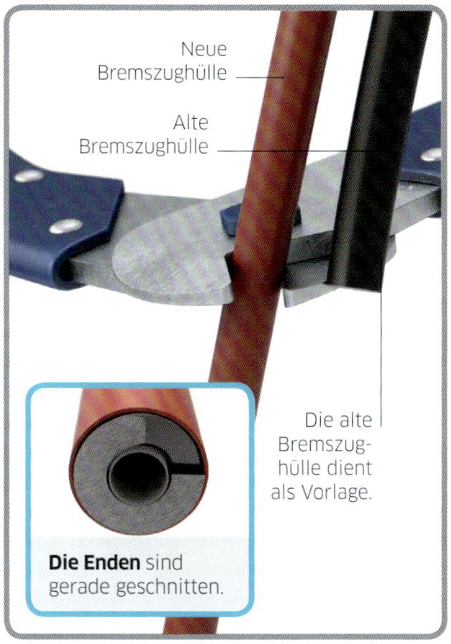

6 **Schneiden Sie den neuen Bremszug** zu und nutzen Sie den alten als Vorlage. Das Ende muss gerade abgeschnitten sein.

7 **Fixieren Sie die neue Hülle** am Lenker entlang der alten Bremszugführung und umwickeln Sie sie mit Lenkerband (S. 62–63).

8 **Fädeln Sie den neuen Bremszug** in die Montierung im Bremsgriff und führen Sie ihn durch die neue Bremszughülle.

9 **Führen Sie den Bremszug** in der Hülle am Rahmen entlang zu den Bremsen. Wenn der Bremszug blockiert oder eingeklemmt ist, führen Sie ihn behutsam vor und zurück. Am Lenker muss die Hülle so viel Spiel haben, dass Sie den Lenker einschlagen können.

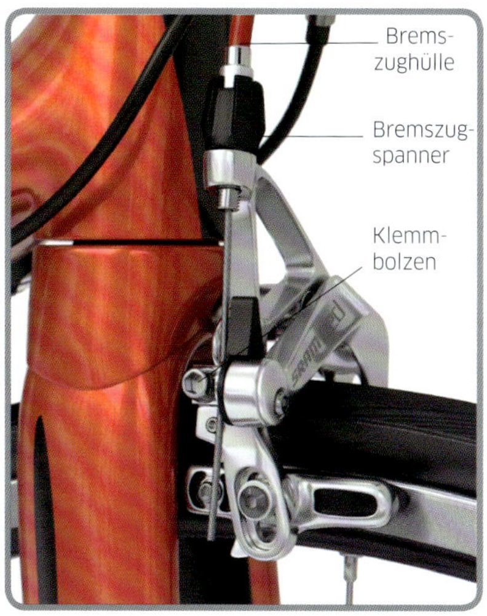

10 **Das Ende** des Bremszugs befestigen Sie in den Bremsen. Anschließend stellen Sie die Bremsen ein (S. 112–117).

BREMSZUG EINBAUEN
Mountainbikelenker

An geraden Lenkern lassen sich Bremszüge viel leichter verlegen als an Rennlenkern (S. 102–103), weil sie besser zugänglich sind. Da die Bremszüge bei Mountainbikes stärker abgenutzt und öfter beschädigt werden, müssen Sie sie allerdings auch häufiger ersetzen.

VORBEREITUNGEN

- Beim Kauf auf passende Bremszüge achten.
- Das Fahrrad in einen Montageständer setzen.
- Die neuen Bremszüge an einem Platz ablegen, an dem sie spannungslos und abgewickelt griffbereit liegen.
- Die Bremsbeläge überprüfen, ob sie noch nutzbar sind.

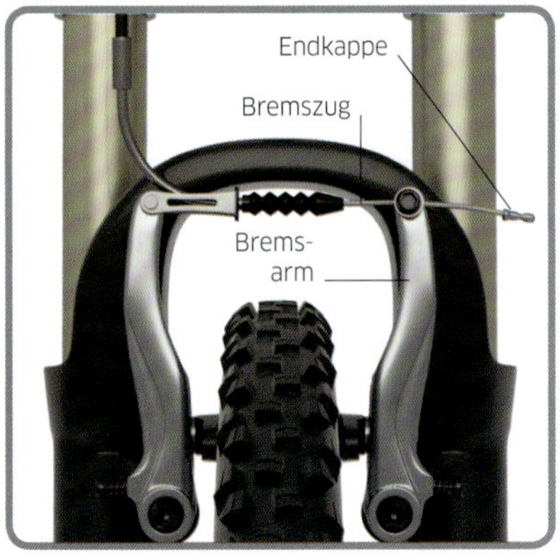

1 **Lösen Sie den Bremszug** nach der jeweiligen Bauart vom Bremsarm (S. 112–117). Das Ende des Bremszugs schneiden Sie ab.

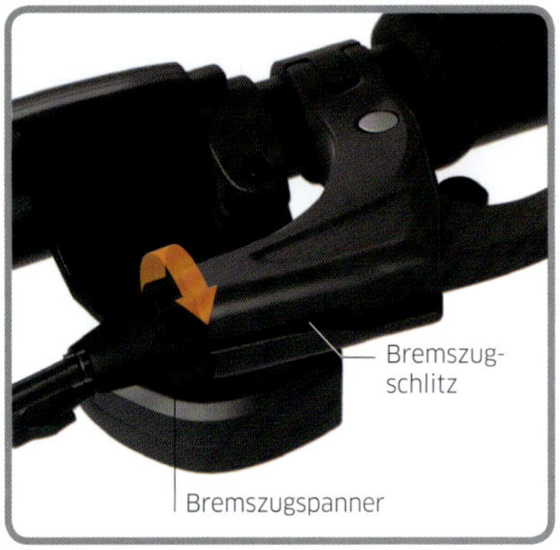

2 **Lösen Sie** den Bremszugspanner. Richten Sie die Schlitze an Griff und Hebel aus, um den Zug freizulegen.

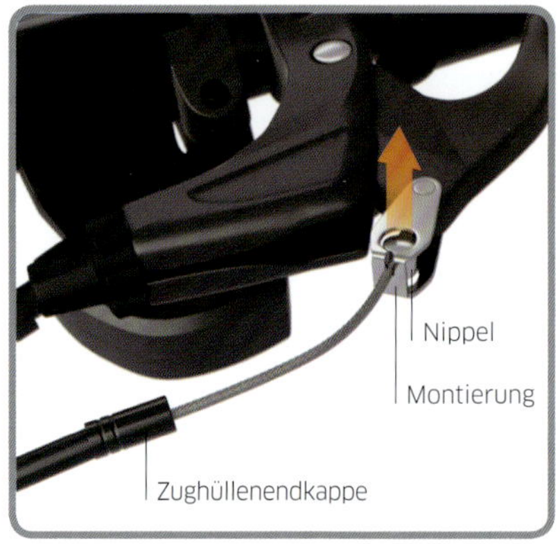

3 **Drücken Sie den Bremsgriff,** um die Montierung freizulegen. Ziehen Sie den Bremszug mit Nippel aus der Montierung.

4 **Notieren Sie die Bremszugführung,** bevor Sie den Bremszug abbauen. Ziehen Sie den Bremszug am Bremsgriff aus der Hülle und entfernen Sie jeden Hüllenabschnitt am Rahmen. Entfernen Sie alle Kabelbinder und bauen Sie die wiederverwendbare Klammer ab.

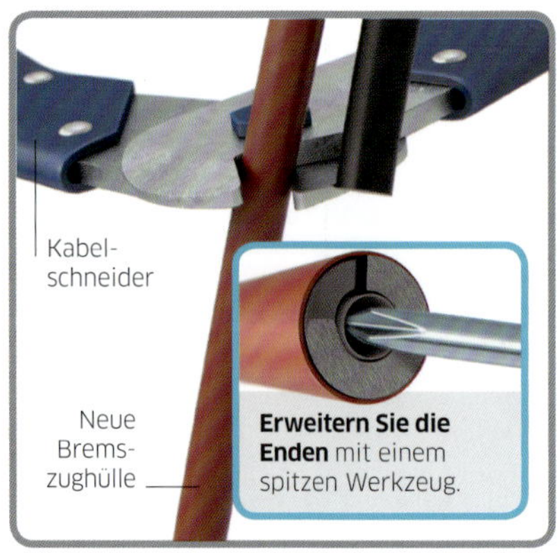

Erweitern Sie die Enden mit einem spitzen Werkzeug.

5 **Schneiden Sie die neue Hülle** mit der alten als Vorlage zurecht. In die Enden der Außenhülle setzen Sie neue Presshülsen.

WERKZEUG UND AUSRÜSTUNG

- Montageständer
- Kabelschneider
- Spitzes Gerät
- Zughüllenendkappen
- Innenzugendkappen
- Endkappen
- Zange
- Satz Inbus-Schlüssel

Arbeitstipp: Bevor Sie einen neuen Bremszug kaufen, prüfen Sie Art und Länge. Der Bremszug benötigt auch die richtigen Nippel, die in den Bremsgriff passen – Mountainbikes haben zylinderförmige Nippel, Straßenräder dagegen birnenförmige Nippel.

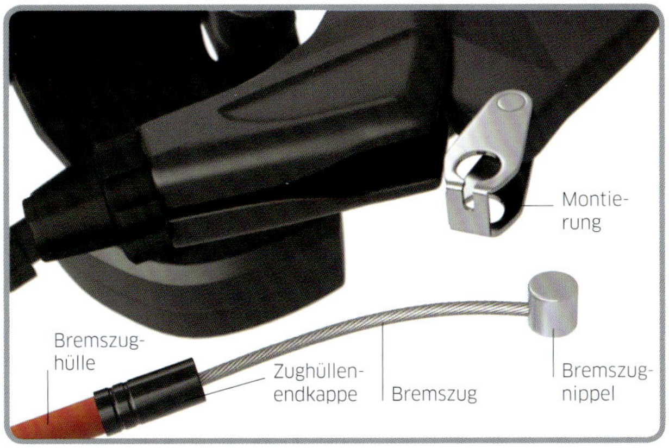

6 **Bei gezogenem Bremsgriff** hängen Sie den Nippel in die Montierung. Lassen Sie den Bremsgriff los und sichern Sie den Nippel. Das freie Ende des neuen Bremszugs führen Sie in die Zughülle ein.

Drehen Sie den Bremszugspanner, um den Bremszug zu sichern.

7 **Führen Sie den Bremszug** in die Schlitze (Bremsgriff und Bremszugspanner) ein. Legen Sie die Bremszughülle mit Endkappe in den Bremszugspanner und drehen Sie ihn, um die Hülle zu fixieren.

8 **Führen Sie den neuen Bremszug** entlang der alten Zugführung in der Hülle zu den Bremsen. Fädeln Sie ihn ggf. durch Befestigungen. Anschließend bringen Sie alle Kabelbinder und Klammern an.

Pressen Sie eine Endkappe mit einer Zange auf den gekürzten Bremszug.

9 **Führen Sie den Bremszug am Bremsarm** durch die Bremszugführung und Abdeckung. Stecken Sie ihn in die Bremszugklemmung und ziehen Sie die Schraube an. Zur Einstellung siehe S. 112–117.

HYDRAULIKBREMSE WARTEN
Bremsschlauch ersetzen

Hydraulische Bremssysteme sind meist gut eingestellt und betriebsbereit. Manchmal muss man aber auch hier einen Bremsschlauch wechseln oder kürzen. Die Schläuche müssen ersetzt werden, wenn sie beschädigt sind oder lecken, denn dann funktioniert die Bremse nicht.

VORBEREITUNGEN

- Beim Kauf auf den passenden Bremsschlauch, die Bremsflüssigkeit und das Entlüftungssystem achten.
- Das Fahrrad in einen Montageständer setzen.
- Bremssättel und -griffe reinigen.
- Alle Zubehörteile zurechtlegen (Schritte 4 bis 6).
- Handschuhe anziehen und Schutzbrille aufsetzen.

1 **Messen Sie zuerst** am vorhandenen Bremsschlauch vom Bremsgriff bis zur Bremse aus, wie lang der neue Schlauch sein muss. Schneiden Sie mit einem Cuttermesser den neuen Schlauch auf die passende Länge.

2 **Entfernen Sie die Bremsbeläge** (S. 120–121), damit sie nicht mit Bremsflüssigkeit benetzt werden. Stecken Sie eine Sperre zwischen die Kolben, damit sie sich nicht schließen, wenn das System befüllt wird.

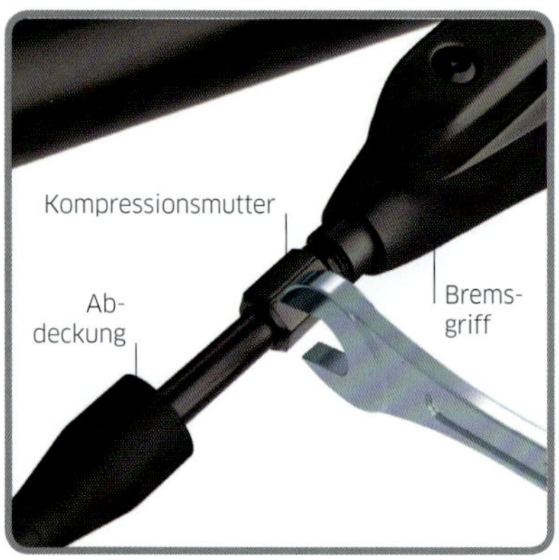

3 **Ziehen Sie an den Abdeckungen** den alten Schlauch ab und lösen Sie die Kompressionsmutter mit einem Schraubenschlüssel.

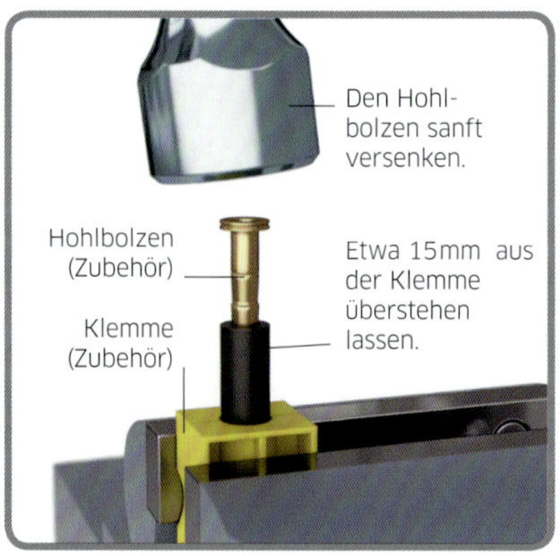

4 **Stecken Sie die Schlauchenden** in die Klemme und fixieren Sie sie in einem Schraubstock. Versenken Sie den Hohlbolzen hinein.

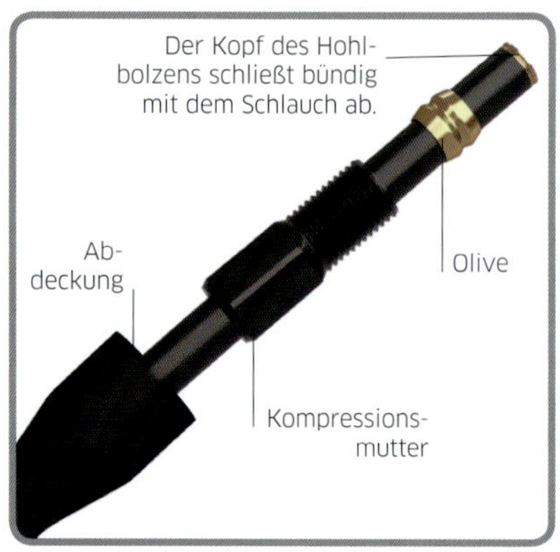

5 **Stecken Sie** die Abdeckung, Kompressionsmutter und Olive in dieser Reihenfolge über das Schlauchende am Bremsgriff.

WERKZEUG UND AUSRÜSTUNG

- Montageständer
- Reinigungssatz
- Bremsschlauch
- Bremsflüssigkeit
- Entlüftungssatz
- Plastikplane
- Brille, Handschuhe
- Cuttermesser
- Schraubenschlüssel
- Schraubstock
- Hammer

ACHTUNG! Einige Systeme verwenden eine korrosive Flüssigkeit. Sie müssen Handschuhe und Schutzbrille tragen, den Rahmen mit Folie abdecken und Spritzer sofort aufwischen.

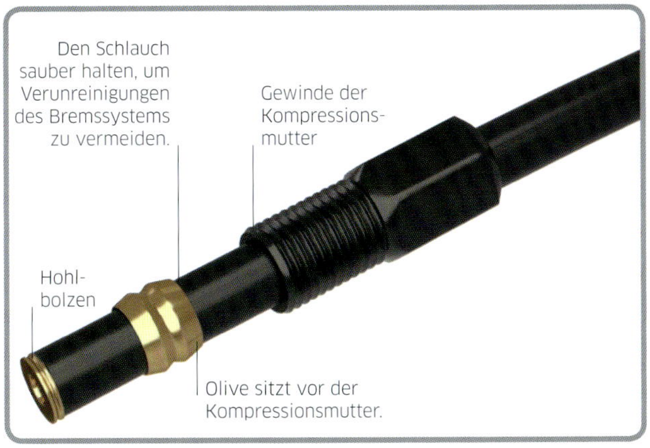

6 **Bestücken Sie das Schlauchende** am Bremssattel ebenso wie das andere (Schritt 5). Legen Sie den Bremsschlauch bis zum Einbau auf eine saubere Oberfläche, damit Sie keine Zubehörteile verlieren.

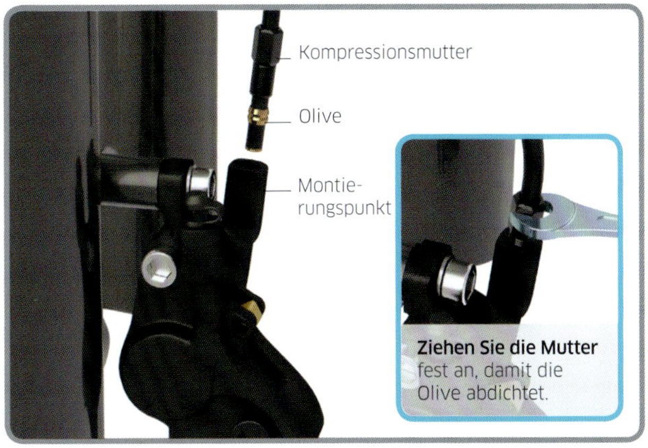

Ziehen Sie die Mutter fest an, damit die Olive abdichtet.

7 **Drücken Sie den neuen Bremsschlauch** fest in den Montierungspunkt am Bremssattel. Schieben Sie Olive und Kompressionsmutter herunter und schrauben Sie die Mutter auf den Bremssattel.

8 **Befestigen Sie den Schlauch** am Rahmen. Den Lenker müssen Sie voll einschlagen können, ohne dass der Schlauch abknickt.

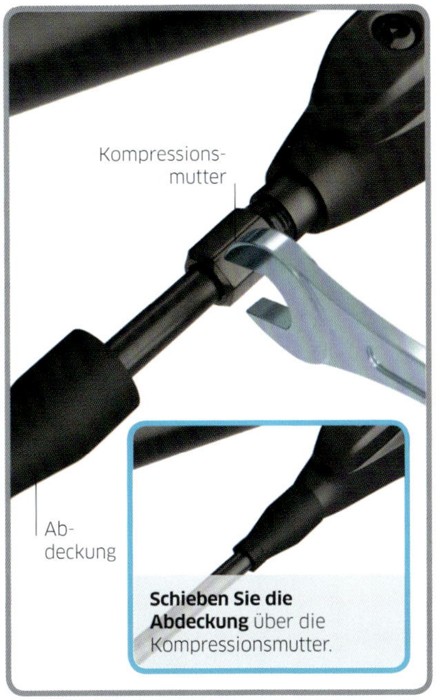

Schieben Sie die Abdeckung über die Kompressionsmutter.

9 **Stecken Sie den Schlauch** fest in den Bremsgriff. Ziehen Sie die Kompressionsschraube wie bei Schritt 7 fest an.

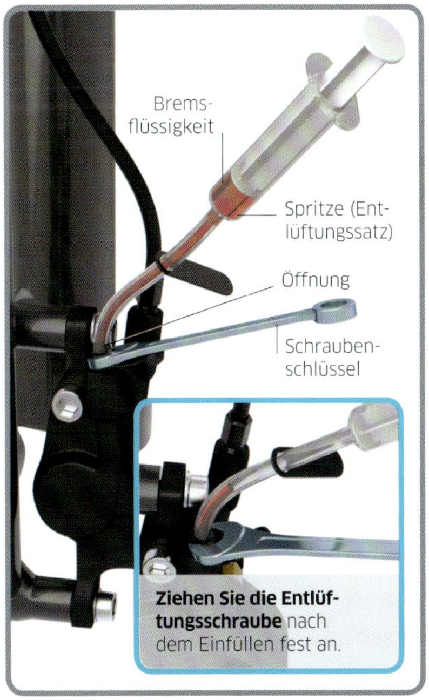

Ziehen Sie die Entlüftungsschraube nach dem Einfüllen fest an.

10 **Füllen Sie die Bremsflüssigkeit** über die Entlüftungsöffnung am Bremssattel ein und entlüften Sie die Bremse (S. 108–109).

HYDRAULIKBREMSE WARTEN

Bremsen entlüften

Hydraulische Bremssysteme müssen entlüftet werden, wenn der Bremsschlauch gewartet oder gewechselt wurde oder wenn Feuchtigkeit eingedrungen ist. Luft in hydraulischen Bremsen führt dazu, dass die Bremskraft nachlässt und die Bremsen sich schwammig anfühlen.

VORBEREITUNGEN

- Beim Kauf auf passende Bremsflüssigkeit und den passenden Entlüftungssatz (S. 36–37) achten.
- Das Fahrrad in einen Montageständer setzen.
- Laufräder ausbauen (S. 78–81).
- Bremsbeläge entfernen, Sperre einsetzen (S. 106–107).
- Handschuhe und Schutzbrille tragen, Lappen bereithalten.

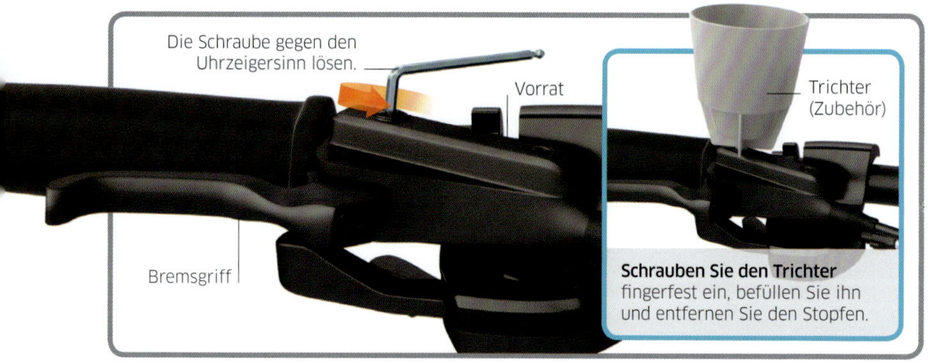

Schrauben Sie den Trichter fingerfest ein, befüllen Sie ihn und entfernen Sie den Stopfen.

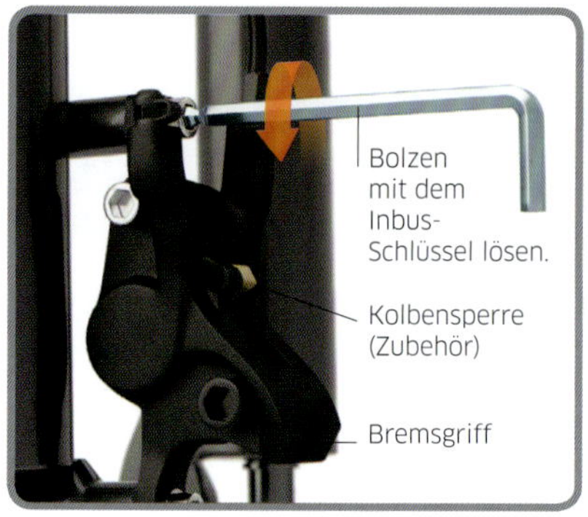

1 **Lösen Sie den Bremsgriff und drehen Sie ihn so,** dass der Vorratsbehälter waagerecht steht. Entfernen Sie die Schraube von der Entlüftungsöffnung und schrauben Sie den Trichter darauf. Mit Handschuhen und Schutzbrille füllen Sie ein wenig Bremsflüssigkeit hinein.

2 **Lösen Sie den Bremssattel** am Bolzen von der Gabel und lassen Sie ihn frei herunterhängen.

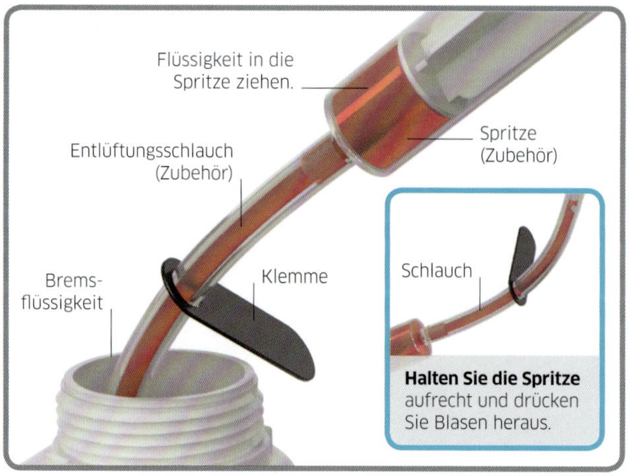

Halten Sie die Spritze aufrecht und drücken Sie Blasen heraus.

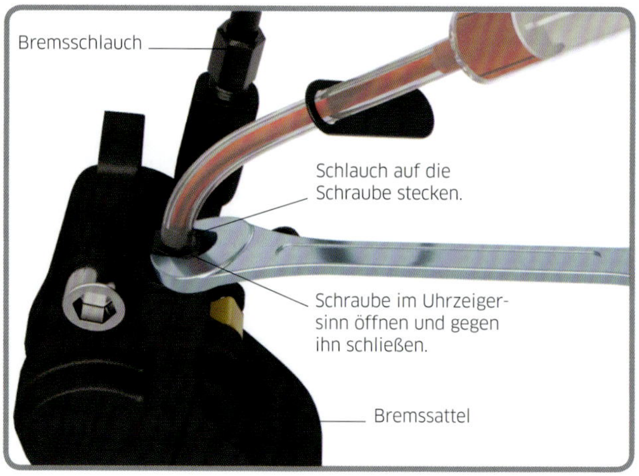

3 **Stecken Sie den Schlauch** auf die Spritze und ziehen Sie Flüssigkeit hinein. Halten Sie sie aufrecht, wenn sie gefüllt ist, damit Blasen in den Schlauch aufsteigen können. Drücken Sie die Blasen heraus.

4 **Stecken Sie den Schlauch am Bremssattel** auf die Entlüftungsschraube. Öffnen Sie die Schraube und füllen Sie Flüssigkeit bis zum Trichter am Bremsgriff hinein. Danach schließen Sie die Schraube.

WERKZEUG UND AUSRÜSTUNG

- Bremsflüssigkeit
- Entlüftungssatz
- Montageständer
- Plastikfolien
- Handschuhe, Brille
- Lappen
- Satz Inbus-Schlüssel
- Schraubenschlüssel
- Elastisches Band

ACHTUNG! Einige Systeme verwenden eine korrosive Flüssigkeit. Sie müssen Handschuhe und Schutzbrille tragen, den Rahmen mit Folie abdecken und Spritzer sofort aufwischen.

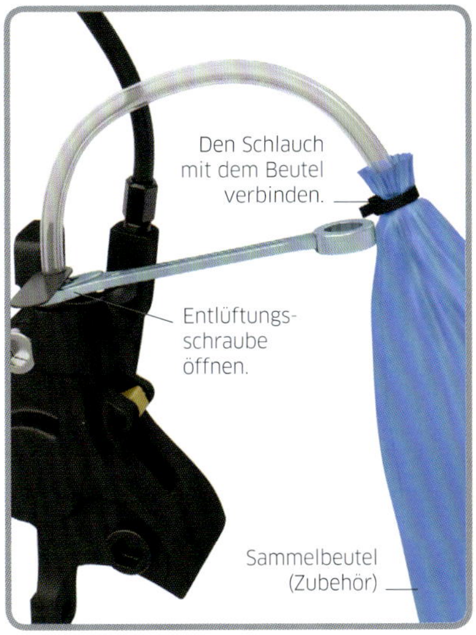

5 **Der Schlauch** bleibt an der Schraube. Ersetzen Sie die Spritze durch den Beutel. Füllen Sie den Trichter zur Hälfte mit Flüssigkeit.

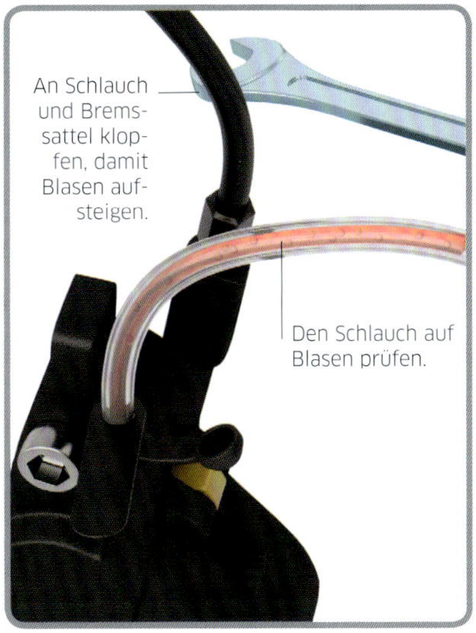

6 **Drücken Sie den Bremsgriff,** damit Flüssigkeit in den Beutel strömt. Wenn der Schlauch blasenfrei ist, schließen Sie die Schraube.

7 **Drücken Sie den Bremsgriff** mehrmals. Wenn sich das Drücken fest anfühlt, ist das System erfolgreich entlüftet.

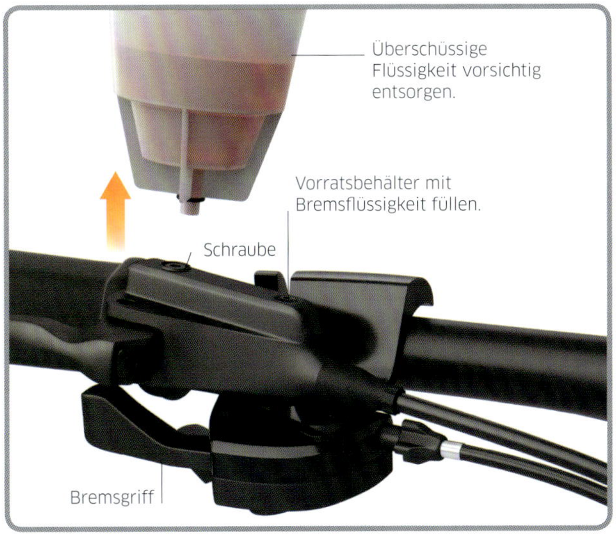

8 **Verschließen Sie den Trichter** mit dem Stopfen und schrauben Sie ihn ab. Füllen und schließen Sie den Vorratsbehälter. Bringen Sie den Bremssattel an und richten Sie den Bremsgriff aus.

9 **Fühlt sich die Bremse** schwammig an, drücken Sie den Bremsgriff und fixieren ihn. Lassen Sie das Fahrrad über Nacht aufrecht stehen, damit Luft aufsteigt. Wiederholen Sie dann die Schritte 1 bis 8.

MECHANISCHE BREMSEN WARTEN

Bremsbeläge ersetzen

Bremsbeläge leiden vor allem bei kaltem und nassem Wetter. Durch Schmutz und Wasser nutzen sie sich nach und nach ab. Sind sie sogar bis zum Bremsschuh abgetragen, können sie die Felgen beschädigen. Ein kratzendes Geräusch beim Bremsen zeigt an, dass Sie sie ersetzen müssen.

VORBEREITUNGEN

- Das Fahrrad in einen Montageständer setzen.
- Das Laufrad ausbauen (S. 78–83).
- Das Laufrad ersetzen, wenn die Felge Kratzspuren aufweist.
- Den Bremsschuhbolzen mit Kriechöl lösen.

DUAL-PIVOT-BREMSEN

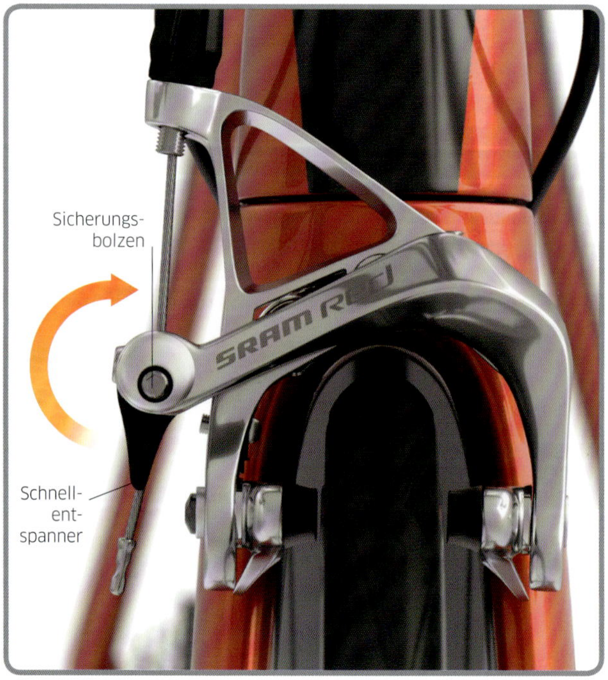

1 Öffnen Sie den Schnellentspanner am Bremsarm. Wenn es keinen solchen Hebel gibt, lösen Sie den Bremszugsicherungsbolzen mit einem Schrauben- oder Inbus-Schlüssel.

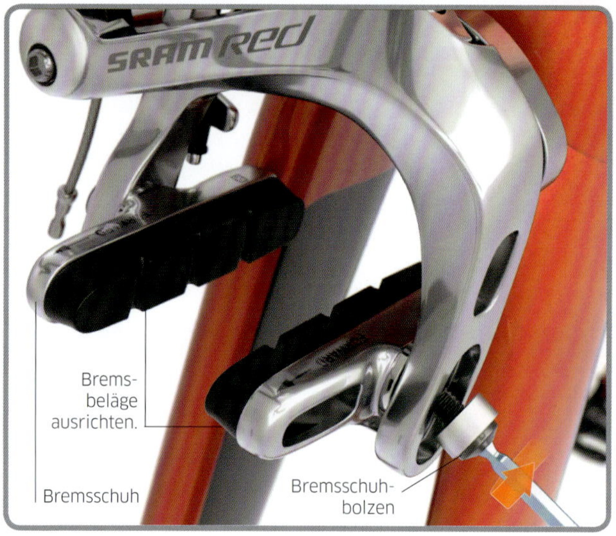

2 Lösen Sie den Bremsschuhbolzen am Bremsarm und nehmen Sie die alten Beläge heraus. Setzen Sie die neuen Bremsbeläge (sie sind mit »links« und »rechts« markiert) und die Bolzen wieder ein.

3 Setzen Sie das Laufrad wieder ein (S. 78–83). Richten Sie die Bremsbeläge an der Felge aus und ziehen Sie die Bolzen fest an. Stellen Sie dann die Bremse ein (S. 112–117).

WERKZEUG UND AUSRÜSTUNG

- Montageständer
- Kriechöl
- Satz Schraubenschlüssel
- Satz Inbus-Schlüssel

Arbeitstipp: Jeder Bremsbelag ist mit einem »L« für links oder einem »R« für rechts gekennzeichnet. Auf dem Bremsschuh oder -belag steht auch »Oben« oder »Top«, um sie richtig herum einzubauen. Wenn Sie nasse Beläge abwischen, nutzen sie sich nicht so schnell ab.

V-BREMSEN UND CANTILEVER-BREMSEN

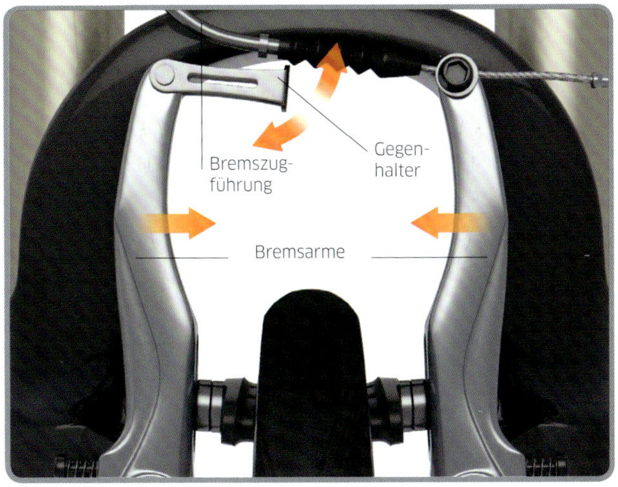

1 **Drücken Sie die Bremsarme** der V-Bremse zusammen und nehmen Sie den Bremszug aus dem Gegenhalter. Cantilever-Bremsen haben einen abnehmbaren Verbindungsdraht (S. 114–115).

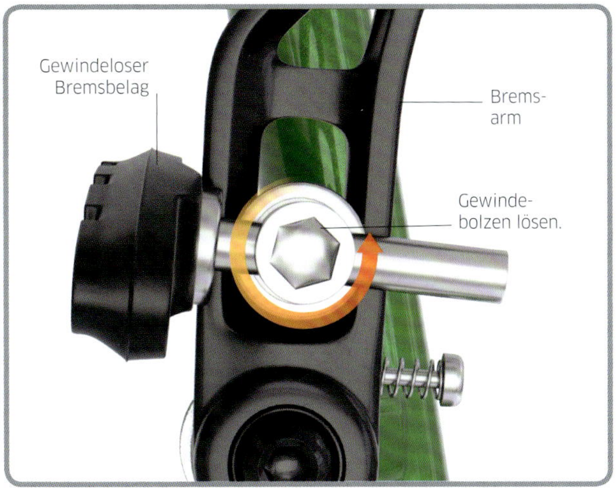

2 **Um einen gewindelosen Bremsbelag** zu ersetzen, lösen Sie den Gewindebolzen, ziehen den Bremsbelag heraus und ersetzen ihn. Richten Sie die Bremsbeläge aus und ziehen Sie die Bolzen leicht an.

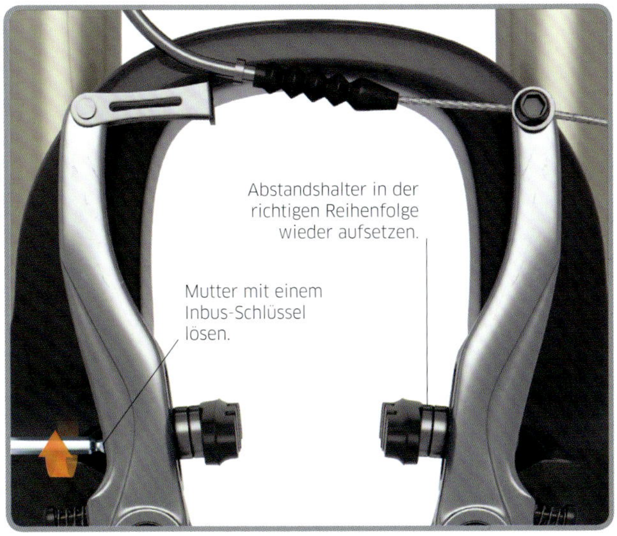

3 **Um Bremsbeläge mit Gewinde** auszutauschen, lösen Sie die Mutter am Gewindebolzen. Entfernen Sie Beläge und Abstandshalter. Setzen Sie die neuen Bremsbeläge ein und ziehen Sie die Mutter leicht an.

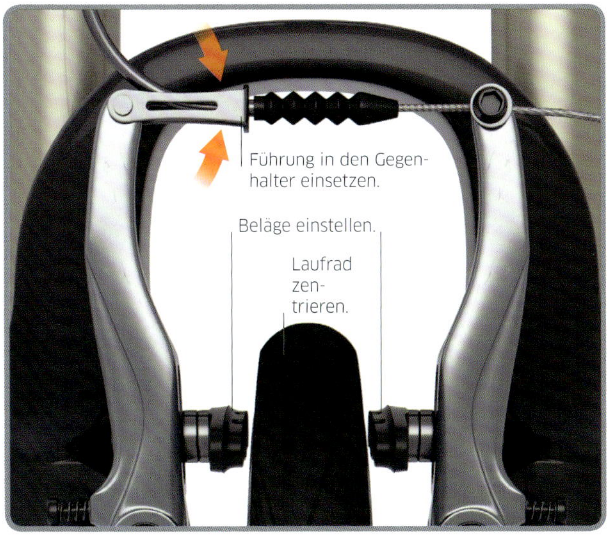

4 **Bauen Sie das Laufrad** ein und setzen Sie die Bremszugführung in den Gegenhalter ein. Richten Sie die Bremsbeläge so aus, dass sie nicht den Reifen berühren. Ziehen Sie jetzt die Mutter fest an.

MECHANISCHE BREMSEN EINSTELLEN

V-Bremsen

V-Bremsen findet man häufig an Mountainbikes und Trekkingrädern, weil sie breitere Reifen aufnehmen können. Wie bei allen Bremssystemen nutzen sich ihre Bremsbeläge mit der Zeit ab, sodass sich die Bremsen schwammig anfühlen und auch weniger Kraft entwickeln. Aufgrund ihres Schnellentspanners und einfachen Aufbaus lassen sich die Bremsbeläge bei V-Bremsen sehr leicht austauschen und anschließend mit einfachen Werkzeugen in wenigen Minuten korrekt ausrichten.

VORBEREITUNGEN

- Die Abnutzung der Bremsbeläge prüfen.
- Passende Ersatzbremsbeläge kaufen.
- Das Fahrrad in einen Montageständer setzen, sodass das Laufrad frei drehbar ist.

1 **Das Laufrad** muss zentriert sein. Es muss sich frei drehen und im gleichen Abstand zu den Gabelbeinen sitzen. Der Schnellentspanner darf nicht zu fest auf einer Seite angezogen sein.

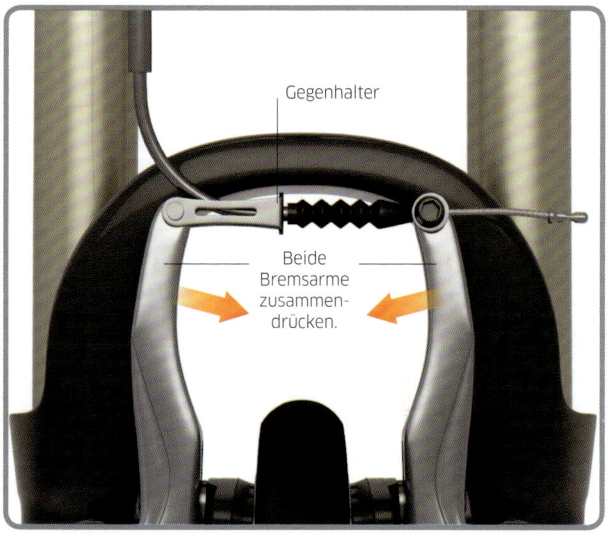

2 **Drücken Sie die Bremsarme** zusammen, bis die Bremsbeläge die Felgen berühren. Dadurch ist die Bremszugführung im Gegenhalter entspannt und Sie können sie leichter herausnehmen.

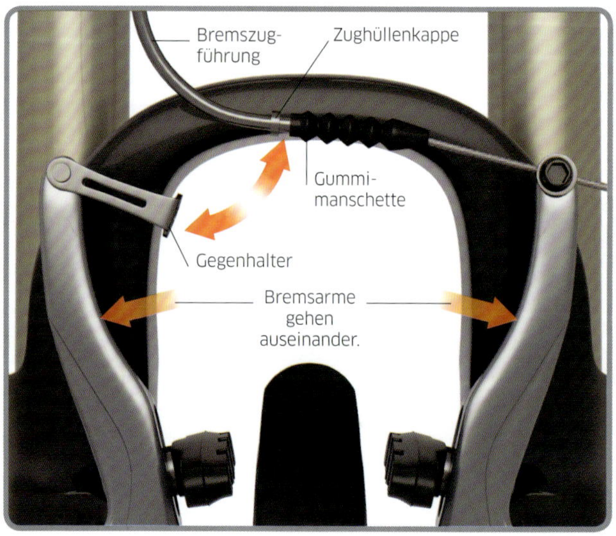

3 **Nehmen Sie die Bremszugführung** aus dem Gegenhalter, um die Bremsarme zu trennen. Ohne Spannung im Bremszug gehen die beiden Bremsarme auseinander und legen die Bremsbeläge frei.

WERKZEUG UND AUSRÜSTUNG

- Montageständer
- Satz Inbus-Schlüssel
- Kreuzschlitz-Schraubendreher

Arbeitstipp: Beim Einstellen von Schrauben mit Federspannung wirkt sich jede Änderung der einen Seite auch auf die andere aus. Sie dürfen die Feder nicht zu häufig fester einstellen, weil dadurch der Bremszug gedehnt wird. Stellen Sie sie ein, wie hier gezeigt.

4 **Lösen Sie die Bremszugklemmung** mit einem Inbus-Schlüssel, damit der Bremszug in der Klemmung gleiten kann.

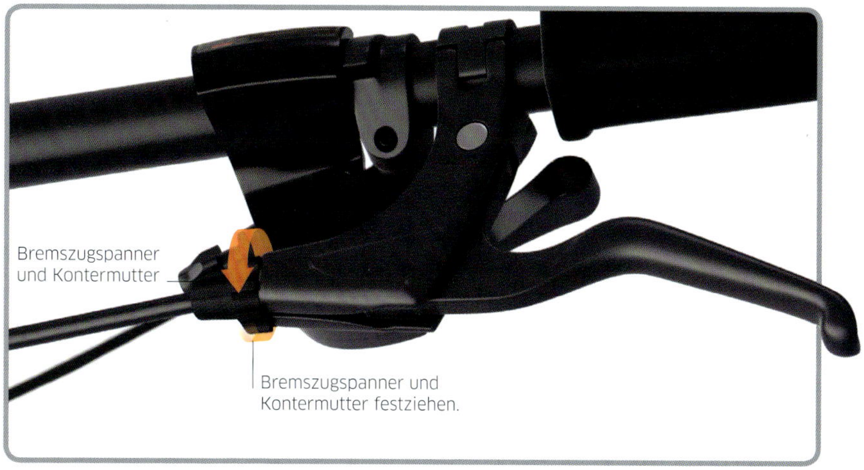

5 **Drehen Sie am Bremsgriff** den Bremszugspanner zwei bis drei Umdrehungen heraus, damit der Bremszug Spiel hat. Ziehen Sie den Bremszug am Bremsarm bis zu 5mm aus der Bremszugklemmung und halten Sie ihn mit den Fingern fest.

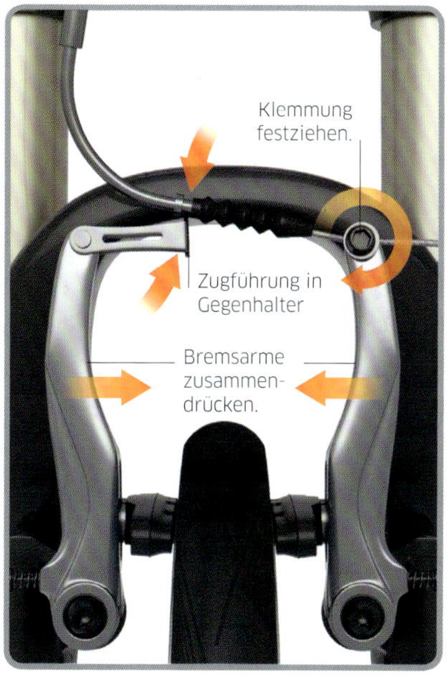

6 **Setzen Sie die Zugführung** ein und halten Sie die Beläge nahe an die Felge. Ziehen Sie den Zug straff und die Klemmung fest.

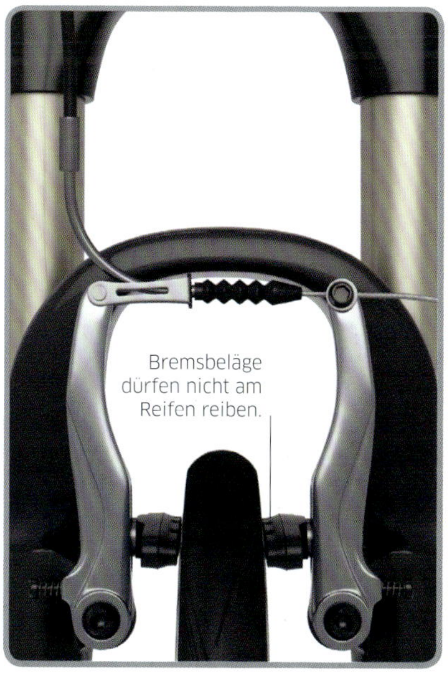

7 **Drücken Sie den Bremsgriff** zehn bis zwölf Mal, um den Zug einzupassen. Prüfen Sie am Laufrad, ob die Bremsbeläge an der Felge reiben.

Drehen Sie den Bremszugspanner zur Feineinstellung ein- oder auswärts.

8 **Bringen Sie mit der Federeinstellung** die Bremsbeläge auf einen gleichmäßigen Abstand von etwa 1,5mm zur Felge.

MECHANISCHE BREMSEN EINSTELLEN

Cantilever-Bremsen

Cantilever-Bremsen wurden für Mountainbikes entwickelt und besitzen zwei nach außen stehende Bremsarme, die ausreichend Raum für breite Geländereifen bieten. Die Bremsbeläge bewegen sich beim Bremsen nach innen und unten. Ihre Ausrichtung an der Felge ist wichtig.

VORBEREITUNGEN

- Den Reifen abziehen, wenn Sie dann besser sehen (S. 78–83).
- Prüfen, ob das Laufrad in der Gabel zentriert sitzt.
- Schmutz und Abrieb um die Bremsbeläge abwischen.
- Ersatzbremsbeläge kaufen, wenn die vorhandenen abgenutzt sind.

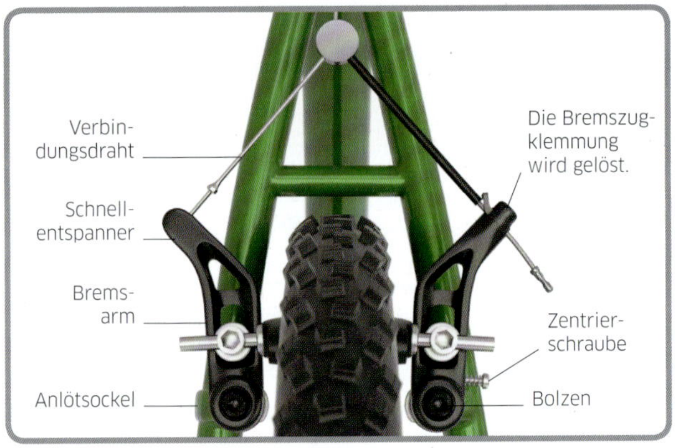

1 **Drücken Sie die Bremsarme** nach innen und nehmen Sie den Verbindungsdraht aus dem Schnellentspanner. Lösen Sie die Klemmung und setzen Sie den Bremszug frei. Die Bremsarme hängen locker.

2 **Lösen Sie die Gelenkbolzen** und ziehen Sie die Bremsarme von den Sockeln. Prüfen Sie die Federspannstifte auf der Rückseite der Bremsarme und notieren Sie die Öffnungen, in denen sie saßen.

3 **Setzen Sie die Bremsarme** wieder auf die Sockel, sodass die Federspannstifte in den ursprünglichen Öffnungen sitzen. Ziehen Sie die Gelenkbolzen an und prüfen Sie, ob die Bremsarme frei beweglich sind.

4 **Drücken Sie die Bremsarme** mit einer Hand zusammen und führen Sie mit der anderen den Verbindungsdraht wieder in den Schlitz am Schnellentspanner. Der Nippel muss ganz im Schlitz sein.

WERKZEUG UND AUSRÜSTUNG

- Lappen
- Satz Inbus-Schlüssel
- Schmierfett
- Kreuzschlitz-Schraubendreher

Arbeitstipp: Bevor Sie anfangen, muss das Laufrad richtig in den Ausfallenden sitzen. Alle Muttern oder Schnellspanner müssen festgezogen sein. Die Bremsbeläge dürfen nicht zu tief an der Felge sitzen, da sonst ein Falz entsteht, der die Ausrichtung unmöglich macht.

5 **Drücken Sie die Bremsarme** weiterhin zusammen. Führen Sie mit der freien Hand den Bremszug in die Bremszugklemmung am rechten Bremsarm. Dann sichern Sie ihn und ziehen den Bolzen fest an.

6 **Beide Bremsarme** müssen im gleichen Abstand zur Felge sein, um gleich stark zu wirken. Ihre Stellung ändern Sie mit den Zentrierschrauben an den Bremsarmen, bis sie parallel stehen.

7 **Lockern Sie die Bremsbeläge** und stellen Sie sie so ein, dass sie horizontal an der Felge stehen. Ziehen Sie die Bolzen fest.

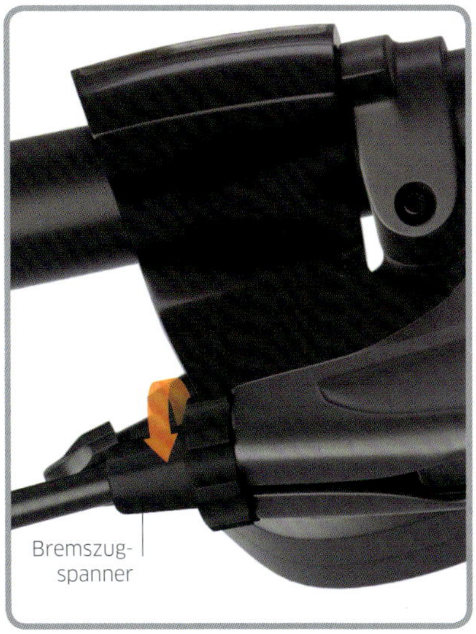

8 **Drehen Sie den Bremszug-spanner** gegen den Uhrzeigersinn, bis die Bremsbeläge 2–3mm Abstand zur Felge haben.

9 **Mit einer letzten Feineinstellung** richten Sie die Bremsbeläge aus und zentrieren die Bremsarme.

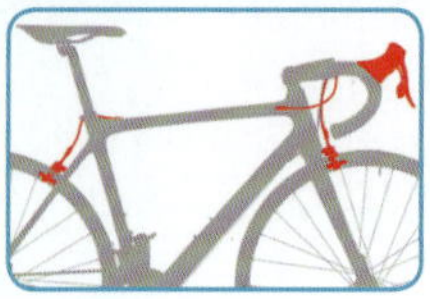

MECHANISCHE BREMSEN EINSTELLEN

Dual-Pivot-Bremsen

Die beiden Bremsarme einer Dual-Pivot-Bremse drücken die Bremsbeläge in leicht unterschiedlichem Winkel auf die Felge. Auch diese Bremsbeläge müssen, wie bei allen Bremsen, immer wieder ausgetauscht werden. Dabei muss sehr oft die Bremse zentriert und die Spannung des Bremszugs neu eingestellt werden.

VORBEREITUNGEN

- Das Fahrrad in einen Montageständer setzen.
- Vorhandenen Rost von den Bolzenköpfen abbürsten.
- Die Bremsbeläge von Schmutz reinigen.
- Neue Bremsbeläge kaufen, wenn die alten abgenutzt sind.

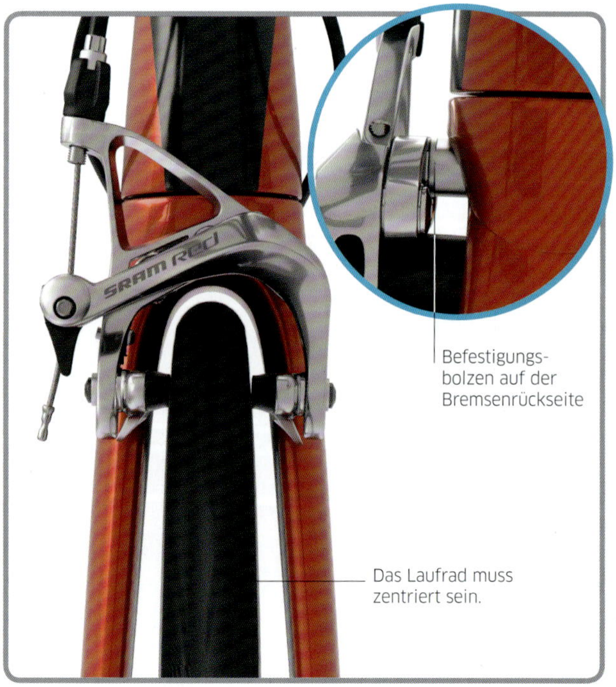

1 **Prüfen Sie beim Laufrad,** ob es in der Gabel zentriert sitzt. Es muss genau unter dem Befestigungsbolzen sitzen. Falls nötig, müssen Sie die Position des Laufrads neu einstellen (S. 78–83).

2 **Setzen Sie den Bremszug** mit dem Schnellentspanner oder der Bremszugklemmung frei. Die Bremsarme bewegen sich dann nach außen und weisen einen klaren Abstand zur Felge auf.

3 **Lösen Sie** die Haltebolzen der Bremsbeläge. Richten Sie den linken Bremsbelag am oberen Rand und den rechten am unteren Rand der Felge aus. Ziehen Sie dann beide Haltebolzen fest.

WERKZEUG UND AUSRÜSTUNG

- Montageständer
- Bürste und Lappen
- Satz Inbus-Schlüssel
- Konusschlüssel

Arbeitstipp: Bremsen quietschen, wenn zwischen den Bremsbelägen und der Felge Schwingungen entstehen. Damit es nicht mehr quietscht, lösen Sie die Haltebolzen der Bremsbeläge und drehen Sie die Unterlegscheibe dahinter, bis ihre Oberfläche parallel zur Felge ist.

4 **Drehen Sie den Bremszugspanner** drei- bis viermal im Uhrzeigersinn. Lösen Sie den Klemmungsbolzen am Schnellentspanner mit einem Inbus-Schlüssel. Der Bremszug ist frei beweglich.

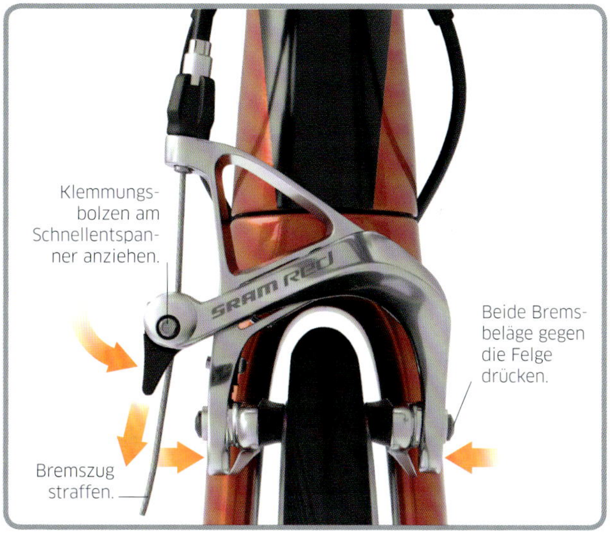

5 **Drücken Sie die Beläge** mit einer Hand gegen die Felge und ziehen Sie mit der anderen den Bremszug straff. Ziehen Sie den Klemmungsbolzen wieder an und drücken Sie mehrmals den Bremsgriff.

6 **Prüfen Sie,** ob die Bremse zentriert ist. Lösen Sie den Befestigungsbolzen (siehe Schritt 1) und stellen Sie die Bremse mit einem Inbus-Schlüssel hinten ein. Ziehen Sie den Bolzen wieder fest.

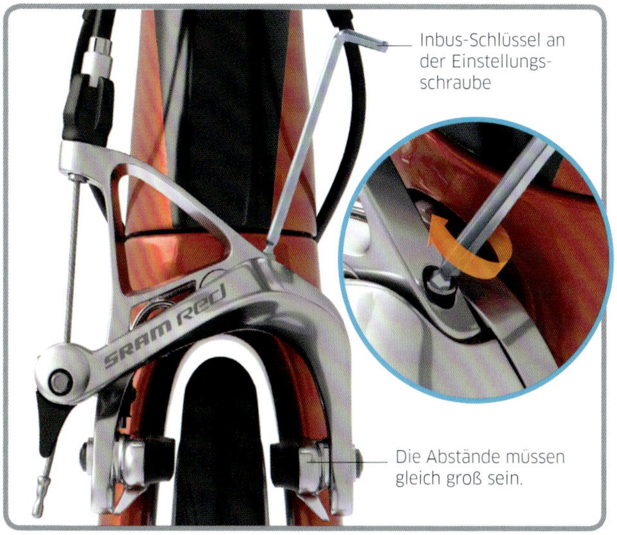

7 **Einige Bremsen** haben eine Einstellungsschraube. Bei diesen Modellen drehen Sie an der Schraube, bis die Bremse zentriert ist und beide Bremsbeläge den gleichen Abstand zur Felge haben.

HAUPTKOMPONENTEN

Hydraulikbremsen

Bei Scheibenbremsen werden zwei Bremsbeläge auf eine Metallscheibe an der Laufradnabe gepresst. Scheibenbremsen werden hydraulisch oder mit einem Bremszug aktiviert. Das hydraulische System besitzt Schläuche, in denen Mineralöl oder eine andere Bremsflüssigkeit die Bremskraft überträgt. Am Bremsgriff befindet sich ein Zylinder. Zieht man am Bremsgriff, wird die Flüssigkeit aus diesem Zylinder auf Kolben am Bremssattel gedrückt, die auf die Bremsbacken wirken. Bei einem System mit Bremszug bewegt dieser die Kolben. Die Bremsscheibe ist direkt an der Nabe im Laufrad angebracht.

BAUTEILE IM FOKUS

Scheibenbremsen sind an der Nabe montiert. Die Bremssättel sind vorne an der Gabel und hinten am Rahmen angebracht.

(1) Jeder **Kolben** drückt durch Hydraulikflüssigkeit oder mechanische Spannung auf die Bremsbacken, wenn der Bremsgriff betätigt wird.

(2) Die **Bremsbacken** werden mit Federn von der Scheibe gezogen, wenn nicht gebremst wird. Sie werden von Kolben gegen die Scheibe gepresst.

(3) Die **Scheibe** ist an der Nabe angebracht. Sie dreht sich mit dem Laufrad zwischen dem Bremssattel, bis der Bremsgriff gezogen wird.

(4) Am **Bremssattel** sind Kolben und Bremsbacken befestigt. Er ist bei hydraulischen Scheibenbremsen abgedichtet, um den Öldruck zu erhalten.

Die Rückholfeder zieht die Bremsbacken von der Scheibe, wenn der Bremsgriff losgelassen wird.

Der Haltebolzen sichert die Bremsbacken.

Der Kolbenraum umgibt den Kolben.

Mit dem Befestigungsbolzen ist der Bremssockel an der Gabel angebracht.

Der Bremssockel bildet den unteren Befestigungspunkt.

MECHANISCHE BREMSEN WARTEN

Scheibenbremsen

Bremsbeläge von Scheibenbremsen nutzen sich mit der Zeit ab. Vor allem im Winter nehmen sie viel Schmutz von nassen Straßen und schlammigen Pfaden auf. Ein mahlendes Geräusch zeigt an, dass sie ausgetauscht werden müssen. Allgemein sollten sie gewechselt werden, wenn ihre Dicke nur noch 1,5mm beträgt.

VORBEREITUNGEN

- Das Fahrrad in einen Montageständer setzen.
- Das Laufrad ausbauen (S. 78–83).
- Die Bremsscheibe abbauen.
- Die neue Bremsfläche nur mit Handschuhen anfassen.
- Staub oder Schmutz von der neuen Scheibe abwischen.

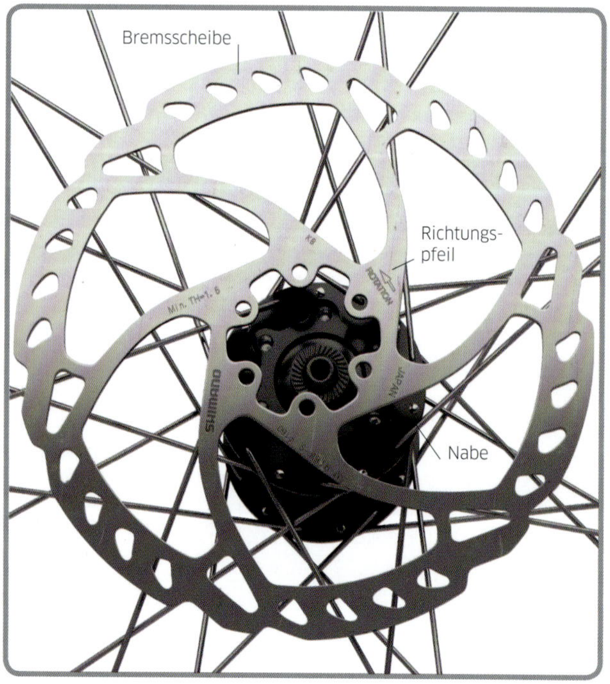

1 **Ein Richtungspfeil** ist auf jeder Bremsscheibe eingeätzt. Setzen Sie die Bremsscheibe – nach Anweisungen des Herstellers – so auf die Nabe, dass der Pfeil in die Laufrichtung weist.

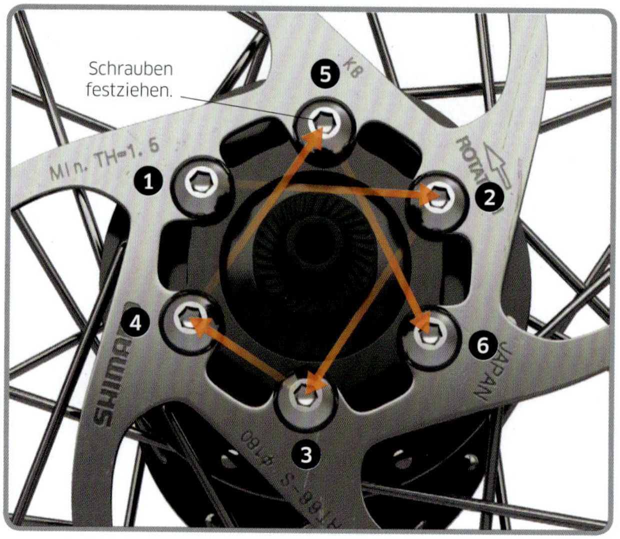

2 **Schrauben Sie die Haltebolzen** zunächst locker an, bevor Sie sie mit dem erforderlichen Drehmoment festziehen. Ziehen Sie sie kreuzweise fest (von 1 bis 6), um die Scheibe nicht zu zerstören.

Drücken Sie die Bremsbeläge vorsichtig auseinander.

3 **Mit einem großen Schraubendreher** drücken Sie die Bremsbeläge auseinander und setzen die Kolben zurück. Entfernen Sie dann die alten Beläge und schaffen Sie Platz für die neuen, dickeren.

WERKZEUG UND AUSRÜSTUNG

- Montageständer
- Lappen und Handschuhe
- Satz Inbus-Schlüssel
- Schlitzschraubendreher oder Reifenheber
- Spitzzange
- Fettlöser oder Bremsen-reinigungsmittel

4 Entfernen Sie die Bremsbelaghalterung – ein Bolzen oder ein Splint (oben) – und ziehen Sie Bremsbelag und Feder heraus.

5 Sprühen Sie den Bremssattel mit Fettlöser oder Reiniger ein. Entfernen Sie mit einem Lappen Schmutz, Fett oder Staub.

6 Setzen Sie Bremsbeläge und Feder (Kasten) zusammen und in den Bremssattel. Setzen Sie auch Haltebolzen oder Splint ein.

7 Bauen Sie das Laufrad ein und prüfen Sie, ob es zwischen den Bremsbelägen zentriert ist. Es muss sich frei drehen können.

8 Wenn das Laufrad reibt, lösen Sie den Befestigungsbolzen und zentrieren den Bremssattel, sodass das Laufrad sich frei dreht.

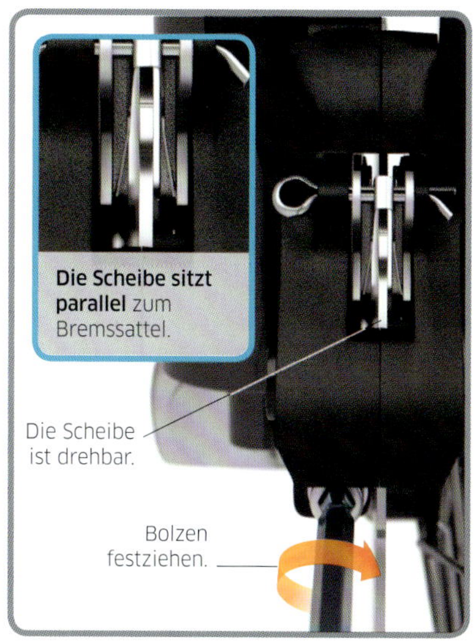

9 Ist der Bremssattel ausgerichtet, ziehen Sie den Befestigungsbolzen an. Drücken Sie mehrmals den Bremsgriff.

HAUPTKOMPONENTEN
Trommelbremsen

Nutz- und Lastenräder haben meist Trommelbremsen, weil in diesem Fall die Haltbarkeit wichtiger ist als das Gewicht. Zieht man am Bremsgriff, wird ein Bremsarm außen an der Nabe bewegt. Er drückt die Bremsbeläge in der Nabe gegen den Bremsmantel. Weil das Bremssystem in der Nabe abgedichtet ist, wirken Trommelbremsen auch bei nassem und eisigem Wetter sehr gut. Dadurch nutzen sich ihre Bauteile auch langsamer ab. Die meisten Trommelbremsen wie die Sturmey Archer XL-FD (hier) sind zwar einfach aufgebaut, aber nicht besonders leicht zu warten. Immerhin lässt sich die Bremszugspannung einstellen (S. 124–125).

BREMSVORGANG

Der Bremszug zieht am Bremsarm und drückt die Bremsbeläge gegen die Trommel, bis Sie den Bremsgriff loslassen.

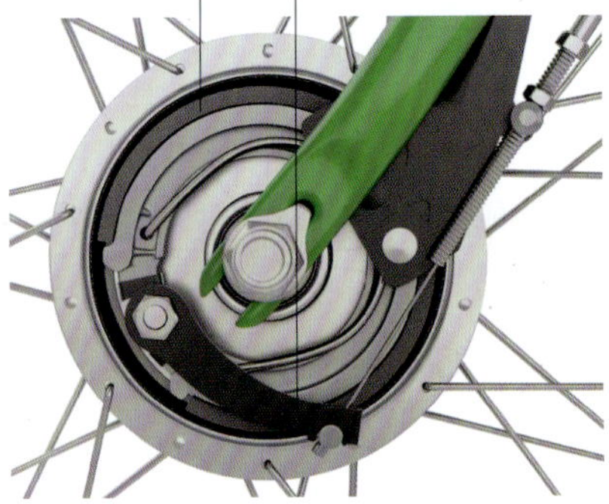

BAUTEILE IM FOKUS

Trommelbremsen brauchen eigene Naben, Gabeln oder Rahmen für die Schubstrebe, sodass nur wenige Räder nachrüstbar sind.

1. Die **Bremsbeläge** bestehen aus Verbundstoffen und nutzen sich nur langsam ab. Abgenutzte Beläge können Sie nicht ersetzen – nur die ganze Trommel.
2. Der **Bremsmantel** ist die Fläche in der Trommel, an die die Bremsbeläge gepresst werden. Sie nutzt sich langsam ab und kann nicht ersetzt werden.
3. Der **Nabenbremsarm** wird mit dem Bremszug angezogen und bewegt die Bremsbeläge. Zum Einstellen des Bremszugs drücken Sie ihn zur Nabe.
4. Der **Bremszugspanner** lässt nur minimale Einstellungen am Bremszug zu, der mit der Zeit unvermeidlich gedehnt wird (S. 124–125).

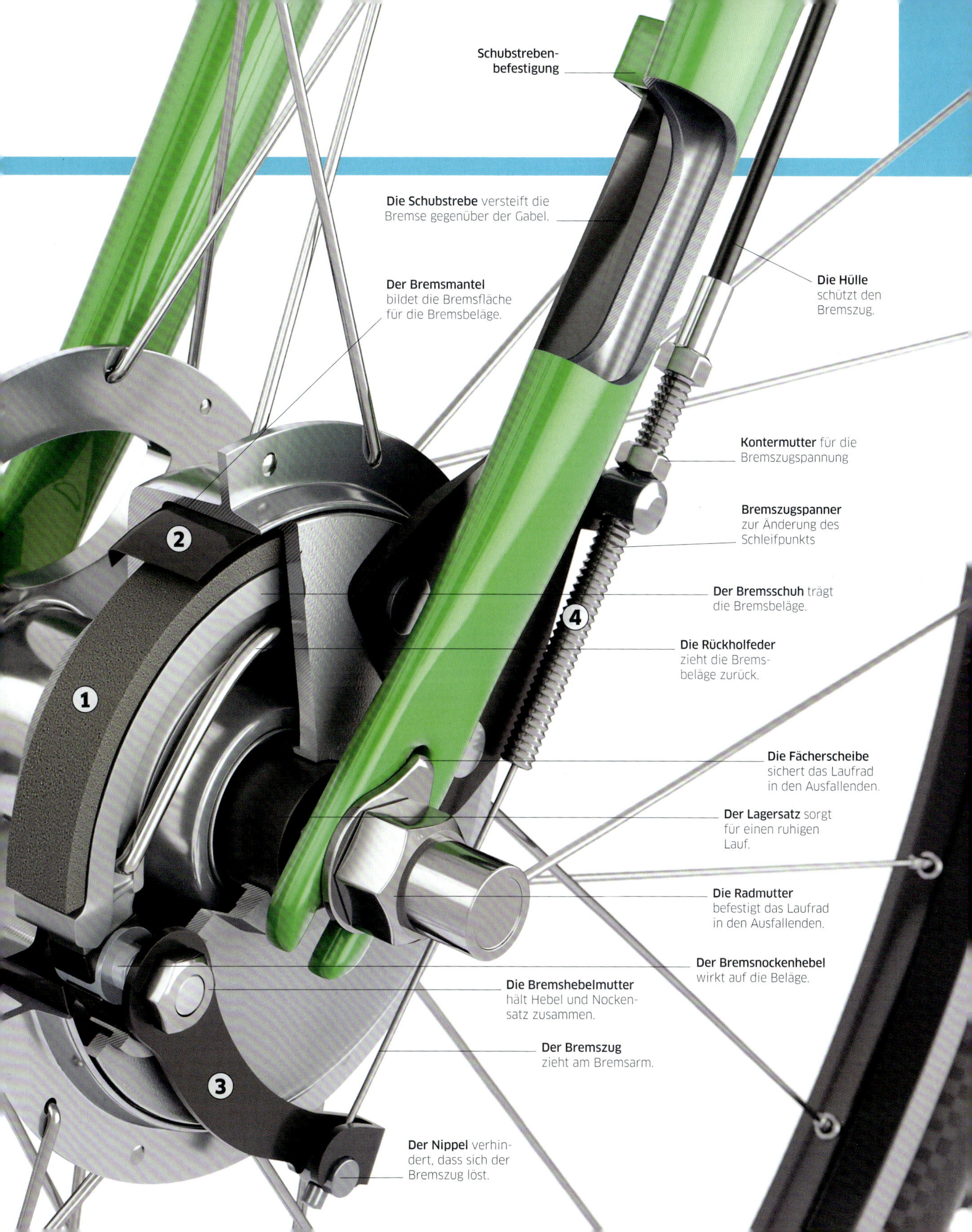
Schubstreben-
befestigung
Die Schubstrebe versteift die Bremse gegenüber der Gabel.
Der Bremsmantel bildet die Bremsfläche für die Bremsbeläge.
Die Hülle schützt den Bremszug.
Kontermutter für die Bremszugspannung
Bremszugspanner zur Änderung des Schleifpunkts
Der Bremsschuh trägt die Bremsbeläge.
Die Rückholfeder zieht die Bremsbeläge zurück.
Die Fächerscheibe sichert das Laufrad in den Ausfallenden.
Der Lagersatz sorgt für einen ruhigen Lauf.
Die Radmutter befestigt das Laufrad in den Ausfallenden.
Der Bremsnockenhebel wirkt auf die Beläge.
Die Bremshebelmutter hält Hebel und Nockensatz zusammen.
Der Bremszug zieht am Bremsarm.
Der Nippel verhindert, dass sich der Bremszug löst.
1
2
3
4

BREMSZUG EINBAUEN UND EINSTELLEN

Trommelbremse

Trommelbremsen gibt es häufig an Alltagsrädern für Pendler und an Nutzrädern. Sie sind fast wartungsfrei. Sind die Bremsbeläge in der Trommel abgenutzt, müssen Sie die ganze Trommel austauschen. Dagegen ist es sehr einfach, den Bremszug neu einzustellen oder zu ersetzen.

VORBEREITUNGEN

- Das Fahrrad in einen Montageständer setzen.
- Die vorhandene Kabelführung notieren.
- Den vorhandenen Bremszug abbauen; folgen Sie dabei den Schritten 1 bis 5 in umgekehrter Reihenfolge.

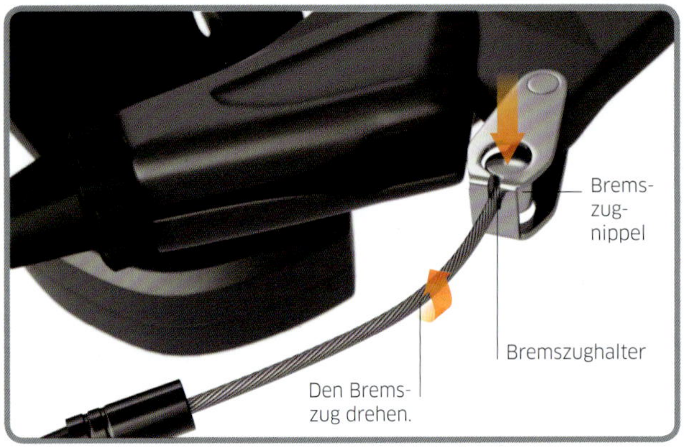

1 **Ziehen Sie den Bremsgriff zum Lenker,** um den Bremszughalter freizulegen. Stecken Sie den Nippel in den Halter und drehen Sie den Bremszug gegen den Uhrzeigersinn, um den Nippel zu fixieren.

Drehen Sie den Bremszugspanner, um den Bremszug zu fixieren.

2 **Bringen Sie die Schlitze** im Bremsgriff und im Bremszugspanner in eine Linie und legen Sie den Bremszug ein. Stecken Sie die Zughüllenkappe in den Bremszugspanner, um den Bremszug zu fixieren.

3 **Verlegen Sie den Bremszug** am Rahmen entlang der ursprünglichen Bremszugführung und befestigen Sie ihn gleichzeitig. Überprüfen Sie dann, ob sich der Lenker vollständig einschlagen lässt.

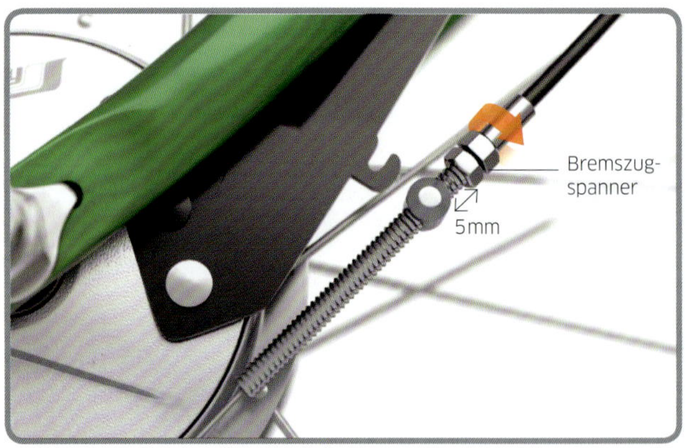

4 **An der Trommel** drehen Sie den Bremszugspanner so weit, dass etwa 5mm Bremszug unter der Kontermutter frei bleiben. (Diese Länge dient später der Feineinstellung).

WERKZEUG UND AUSRÜSTUNG

- Montageständer
- Kabelschneider (siehe Arbeitstipp)

Arbeitstipp: Einige Trommelbremsen benötigen Bremszüge mit zwei Nippeln an jedem Ende: zylinderförmige für den Bremsgriff und birnenförmige für den Bremsarm. Zum Abbauen solcher Bremszüge müssen Sie einen der Nippel abschneiden.

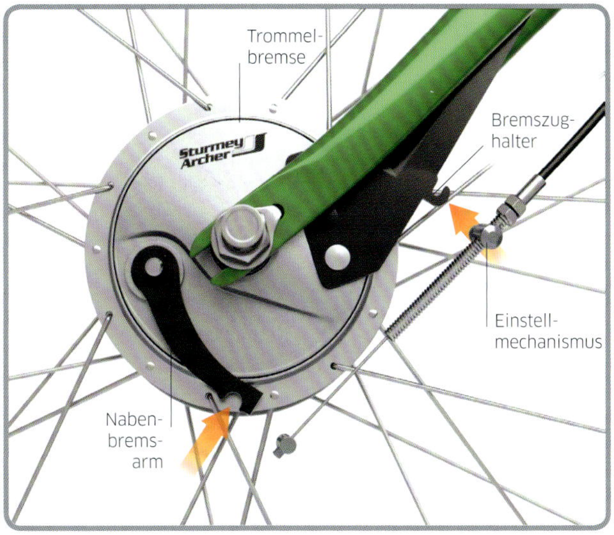

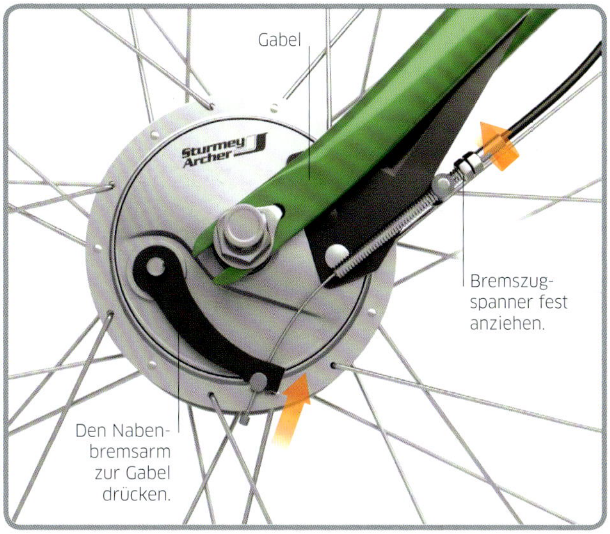

5 **Stecken Sie den Einstellmechanismus** in den Bremszughalter an der Gabel (Vorderrad) oder an der Kettenstrebe (Hinterrad). Drücken Sie den Bremsarm zur Gabel und stecken Sie den Nippel ein.

6 **Drücken Sie den Nabenbremsarm** nochmals zur Gabel und ziehen Sie den Bremszugspanner so an, dass der Bremszug kein Spiel hat. Ziehen Sie ihn fest an, bis die Bremse das drehende Laufrad stoppt.

7 **Lassen Sie den Bremsarm** los und drehen Sie den Bremszugspanner so weit, bis sich die Bremse löst. Kontrollieren Sie dann mit dem Bremsgriff, ob die Bremse das sich drehende Laufrad stoppt.

8 **Ziehen Sie den Bremsgriff** zehn- bis zwölfmal, um Spiel im Bremszug zu beseitigen. Ist der richtige Druckpunkt eingestellt, schrauben Sie die Kontermutter bis zum Einstellmechanismus fest.

ANTRIEB

RATGEBER

Antriebssysteme

Schaltungen erleichtern steile Anstiege und schnelle Abfahrten. Es gibt viele verschiedene Antriebssysteme. Die zerbrechlich wirkende, aber sehr wirksame und weitestgehend zuverlässige Kettenschaltung ist mit am weitesten verbreitet. Sie ist immer noch erste Wahl bei Straßen- und Nutzrädern. Der Schaltvorgang hat sich hier rasant entwickelt bis zu den kom-

ART	EIGNUNG	BEDIENUNG
Nabenschaltung Bei diesem Antrieb befinden sich die Zahnkränze in der Hinterradnabe. Die Nabe schützt sie vor Wasser und Schmutz, sodass sie weniger anfällig sind und nicht so schnell abnutzen.	■ **Räder mit wenig Wartungsaufwand:** Nutzräder, Trekkingräder, Falträder und Stadträder (wie sie z.B. beim Fahrrad-Sharing genutzt werden)	■ **Nabenschaltungen** besitzen nur einen Schalthebel am Lenker oder einen Drehgriff, der über den Schaltzug den Kraftfluss zwischen den einzelnen Zahnrädern verändert.
Kettenschaltung Zwei Schalthebel am Lenker sind über Schaltzüge mit dem Umwerfer (vorne), der die Kette auf verschiedene Kettenblätter leitet, und dem Schaltwerk (hinten) verbunden, das die Kette auf der Kassette leitet.	■ **Alle Arten von Straßenrädern** von Renn- über Touren- bis hin zu Lastenrädern	■ **Am Schaltwerk** bewegt der Schaltzug mit der Schaltschwinge die Kette zwischen mehreren Zahnkränzen der Kassette auf und ab. Zwei Schaltrollen spannen dabei die Kette. ■ **Der Umwerfer** führt die Kette auf andere Kettenblätter.
Ein-Gang-Fahrrad (»Fixie«) Das Ein-Gang-Rad entspricht dem ursprünglichen Fahrrad. Es hat keinen Freilauf, sodass sich die Pedale immer bewegen, auch wenn Sie nicht aktiv treten.	■ **Bahnrennen,** einfache Stadträder sowie Trainingsräder, mit denen sich das Pedalieren optimieren lässt.	■ **Der Zahnkranz** ist an der Hinterradnabe befestigt und dreht sich mit dem Laufrad. Einige Modelle besitzen eine doppelseitige Nabe mit einem festen Gang auf der einen Seite und einem Freilauf auf der anderen.
Elektronische Schaltung Hier werden die Gänge mit Schaltern anstelle der mechanischen Schalthebel gewechselt. Der Schalter am Lenker ist über ein Stromkabel mit einer Batterie und einem kleinen Elektromotor verbunden, der im Kettenwechsler sitzt.	■ **Rennen** und Straßenwettbewerbe (inzwischen sind elektronische Schaltungen aber schon für viele andere Fahrräder erhältlich) ■ **Nicht empfehlenswert** für Touren oder Trekking, weil die Fahrtdauer durch das notwendige Aufladen der Batterien eingeschränkt ist.	■ **Mit Knöpfen** und Schaltern am Bremsgriff oder seitlich am Lenker werden kleine Motoren in Schaltwerk und Umwerfer gesteuert. ■ **Den Batteriestrom** liefert bei verkabelten Systemen eine kleine Zelle, bei kabellosen Systemen mehrere einzelne Zellen.

binierten Brems-Schaltgriffen, die allerdings heute bereits wieder von modernen, elektronischen Schaltungen abgelöst werden. Nabenschaltungen sind eine verlässliche Alternative zur Kettenschaltung. Sie müssen kaum gewartet werden. Ein-Gang-Räder sind leicht zu fahren und brauchen kaum Wartung, bieten aber keine Hilfe an steilen Anstiegen oder bei Abfahrten.

KOMPONENTEN	VARIATIONEN	EINSTELLUNGEN
■ **Mehrere kleine Zahnräder** (Planetenräder) drehen sich in einem großen Hohlrad um ein zentrales Zahnrad (Sonnenrad), das auf der Achse sitzt.	■ **Nabenschaltungen** können 3 bis 14 Gänge umfassen und werden normalerweise mit einem Kettenblatt vorne gefahren.	■ **Mit einem Schaltzugspanner** an der Nabe ändern Sie die Spannung des Schaltzugs.
■ **Das Schaltwerk** besteht aus Schaltschwinge, Schrauben, die die Bewegung begrenzen, dem Schaltzugspanner zur Einstellung der Zugspannung und dem Schaltauge. ■ **Der Umwerfer** besteht nur aus einem Teil.	■ **Die neuesten Schaltwerke** für Straßenräder weisen bis zu zehn Ritzel auf. Ältere Modelle mit Indexschaltung haben weniger Ritzel. ■ **Der Umwerfer** wird mit zwei oder drei Kettenblättern angeboten.	■ **Am Schaltwerk** sitzen Schrauben, mit denen Sie die seitliche Position der Schaltschwinge unter dem größten und kleinsten Ritzel einstellen. ■ **Am Umwerfer** stellen Sie über Schrauben Position und seitlichen Bewegungsspielraum ein.
■ **Der Zahnkranz** sitzt auf der Hinterradnabe. ■ **Einige Naben** haben auch einen Freilauf.	■ **Ein-Gang-Systeme** für Bahn- und Straßenrennen unterscheiden sich in ihrer Übersetzung, wobei Bahnräder eine höhere Übersetzung aufweisen.	■ **Das Hinterrad** schieben Sie in den Ausfallenden vor und zurück, um die Kette zu spannen.
■ **Elektronische Schaltungen** arbeiten mit normalen Umwerfern und Schaltwerken. ■ **Kabel sind** im Rahmen verlegt. ■ **Sie brauchen ein Ladegerät,** um die Batterien aufzuladen.	■ **Elektronische Schaltungen** funktionieren mit zehn und elf Gängen. ■ **Die besten Modelle** sind für Profifahrer gebaut, aber elektronische Schaltungen werden auch für mittelpreisige Straßenräder angeboten.	■ **Nach der Montage** durch einen Mechaniker stellen sich Schaltwerk und Umwerfer automatisch nach jedem Schalten selbst ein. ■ **Batterien müssen** einmal pro Vierteljahr geladen werden. Kabellose Systeme erfordern häufigere Ladezeiten.

▸ HAUPTKOMPONENTEN
Schalthebel

Schalthebel ermöglichen einen Gangwechsel während des Tretens. Der rechte Schalthebel wirkt auf das Schaltwerk am Hinterrad, der linke bewegt den Umwerfer. Moderne Hebel für Straßenräder sind im Bremsgriff eingebaut, Schalthebel für Mountainbikes und Trekkingräder sitzen dagegen einzeln am Lenker. Es gibt im Wesentlichen zwei Arten von Schalthebeln: Indexschalthebel und Schaltgriffe. Indexschalthebel kann man im Gegensatz zu Schaltgriffen an verschiedene Positionen am Lenker setzen. Shimano stellt einen integrierten Brems-Schaltgriff her, den STI-Schalthebel.

BAUTEILE IM FOKUS

Schalthebel haben einen Ratschenmechanismus: Bei Betätigung des Schalthebels oder Schaltgriffs wird je ein Gang weiter geschaltet.

① Das **Sperrrad** zieht in bestimmten Schritten am Schaltzug, damit Schaltwerk oder Umwerfer die Kette exakt auf den Kranz oder das Blatt legen.

② Die **Klemmung** sichert den Schaltzug im Schaltmechanismus. Der Schaltzug muss fest in der Klemmung sitzen, um gespannt zu sein.

③ **Über Drehzapfen** im Brems-Schaltgriff werden die Hebel bewegt, die auf die Züge wirken.

④ **Griffgehäuse und Abdeckung** enthalten den Mechanismus der beiden Hebel und schützen ihn vor Abnutzung und Beschädigung.

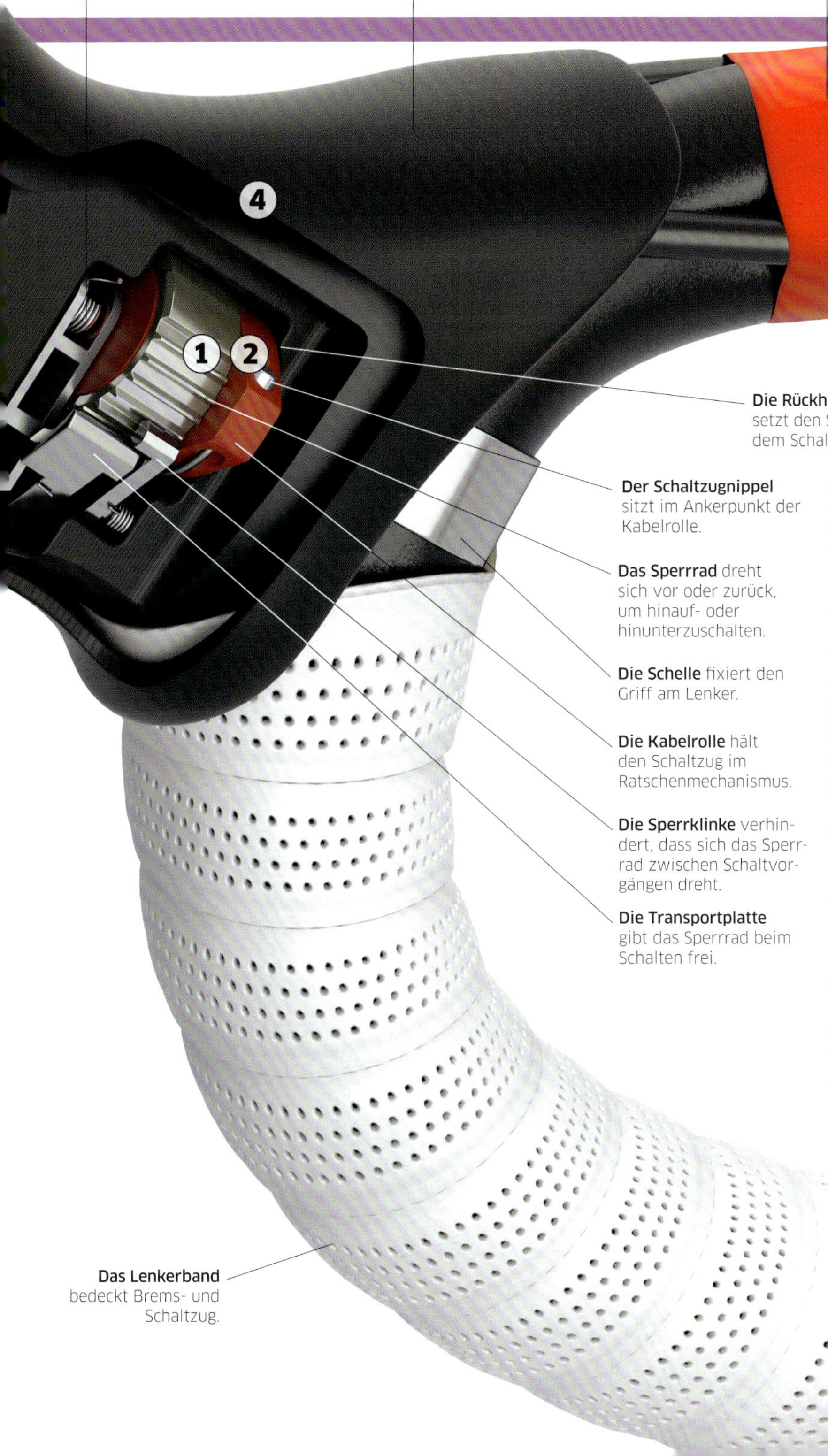

GÄNGE WECHSELN

Wird der Schalthebel gedrückt, entspannt oder strafft sich der Schaltzug. Schaltwerk oder Umwerfer setzen daraufhin die Kette um.

Schaltzugspanner zur Änderung der Zugspannung

Das Schaltwerk bewegt die Kette über die Kassette.

SCHALTZUG EINBAUEN
Außenschaltzug

Schaltzüge dehnen sich mit der Zeit und werden locker. Am Rahmen montierte Schaltzüge können in ihrer Hülle rosten, sodass Reibung das Schalten erschwert. In diesem Fall müssen Sie die Schaltzüge ersetzen.

VORBEREITUNGEN

- Das Fahrrad in einen Montageständer setzen.
- Neue Schaltzüge auspacken und abwickeln.
- Abhängig von der Bauweise des Schaltgriffs im Handbuch nachsehen, wo der Schaltzugnippel sitzt.

Suchen Sie den Austrittspunkt des Schaltzugs am Schaltgriff.

1 **Um die Kettenspannung** zu reduzieren, schalten Sie die Kette vorne und hinten auf das kleinste Ritzel bzw. Kettenblatt. Dadurch rastet der Schaltzug nach dem Einbau korrekt im Schaltgriff ein.

2 **Mit einem Inbus-Schlüssel** lösen Sie die Klemmung am Schaltwerk (mechanisch) und schneiden die Endkappe ab. Dadurch wird der Schaltzug freigesetzt und kann durch die Hülle gezogen werden.

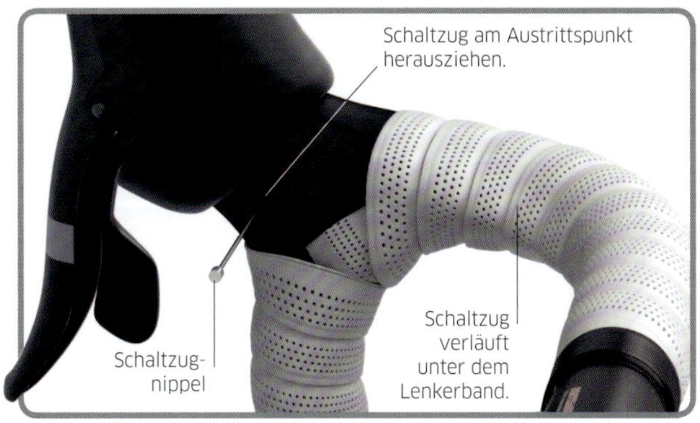

3 **Klappen Sie die Abdeckung des Schaltgriffs** hoch und ziehen Sie den Bremshebel. Ziehen Sie den Schaltzug heraus. Achten Sie dabei auf unbefestigte Hüllenabschnitte, die herunterfallen können.

4 **Vom Hinterrad** bis zum Lenker entfernen Sie alle Schaltzughüllen. (Hüllen unter dem Lenkerband können Sie weiterverwenden, weil sie weniger dem Wetter ausgesetzt waren.)

WERKZEUG UND AUSRÜSTUNG

- Montageständer
- Schaltzug
- Schaltzughülle
- Satz Inbus-Schlüssel
- Kabelschneider
- Zughüllenendkappen
- Zange
- Fett

Arbeitstipp: Schaltzüge von Shimano haben einen etwas größeren Nippel als die von Campagnolo. Schaltzüge sind zwischen verschiedenen Systemen nicht austauschbar, daher müssen Sie beim Kauf darauf achten.

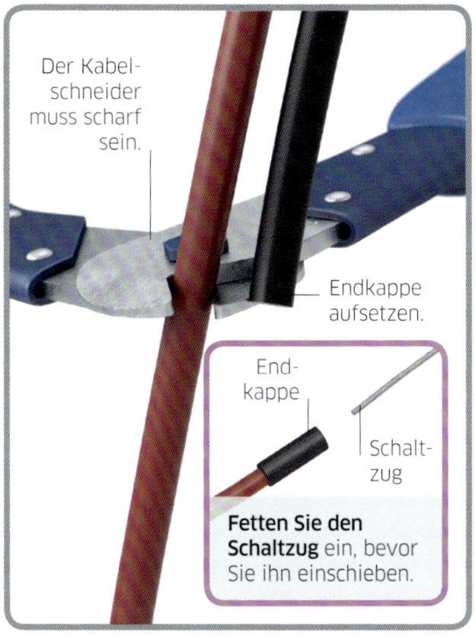

Fetten Sie den Schaltzug ein, bevor Sie ihn einschieben.

5 **Mithilfe der alten Hüllenabschnitte** schneiden Sie neue zu und stecken die Endkappen mit einer Zange auf ihre Enden.

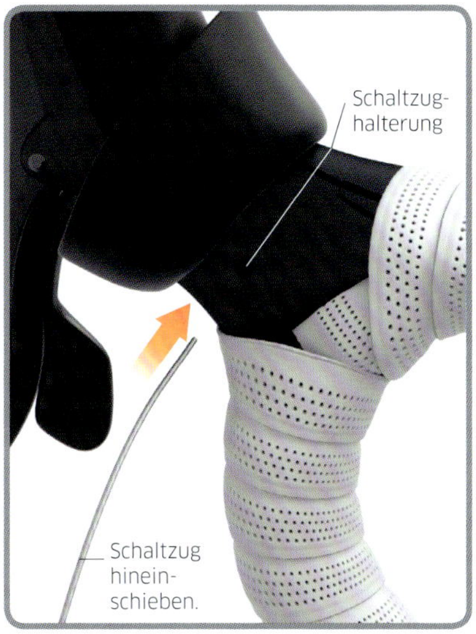

6 **Dann schieben Sie den Schaltzug** vollständig in die Halterung ein und setzen den Nippel korrekt in den Schalthebel ein.

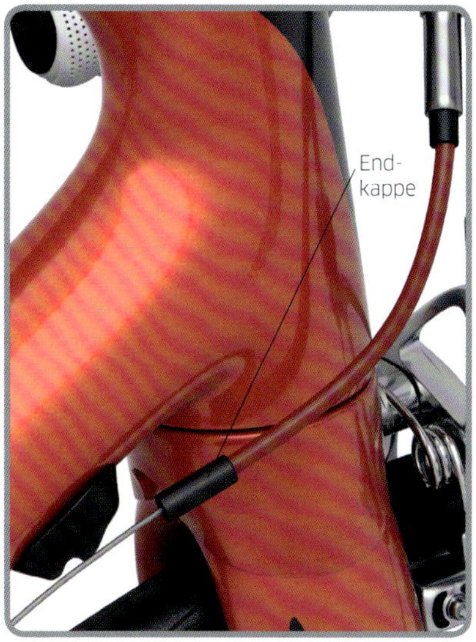

7 **Schieben Sie den Schaltzug** vorsichtig durch die Hülle am Lenker bis zum ersten Bowdenzughalter am Steuerrohr.

8 **Fädeln Sie den Schaltzug** in die neuen Hüllenabschnitte und befestigen Sie diese am Rahmen. Der Schaltzug wird am Rahmen entlang geführt und in die Führung unter dem Tretlager eingefädelt. Dann schieben Sie ihn in den letzten Hüllenabschnitt und befestigen diesen.

9 **Führen Sie** den Zug in die Klemmung, straffen und ziehen Sie ihn fest. Kürzen Sie den Rest, setzen Sie die Endkappe auf.

SCHALTZUG EINBAUEN
Innenschaltzug

Wenn das Schalten schwerfällig wird oder die Schalthebel nur langsam in die Ausgangsposition zurückkehren, sind die Schaltzüge korrodiert und müssen ersetzt werden. Hier wird ein neuer Schaltzug für das Schaltwerk eingebaut, die gleiche Anleitung gilt aber auch für den Umwerfer.

VORBEREITUNGEN

- Das Fahrrad in einen Montageständer setzen.
- Neue Schaltzüge auspacken und abwickeln.
- Abhängig von der Bauweise des Schaltgriffs im Handbuch nachsehen, wo der Schaltzugnippel sitzt.

Schneiden Sie am Schaltzug vorhandene Endkappen ab.

1 **Schalten Sie** hinten auf das kleinste Ritzel, vorne auf das kleinste Kettenblatt und schneiden Sie ein Stück vom Schaltzug zu einem glatten Ende ab. Mit einem Inbus-Schlüssel lösen Sie die Klemmung.

2 **Lassen Sie den alten Schaltzug** in der Hülle und schieben Sie sie herunter. Lösen Sie die Hülle von den Rahmenhaltern und nehmen Sie Endkappen ab, wenn Sie sie wiederverwenden wollen.

3 **Führen Sie den neuen Schaltzug** durch den Rahmen. Fädeln Sie dazu ein langes Rohr über das freie Ende des alten Schaltzugs. Schieben Sie das Rohr bis zum Rahmenaustritt über den alten Zug.

Sichern Sie die Enden des Plastikrohrs am Rahmenein- und -austritt.

4 **Fixieren Sie die Rohrenden** am Rahmeneintritt und -austritt mit Isolierband und ziehen Sie den alten Schaltzug vorne heraus. Anschließend lösen Sie ihn vom Schalthebel (S. 132–133).

WERKZEUG UND AUSRÜSTUNG

- Montageständer
- Kabelschneider
- Satz Inbus-Schlüssel
- dünnes Plastikrohr
- Isolierband
- Endkappen, Zange
- spitzes Werkzeug
- Fett
- Magnet

Arbeitstipp: Das dünne Rohr muss so lang sein, dass es von Rahmeneintritt bis -austritt reicht. Wenn Sie das Ende des Schaltzugs im Rahmen verlieren, können Sie es mit einem Magneten zum Austrittspunkt führen.

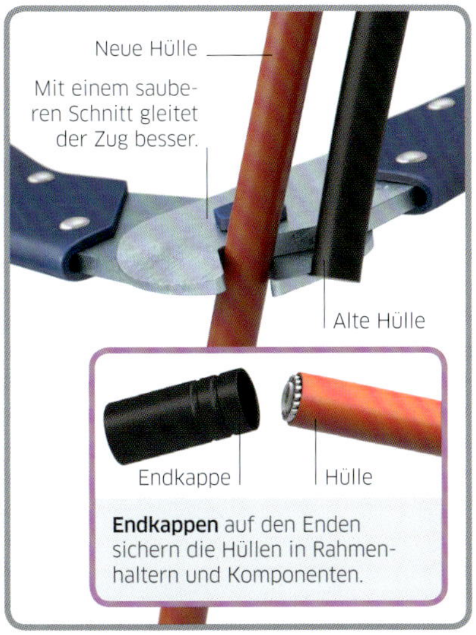

Endkappen auf den Enden sichern die Hüllen in Rahmenhaltern und Komponenten.

5 **Schneiden Sie mithilfe der alten Schaltzughüllen** neue zu. Ein scharfer Kabelschneider sorgt für glatte Schnitte.

6 **Führen Sie den Schaltzug** vorsichtig in den Schaltgriff ein und schieben Sie ihn vollständig in den Schalthebel.

Schieben Sie den Schaltzug ins Rohr, drücken Sie ihn hindurch.

7 **Schieben Sie dann** den Schaltzug durch die Hülle am Lenker und fädeln Sie ihn in das Hilfsrohr am Steuerrohr ein (Schritt 4).

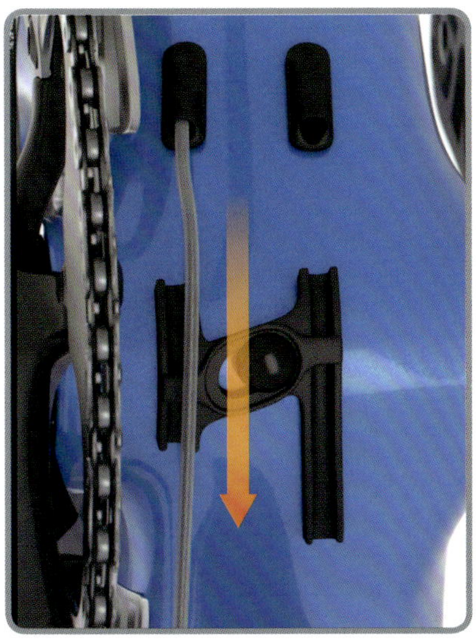

8 **Nachdem der neue Schaltzug** im Rahmen verlegt ist, ziehen Sie das Rohr von ihm herunter und aus dem Rahmen heraus.

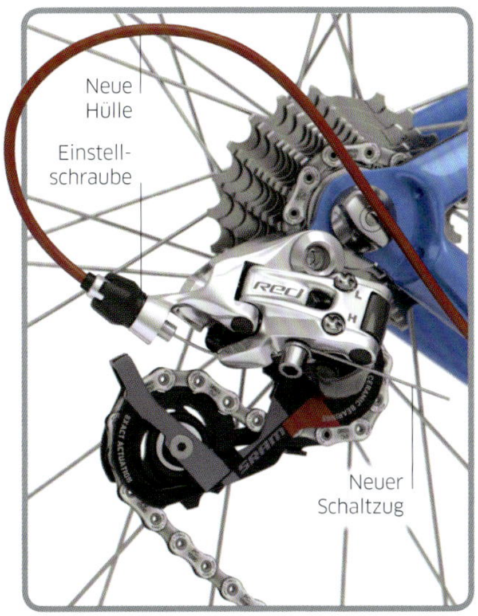

9 **Auf die Enden** der Hüllen pressen Sie Endkappen und schieben den Schaltzug hindurch. Dann befestigen Sie die Hüllen.

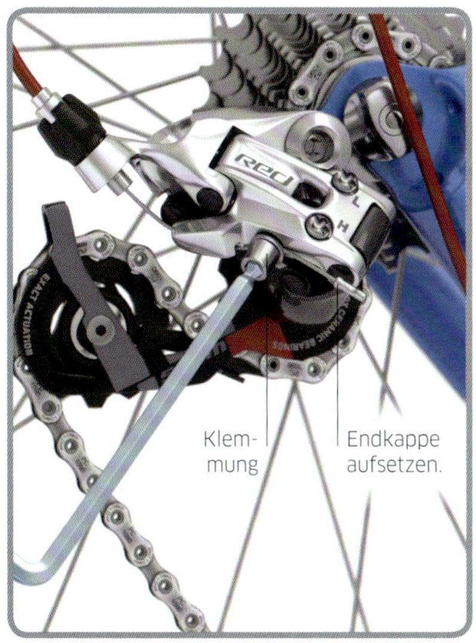

10 **Setzen Sie den Schaltzug** in die Klemmung, straffen ihn und ziehen sie fest. Um die Schaltung einzustellen, siehe S. 148–149.

HAUPTKOMPONENTEN

Elektronikschaltung

Die Elektronikschaltung ist eine jüngere Entwicklung, die zuerst den Profiradfahrern vorbehalten war. Heute gibt es sie zunehmend auch für viele Straßenräder, Mountainbikes und Nutzräder. Elektronische Gangwechsel funktionieren wie mechanische, sie werden aber von einem Motor und nicht von einem Schaltzug aktiviert. Der Motor wird von einer wiederaufladbaren Batterie angetrieben. Einmal eingestellt (S. 138–139) ist die Schaltung schnell, genau und muss in der Regel nie wieder nachgestellt werden. Bei Shimano und Campagnolo sind Schalter und Schaltwerk bzw. Umwerfer durch Elektrokabel verbunden, bei SRAM ist das System kabellos.

BAUTEILE IM FOKUS

Elektronische Schaltwerke sind wie mechanische Schaltwerke, nur mit Motor. Bei SRAM-Systemen ist die Batterie herausnehmbar.

① Ein **Motor** im Schaltwerk bewegt präzise den Antriebsarm. Im Gegensatz zu manuellen Systemen ist jede Verschiebung gleich lang.

② Der **Schwenkarm** führt die Kette je nach Gang über die Kassette nach innen oder außen. Er erhält auch die Kettenspannung.

③ Die **Schaltrollen** haben zwei wichtige Aufgaben. Die obere Rolle führt die Kette beim Schalten und die untere Rolle hält dabei die Kette gespannt.

④ **Gelenke** im Schaltwerk erlauben dem Arm, sich senkrecht – zur Erhaltung der Spannung der Kette – und seitlich – zum Gangwechsel – durch die Kassette zu bewegen.

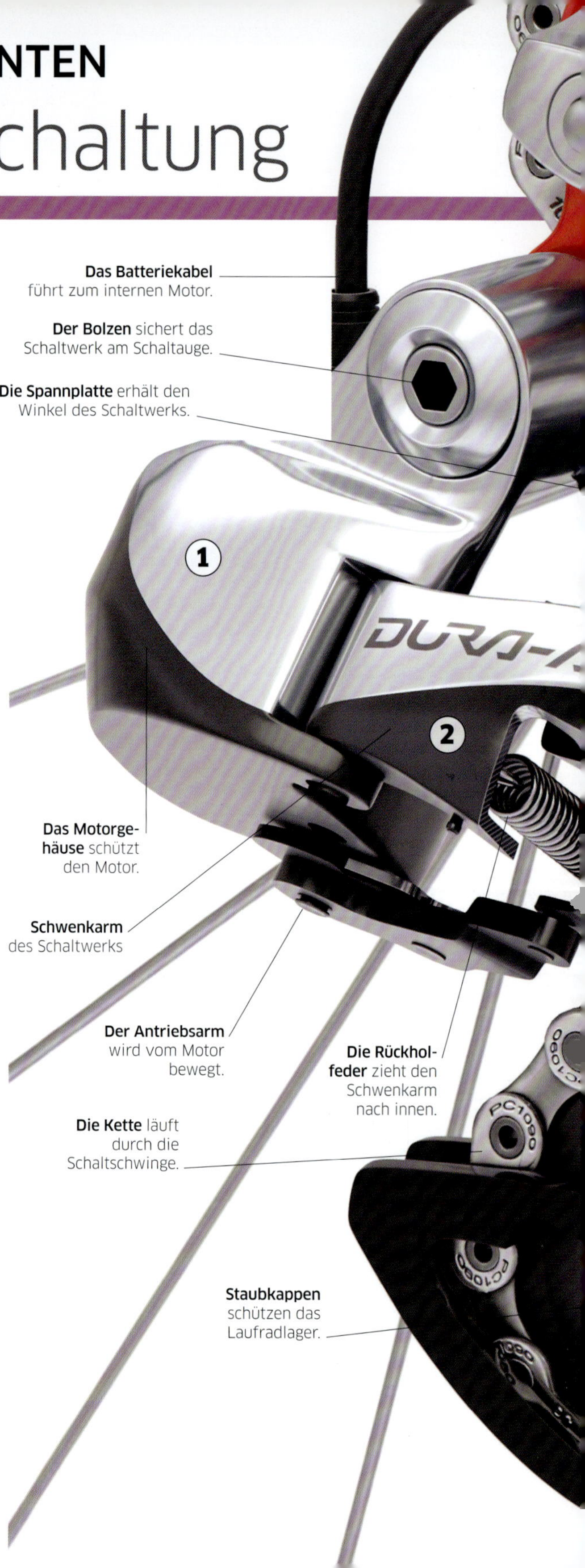

VORTEIL DER ELEKTRONIK

Die Kettenwechsler bei elektronischen Systemen sind wie mechanische aufgebaut, sie werden aber nicht von Hebeln mit Schaltzügen aktiviert, sondern mit elektronischen Knöpfen. Für alle Systeme gibt es eine Steuerung zur Gangeinstellung, die auch den Ladezustand der Batterie anzeigt.

ELEKTRONIKSCHALTUNG EINSTELLEN

Shimano Di2

Ein Elektronikantrieb wie der Shimano Di2 ist sehr zuverlässig – der Motor wechselt die Gänge immer gleichmäßig. Er braucht keinen Schaltzug mehr, der sich dehnen oder abnutzen kann. Nur, wenn sich das Schalten schwammig anfühlt oder wenn Sie eine neue Kassette gekauft haben, sollten Sie eine Feineinstellung durchführen.

VORBEREITUNGEN

- Die Batterie vollständig laden.
- Das Fahrrad in einen Montageständer setzen.
- Kassette und Kette auf Abnutzung überprüfen.

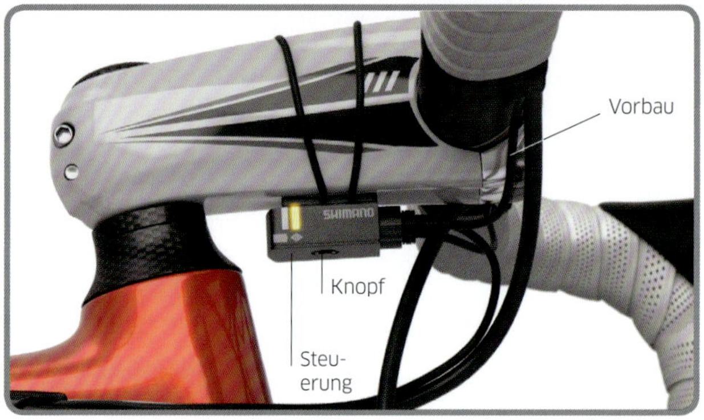

2 **Die Steuerung befindet sich** bei den meisten Fahrrädern unter dem Vorbau oder unter dem Sattel. Halten Sie den Knopf an der Steuerung so lange gedrückt, bis die rote LED blinkt.

1 **Schalten Sie mit den Knöpfen** am Schaltgriff die Kette auf ein mittleres Ritzel der Kassette, z.B. das vierte oder fünfte Ritzel. Vorne kann die Kette auf jedem Kettenblatt laufen.

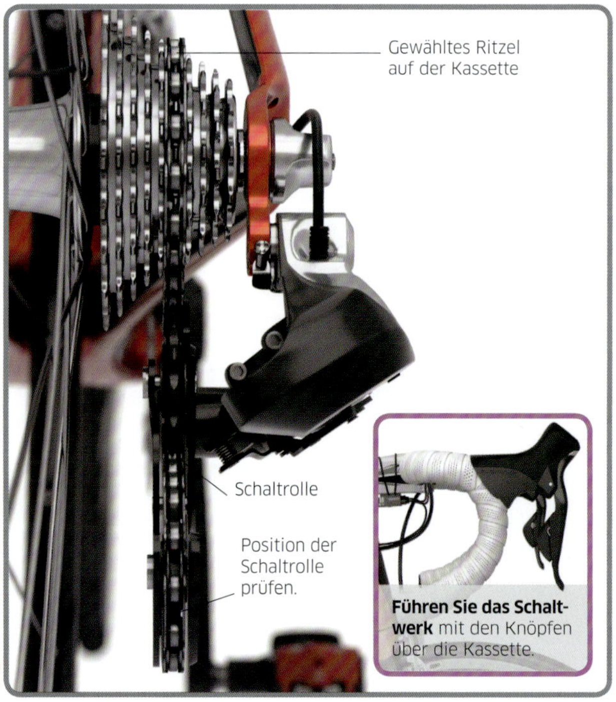

Führen Sie das Schaltwerk mit den Knöpfen über die Kassette.

3 **Passen Sie mit den Schaltknöpfen** die Position des Schaltwerks (mechanisch) relativ zur Kassette so an, dass die Zähne der Schaltrolle genau unter den Zähnen des ausgewählten Ritzels liegen.

WERKZEUG UND AUSRÜSTUNG

- Montageständer
- Satz Inbus-Schlüssel

Arbeitstipp: Die Di2 hat eine Schutzfunktion. Fällt das Fahrrad um, muss das System zurückgesetzt werden. Dazu drücken Sie den Knopf der Steuerung so lange, bis die LED blinkt, und schalten Sie alle Gänge durch – das Schaltwerk verschiebt sich und ist neu eingestellt.

4 **Schalten Sie die Steuerung** in den normalen Modus zurück. Die LED erlischt. Sie können nun wieder mit den Knöpfen schalten.

5 **Drehen Sie die Tretkurbeln** und wechseln Sie die Gänge. Rattert die Kette, steht das Schaltwerk nicht richtig: Stellen Sie weiter ein.

6 **Schalten Sie** in den niedrigsten Gang. Drehen Sie die »L«-Schraube, bis die Schaltrolle genau unter dem Ritzel liegt.

7 **Schalten Sie** in den größten Gang und drehen Sie die »H«-Schraube, bis die Zähne der Schaltrolle genau unter denen des kleinsten Ritzels stehen. Das Schaltwerk bewegt sich dabei zum Rahmen hin.

8 **Drehen Sie die Tretkurbeln und prüfen Sie,** ob die Schaltung korrekt funktioniert. Das Schaltwerk muss schnell und glatt in alle Gänge schalten. Tut es das nicht, müssen Sie es nochmals einstellen.

Umwerfer

Der Umwerfer bewegt die Kette seitwärts von einem Kettenblatt zum anderen. Beim Schalten wird der Schaltzug gespannt und zieht am Arm des Umwerfers, der den Käfig bewegt. Der Käfig drückt die Kette zur Seite, sodass sie in einem seitlichen Winkel läuft und entweder auf ein kleineres Kettenblatt fällt oder mithilfe der Steighilfen auf ein größeres wechseln kann. Der Umwerfer ist mit einer Schelle am Sitzrohr des Rahmens angebracht oder auf einen Rahmensockel geschraubt. Umwerfer bestehen aus einer Aluminiumlegierung, Stahl, Kunststoff oder Carbon.

GÄNGE WECHSELN

Durch Ziehen des Schalthebels wird der Schaltzug gespannt oder entspannt. Dadurch bewegt sich der Umwerfer seitlich und setzt die Kette auf ein Kettenblatt.

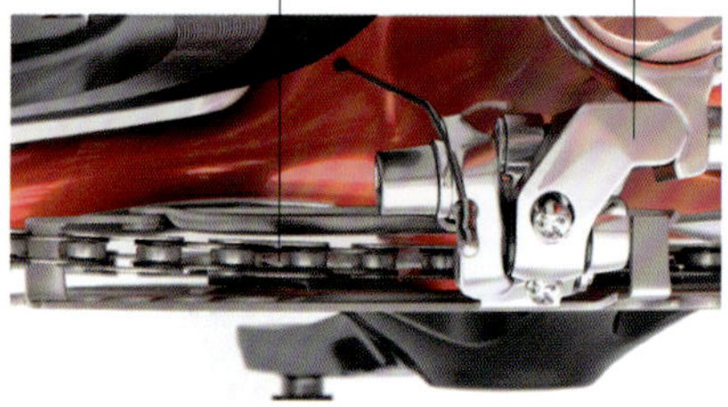

BAUTEILE IM FOKUS

Ein Umwerfer hat eine Parallelogrammführung mit Gelenken, einen »Käfig«, der die Kette führt, und eine Rahmenbefestigung.

(1) Der **Käfig** besteht aus zwei Leitblechen, in denen die Kette läuft. Das innere Blech schiebt die Kette nach außen und das äußere nach innen.

(2) **Steighilfen** an der Innenseite der größeren Kettenblätter heben die Kette an, sodass die Kettenglieder auf den Kettenblättern greifen.

(3) Die **Befestigung** kann eine Schelle (rechts) oder ein angelöteter Sockel sein, auf den der Umwerfer geschraubt wird. Beide Arten sind gebräuchlich.

(4) **Begrenzungsschrauben** verhindern, dass sich der Umwerfer zu weit bewegt und die Kette von den Kettenblättern abwirft. Sie müssen genau eingestellt sein (S. 142–143).

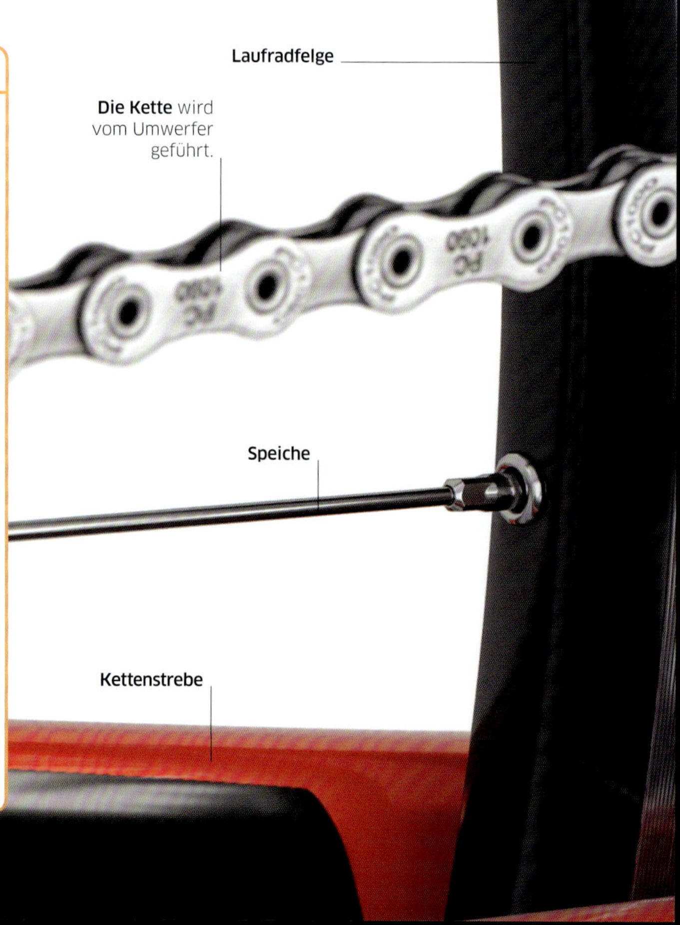

Die Parallelogrammführung bewegt den Käfig.
Der Schaltzug kann von oben oder von unten zum Umwerfer geführt werden.
Gelenke oben und unten ermöglichen die parallele Bewegung.
Am Sitzrohr befindet sich der Sockel zur Befestigung.
Die Klemmschraube hält den Schaltzug.
Die Rückholfeder zieht den Umwerfer nach innen.
Äußeres Leitblech
Inneres Leitblech
1
2
3
4
4
SRAM Red
PC 1090
130 BCD

KETTENWECHSLER EINSTELLEN

Umwerfer

Der Umwerfer bewegt die Kette von einem Kettenblatt auf ein anderes. Wenn die Kette beim Schalten rattert oder vom größten Kettenblatt rutscht, muss das Parallelogramm des Umwerfers neu eingestellt oder ersetzt werden.

VORBEREITUNGEN

- Das Fahrrad in einen Montageständer setzen.
- Kette (S. 158–159) und Schaltzug abbauen.
- Den Schaltzug vom Umwerfer lösen (umgekehrter Schritt 8).
- Den Umwerfer abbauen (umgekehrter Schritt 1).

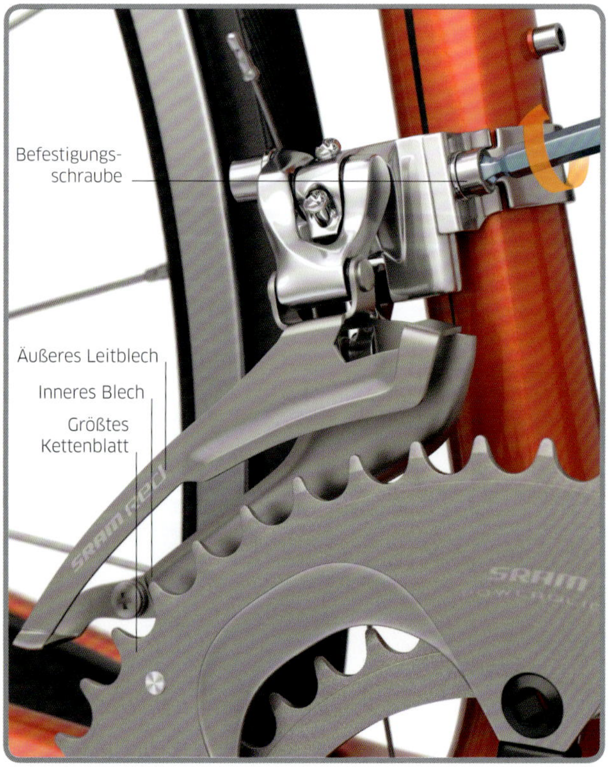

1 Positionieren Sie den Umwerfer so, dass das äußere Leitblech oberhalb und parallel zum größten Kettenblatt steht. Fixieren Sie ihn so, dass Sie ihn noch mit der Hand verstellen können.

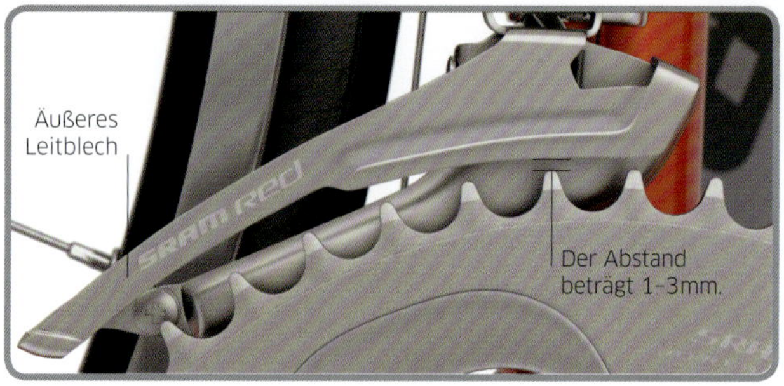

2 Stellen Sie die Höhe des Umwerfers nach Herstellerangaben korrekt ein. Normalerweise befindet sich der Umwerfer 1–3mm über dem größten Kettenblatt.

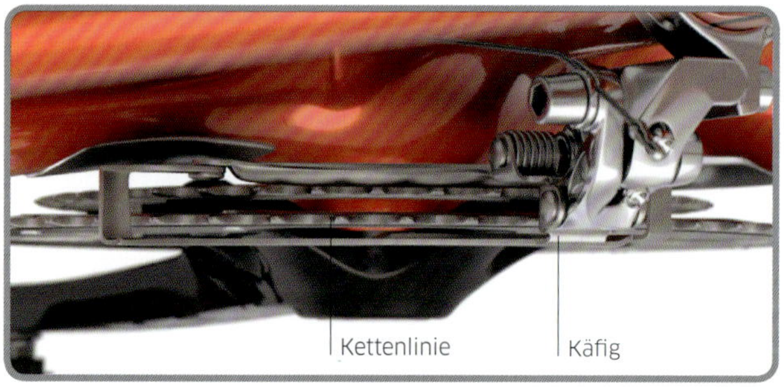

3 Sehen Sie sich die Kettenlinie von oben an. Dann verschieben Sie den Käfig mit der Hand zum oder vom Rahmen. Die beiden Leitbleche müssen parallel zu den Kettenblättern stehen.

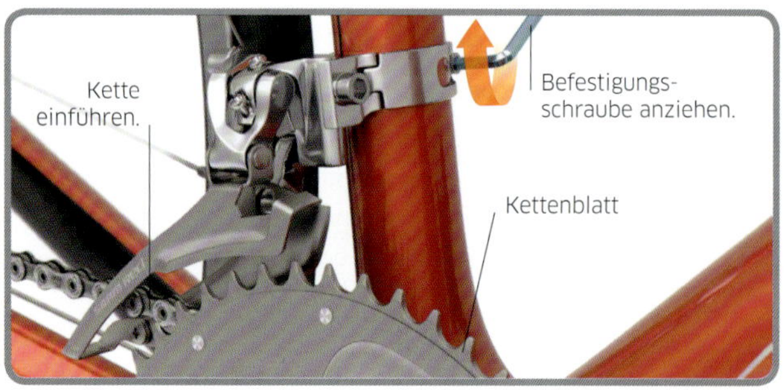

4 Wenn der Umwerfer korrekt sitzt, ziehen Sie die Befestigungsschraube fest an. Um die Kette einzuführen, lösen Sie die Verbindungsschraube zwischen den Leitblechen und ziehen Sie sie wieder fest.

WERKZEUG UND AUSRÜSTUNG

- Montageständer
- Satz Inbus-Schlüssel
- Bedienungsanleitung
- Kreuzschlitz-Schraubendr.
- Cuttermesser
- Schaltzugendkappe

Arbeitstipp: Wenn Schaltzüge rostig, schmutzig oder zerfasert sind, erschweren sie das Schalten. Solche Schaltzüge tauschen Sie am besten aus (S. 132–135), wenn Sie gleichzeitig einen neuen Umwerfer einbauen oder den vorhandenen neu einstellen.

5 **Schalten Sie die Kette** auf das kleinste Kettenblatt vorne und auf den niedrigsten Gang (größtes Ritzel) auf der Kassette hinten. Die Kette durchläuft damit die weiteste Strecke.

6 **Wenn Sie** einen neuen Schaltzug einbauen, schalten Sie auf das kleinste Kettenblatt und führen Sie den Schaltzug entlang der alten Kabelführung (S. 132–135). Den Schaltzug fixieren Sie noch nicht.

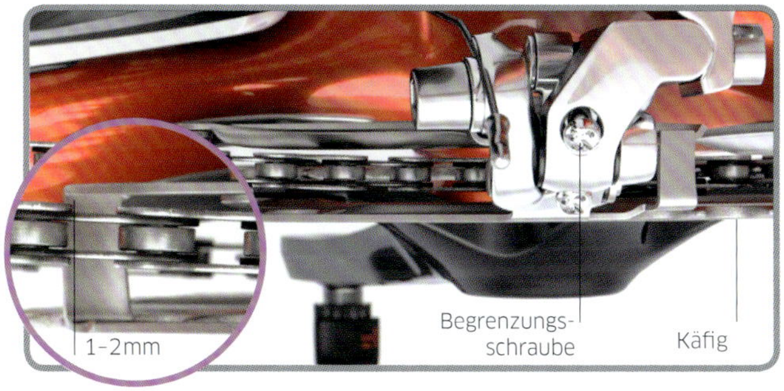

7 **Mit einem Schraubendreher** drehen Sie die innere Begrenzungsschraube (»L« an manchen Modellen), sodass sich das innere Leitblech ungefähr 1–2mm von der Innenseite der Kette befindet.

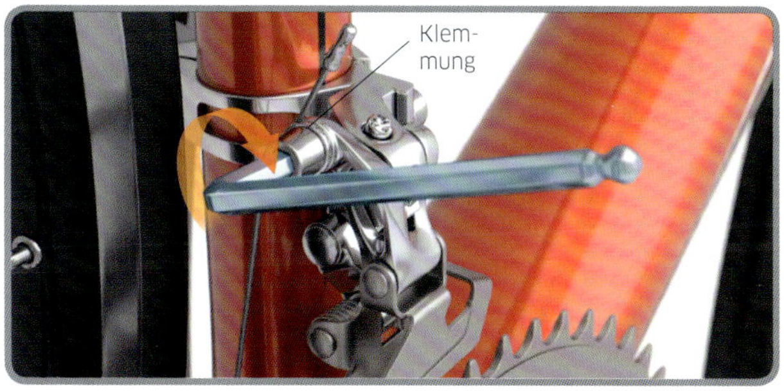

8 **Ziehen Sie Einstellschrauben** handfest an. Den Schaltzug führen Sie in die Klemmung und ziehen diese mit einem Inbus-Schlüssel fest an. Auf das Ende des Schaltzugs setzen Sie eine Endkappe.

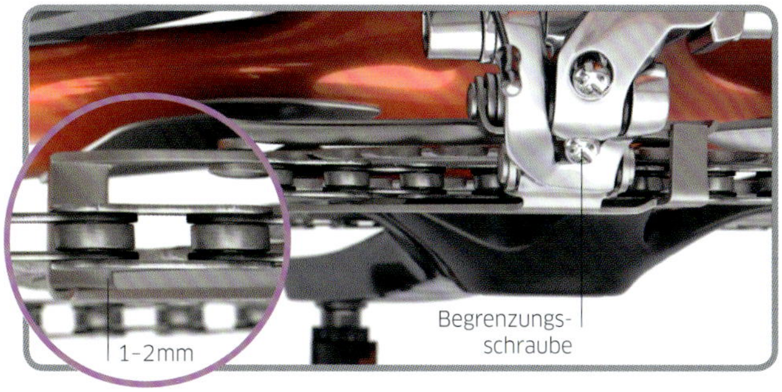

9 **Schalten Sie die Kette** auf das größte Kettenblatt und das kleinste Ritzel der Kassette. Die äußere Begrenzungsschraube »H« drehen Sie so weit, dass das äußere Leitblech 1–2mm von Kette entfernt ist.

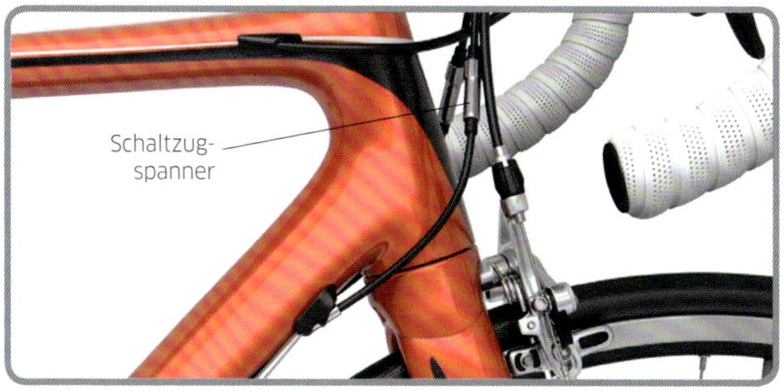

10 **Schalten Sie die Kette** zwischen den Kettenblättern hin und her. Wenn sie nicht glatt wechselt, drehen Sie in kleinen Schritten an dem Schaltzugspanner, um den Schaltzug anzupassen.

HAUPTKOMPONENTEN
Schaltwerk

Das Schaltwerk führt die Kette auf einzelne Ritzel der Kassette. Es hat einen Schwenkarm mit Parallelogrammführung. Betätigt wird das Schaltwerk am Schalthebel über den Schaltzug. Zieht man den Schalthebel, wird der Schaltzug gespannt oder entspannt. Die Rückholfeder sorgt dafür, dass das Schaltwerk bei entspanntem Schaltzug in die Ausgangsposition zurückkehrt. Für Schaltwerke sind unterschiedlich lange Schaltschwingen erhältlich. Bei Rennrädern wird häufig eine kurze Schaltschwinge benutzt, weil sie im Gegensatz zu Mountainbikes nur kleine Schaltkapazitäten benötigen.

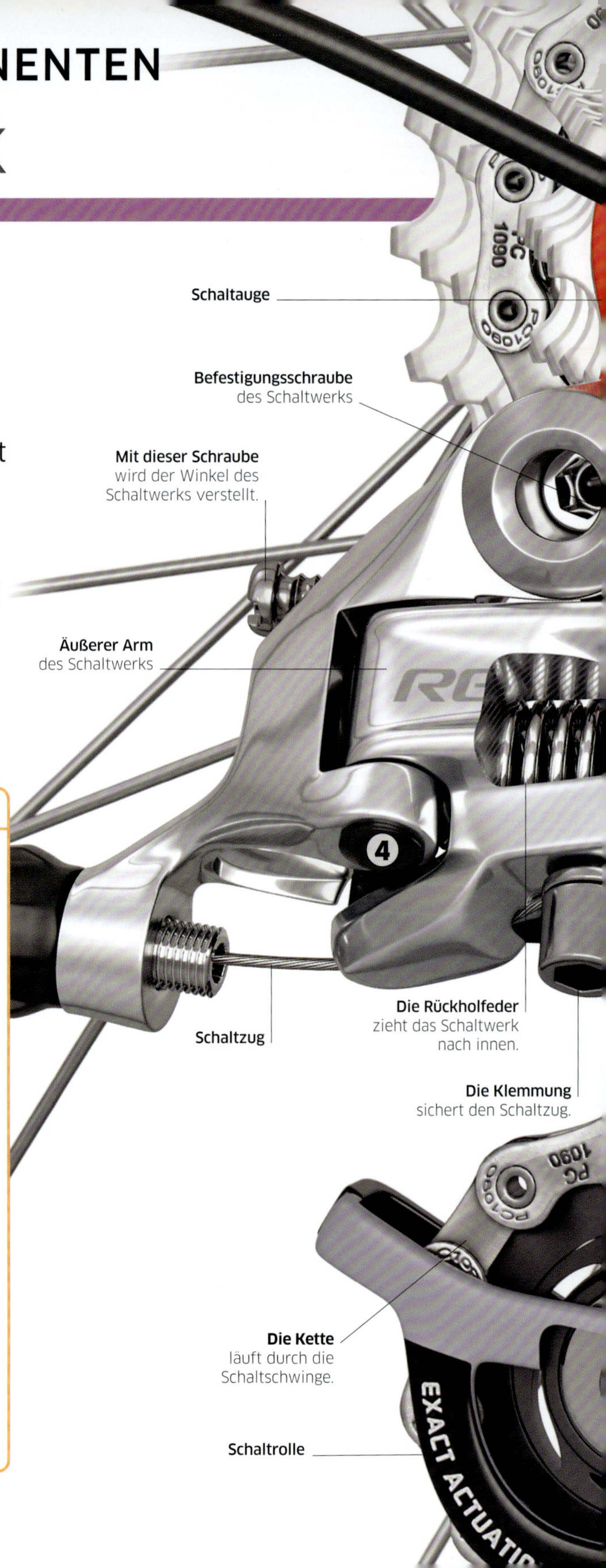

BAUTEILE IM FOKUS

Das Schaltwerk besitzt einen Schwenkarm, der die Kette führt, und eine Schaltschwinge, die die Kettenspannung erhält.

① Die **Schaltrollen** sitzen in einem Käfig am Schwenkarm. Mit der Rückholfeder halten sie die Kettenspannung aufrecht.

② Das **Schaltauge** befestigt das Schaltwerk am Rahmen. Es kann fest am Rahmen angebracht oder ein separates Teil sein.

③ Die **Begrenzungsschrauben** verhindern, dass das Schaltwerk über die äußeren Ritzel hinausschwenkt. Zur korrekten Einstellung des Schaltwerks siehe S. 148–149.

④ Durch **Drehpunkte** schwenkt das Schaltwerk unter der Kassette nach innen und außen.

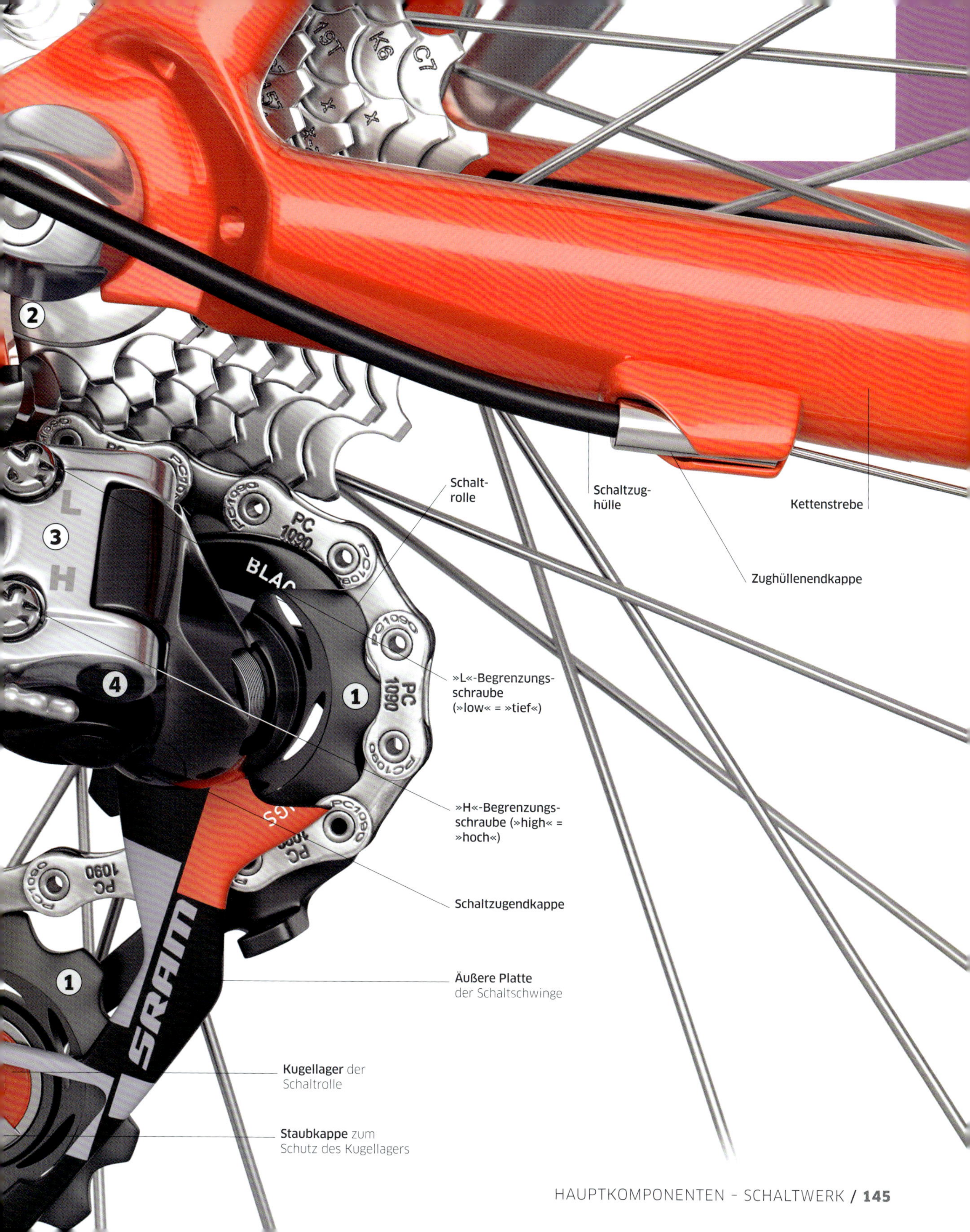
2
3
L
H
4
1
1
Schalt-
rolle
Schaltzug-
hülle
Kettenstrebe
Zughüllenendkappe
»L«-Begrenzungs-
schraube
(»low« = »tief«)
»H«-Begrenzungs-
schraube (»high« =
»hoch«)
Schaltzugendkappe
Äußere Platte der Schaltschwinge
Kugellager der Schaltrolle
Staubkappe zum Schutz des Kugellagers

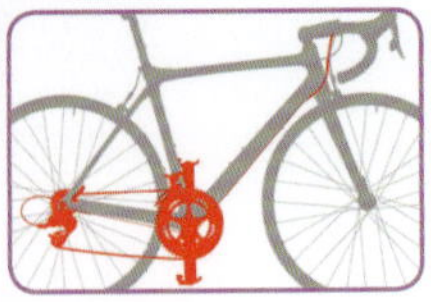

KETTENWECHSLER EINBAUEN
Schaltwerk

Das Schaltwerk führt die Kette zu den einzelnen Ritzeln der Kassette. Wenn der Mechanismus abgenutzt oder defekt ist, kann die Kette klemmen oder zwischen zwei Ritzel springen. Ein solches Schaltwerk muss man ersetzen.

VORBEREITUNGEN

- Das Fahrrad in einen Montageständer setzen.
- Die Kette entfernen (S. 158–159).
- Den Schaltzug abnehmen.
- Das Schaltwerk abbauen (umgekehrter Schritt 2).

1 **Fetten Sie die Befestigungsbohrung** innen ein, um das Schaltwerk anzuschrauben. Hat das Fahrrad ein Schaltauge am Rahmen, prüfen Sie, ob es gerade sitzt und fest angebracht ist.

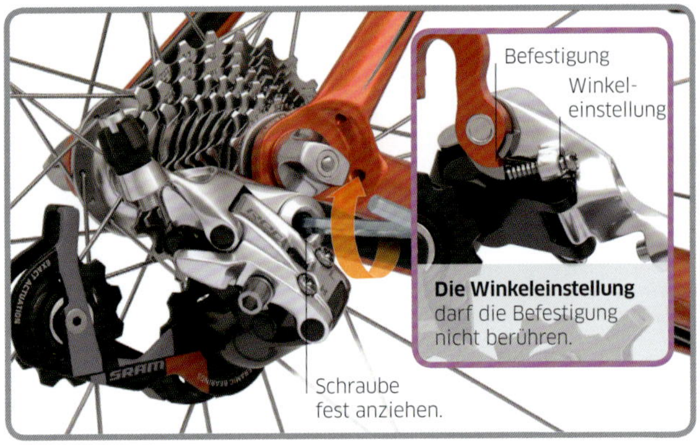

2 **Drehen Sie das Schaltwerk** um 90° von seiner normalen Position, führen Sie die Schraube in die Bohrung und ziehen Sie sie fest. Drücken Sie das Schaltwerk weg. Springt es zurück, ist es befestigt.

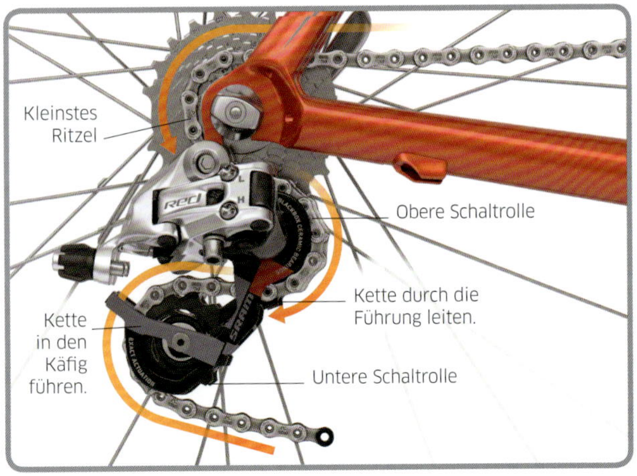

3 **Ein Ende** der Kette liegt auf dem kleinsten Kettenblatt. Das andere Ende führen Sie über das kleinste Ritzel, die Vorderseite der oberen Schaltrolle und die Rückseite der unteren Schaltrolle.

4 **Bringen Sie den Schaltzug** an (S. 132–135). Führen Sie ihn entlang des Rahmens durch Schaltzughüllen. Stecken Sie ihn in den Schaltzugspanner und befestigen Sie die letzten Abschnitte der Hülle.

WERKZEUG UND AUSRÜSTUNG

- Montageständer
- Fett
- Satz Inbus-Schlüssel
- Kettennieter oder Kettenschloss
- Schraubendreher
- Öl

Arbeitstipp: Nachdem Sie das Schaltwerk am Schaltauge angebracht haben, sprühen Sie am besten alle Gelenke und die Schaltrollen mit Öl ein.

5 **Führen Sie den Schaltzug** in die Klemmung am Schaltwerk. Straffen Sie ihn und ziehen Sie die Klemmung fest an.

6 **Das andere Ende** der Kette führen Sie durch den Umwerfer und ziehen es bis zur Vorderseite des kleinsten Kettenblatts.

7 **Führen Sie die beiden Enden** der Kette unter der Kettenstrebe zusammen. Ihre Position halten sie durch die Schwerkraft.

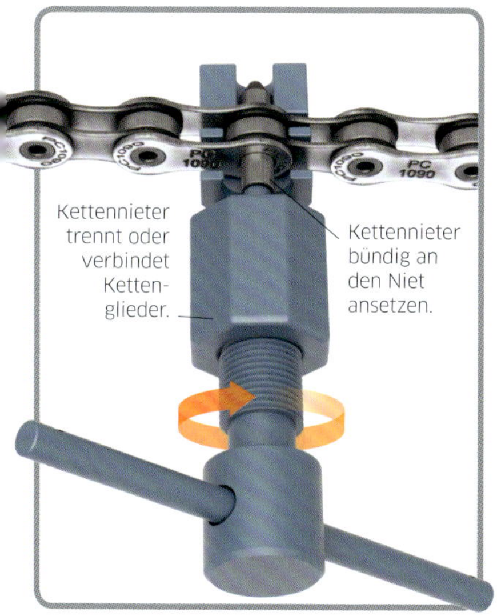

8 **Verbinden Sie die Enden** der Kette. Bei den meisten Ketten drücken Sie den Niet ein. Andere Ketten besitzen Kettenschlösser.

9 **Schalten Sie die Kette** auf das größte Ritzel der Kassette. Mit der Winkeleinstellung bringen Sie die obere Schaltrolle auf etwa 10mm unter das größte Ritzel. Mit diesem Abstand funktioniert das Schaltwerk effektiv, ohne dass die Ritzel die Bewegung stören.

KETTENWECHSLER EINSTELLEN

Schaltwerk

Mechanische Fahrradschaltungen hängen von der Spannung des Schaltzugs ab. Ist dieser richtig eingestellt, lassen sich die Gänge ruhig und leicht wechseln. Wenn aber die Kette rattert, auf einen anderen Gang rutscht oder gar überhaupt nicht wechselt, ist der Schaltzug wahrscheinlich nicht richtig gespannt. In diesem Fall müssen Sie das Schaltwerk neu einstellen.

VORBEREITUNGEN

- Den Schaltzug ersetzen, wenn er abgenutzt ist (S. 132–135).
- Das Schaltwerk reinigen und die Federn einölen.
- Das Fahrrad in einen Montageständer setzen.
- Die Kette auf das kleinste Kettenblatt schalten.

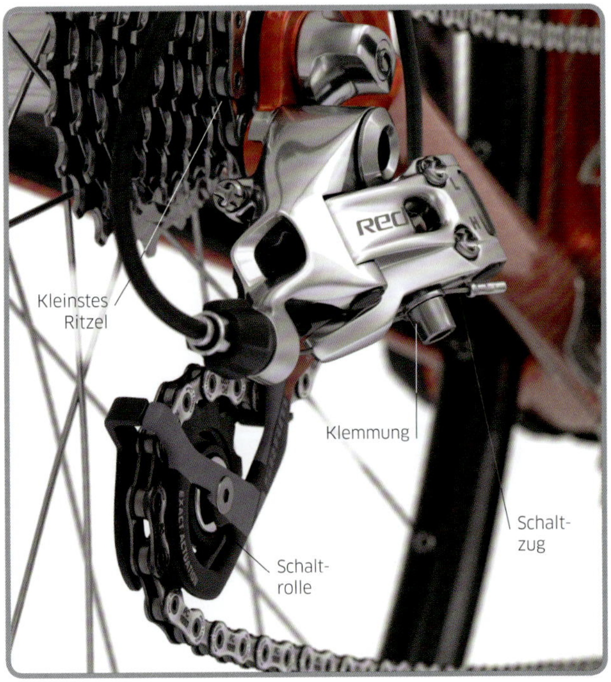

1 **Schalten Sie die Kette** auf das kleinste Ritzel der Kassette (den höchsten Gang) und auf das kleinste Kettenblatt. Damit wird der Schaltzug entspannt und hat sogar etwas Spiel.

2 **Lösen Sie die Klemmung** mit einem Inbus-Schlüssel und ziehen Sie den Schaltzug heraus. Drehen Sie den Schaltzugspanner im Uhrzeigersinn bis zum Anschlag und dann wieder eine Umdrehung zurück.

3 **Drehen Sie die Tretkurbeln** langsam mit einer Hand. Drücken Sie mit der anderen Hand das Schaltwerk nach innen, sodass die Kette auf das zweitkleinste Ritzel der Kassette klettert.

WERKZEUG UND AUSRÜSTUNG

- Lappen
- Öl
- Montageständer
- Satz Inbus-Schlüssel
- Kreuzschlitz-Schraubendreher

Arbeitstipp: Die Winkeleinstellung bestimmt den Winkel des Schaltwerks und den Abstand der oberen Schaltrolle zu den Ritzeln. Sie sollte nahe an der Kassette sein, sie aber nicht berühren. Dazu schalten Sie auf das größte Ritzel und drehen sie näher heran.

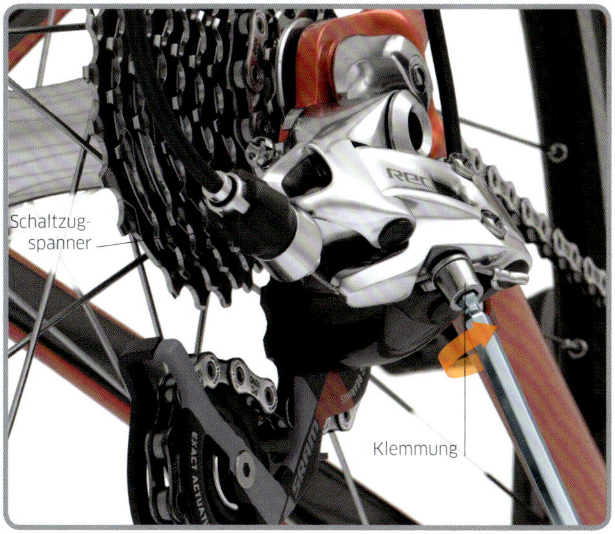

4 **Führen Sie den Schaltzug** in die Klemmung, straffen Sie ihn und ziehen Sie diese fest. Die obere Schaltrolle muss genau unter dem zweitkleinsten Ritzel sitzen. Korrigieren Sie dies mit dem Schaltzugspanner.

5 **Drehen Sie die Tretkurbeln** und testen Sie alle Gänge. Überspringt die Kette einen Gang, drehen Sie den Schaltzugspanner im Uhrzeigersinn. Wechselt die Kette zu langsam, drehen Sie ihn nach links.

6 **Mit der »H«-Schraube** stellen Sie die Begrenzung des Schaltwerks ein. Dazu schalten Sie auf das kleinste Ritzel und drehen die Schraube, bis die obere Schaltrolle direkt unter dem kleinsten Ritzel sitzt.

7 **Mit der »L«-Schraube** verhindern Sie, dass sich das Schaltwerk über das größte Ritzel verschiebt. Dazu schalten Sie auf dieses Ritzel und drehen die Schraube, bis die obere Schaltrolle darunter sitzt.

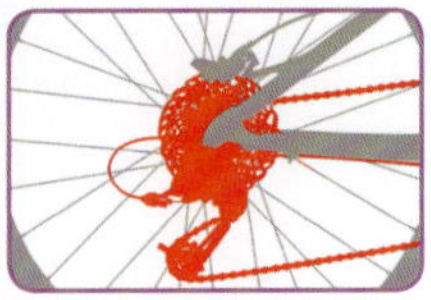

HAUPTKOMPONENTEN

Nabenschaltung

Eine Nabenschaltung besteht aus mehreren Zahnrädern in einem gekapselten Nabengehäuse am Hinterrad. Die Zahl der Gänge erstreckt sich von zwei oder drei bei einer traditionellen Nabe von Sturmey-Archer über sechs bis acht (Shimano) bis zu 14 in einer Nabe von Rohloff. Im Planetengetriebe kreisen in einem Hohlrad kleinere Zahnräder (Planeten) um ein zentrales (Sonne). Nabenschaltungen eignen sich für viele Räder, aber für Rennräder sind sie etwas schwer. Sie sind zuverlässig und fast wartungsfrei, weil sie in einem Gehäuse sitzen. Der Einbau ist einfach, aber wenn sie repariert werden müssen, müssen Sie Ihr Fahrrad in die Werkstatt bringen.

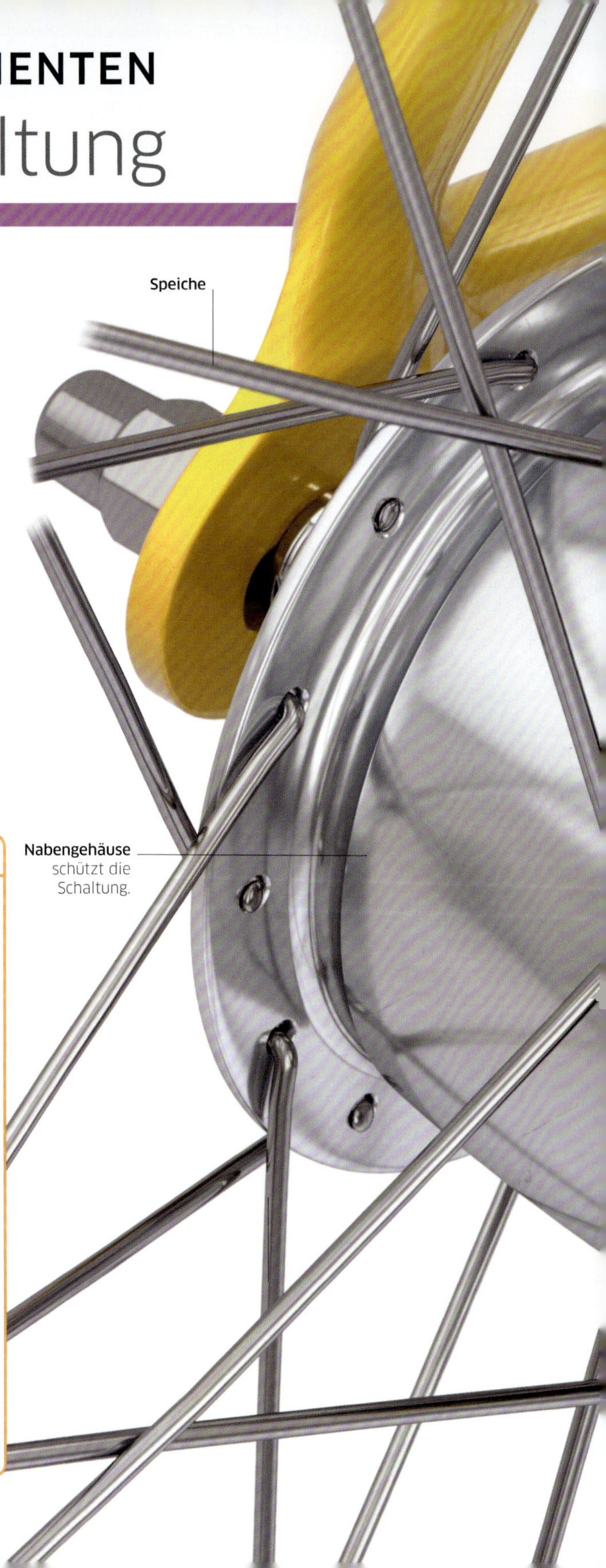

BAUTEILE IM FOKUS

Bei Nabenschaltungen wie Shimano Alfine 8 (rechts) muss nur immer wieder der Schaltzug neu eingestellt werden (S. 152–153).

(1) Die **gelben Markierungen** sind im Sichtfenster nicht mehr ausgerichtet, wenn die Spannung des Schaltzugs nachgestellt werden muss.

(2) Die **Schalteinheit** wechselt in der Nabe den Gang, wenn der Schaltzug durch den Schaltgriff am Lenker gespannt oder entspannt wird.

(3) Durch die **Wartungsöffnung** können Sie den Schaltzug entspannen und die Klemmung lösen, wenn Sie das Laufrad ausbauen wollen (S. 82–83).

(4) Die **Halterung** sichert den Schaltzug und mit dem Schaltzugspanner können Sie seine Spannung einstellen.

Sitzstrebe
Kettenstrebe
Schaltzug-endkappe
Im Sichtfenster sind Markierungen erkennbar.
Schaltzughülle mit Endkappe
Zahnkranz
1
2
3
4
Kontermutter der Nabe
Sicherungsscheibe im Ausfallende
Klemmung sichert den Schaltzug.
Im Ausfallende sitzen Laufrad und Nabe.
Radmutter zur Befestigung des Laufrads

NABENSCHALTUNG EINSTELLEN

Shimano Alfine 8

Nabenschaltungen sind bekannt für ihre Zuverlässigkeit und brauchen kaum Wartung. Aber die Schaltzüge können sich mit der Zeit dehnen und führen zu Problemen beim Schalten. Dieser Fehler ist auch ohne Werkzeug schnell behoben.

VORBEREITUNGEN

- Die Nabe mit Reinigungsbenzin säubern.
- Ein älteres Fahrrad auf den Kopf stellen, ein neueres aufrecht aufstellen.
- Einen freien Platz mit viel Raum zum Arbeiten vorbereiten.

1 **Das Sichtfenster** befindet sich entweder unten oder oben auf der Nabenschaltung. Dort sollten zwei gelbe Markierungen sichtbar sein. Notfalls müssen Sie das Sichtfenster reinigen.

2 **Setzen Sie die Nabenschaltung** in den Einstellmodus. Schalten Sie in den ersten Gang und dann zurück in den vierten. Dieser Gang wird bei einigen Modellen am Schaltgriff als Ziffer 4 angezeigt.

3 **Prüfen Sie im Sichtfenster** die gelben Markierungen. Sind sie nicht ausgerichtet (oben), müssen Sie den Schaltzug einstellen. Stimmen sie dagegen überein (Kasten), ist keine Einstellung erforderlich.

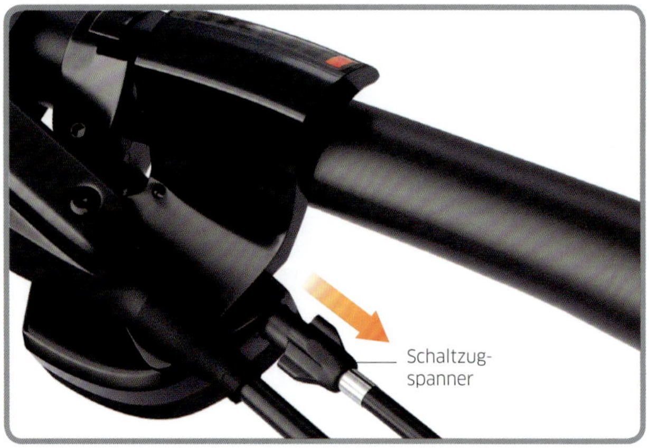

4 **Die Ausrichtung** erfolgt mit dem Schaltzugspanner, der sich gewöhnlich am Schalthebel befindet. Um seine Arretierung zu lösen, ziehen Sie den Rand nach außen. Jetzt ist die Schraube zugänglich.

WERKZEUG UND AUSRÜSTUNG

- Reinigungsbenzin
- Reinigungslappen

Achtung! Wenn die Nabenschaltung weiterhin Probleme bereitet, obwohl die Markierungen übereinstimmen, sollten Sie das Fahrrad in eine Werkstatt bringen. Wenn Sie eine Nabenschaltung selbst reparieren, können Sie sie dauerhaft beschädigen.

5 **Drehen Sie** am Schaltzugspanner, bewegt sich die rechte Markierung im Sichtfenster. Dazu drehen Sie ihn im oder gegen den Uhrzeigersinn, bis die Markierungen ausgerichtet sind.

6 **Anschließend** beenden Sie den Einstellungsmodus und schalten in den ersten Gang. Danach schalten Sie in den höchsten Gang und schließlich wieder zurück in den vierten.

7 **Prüfen Sie nun** die Ausrichtung der Markierungen. Stimmen sie immer noch nicht überein, wiederholen Sie die Schritte 2 bis 6. Ist die Ausrichtung erfolgreich abgeschlossen, machen Sie eine Testfahrt. Schalten Sie dabei alle Gänge durch. Dann prüfen Sie die Markierungen.

VARIATIONEN

Die Nabenschaltung Shimano Alfine ist mit acht oder elf Gängen erhältlich. Alle Modelle werden mit dieser Methode eingestellt. Die Unterschiede sind gering. Um sicher zu sein, lesen Sie in der Bedienungsanleitung nach.

- Shimano Alfine Nabenschaltungen mit acht Gängen werden im vierten Gang eingestellt. Die Elf-Gang-Schaltung wird im sechsten Gang eingestellt.
- Die Markierungen der Alfine 8 Nabenschaltung sind gelb, bei anderen sind sie rot oder grün.

NABENSCHALTUNG EINSTELLEN

Sturmey-Archer-Drei-Gang

Nabenschaltungen von Sturmey-Archer findet man seit Jahrzehnten an vielen Fahrrädern, von Alltagsfahrrädern bis hin zu modernen Falträdern. Die Nabe ist sehr zuverlässig, man kann sie aber nicht selbst warten. Lediglich gedehnte Schaltzüge können Sie selbst neu einstellen.

VORBEREITUNGEN

- Das Fahrrad in einen Montageständer setzen.
- Das Hinterrad muss zentriert im Rahmen sitzen.
- Schmutz und altes Fett an der Nabe, an den Ausfallenden und an den Streben abwischen.
- Den Schaltzug auf Beschädigung prüfen.

Der Gang zur Einstellung ist mit einem Kreis markiert.

1 **Setzen Sie die Nabenschaltung** in den Einstellungsmodus und schalten Sie dazu in den zweiten Gang. (Dieser ist allgemein der Einstellungsgang bei modernen Schaltungen.)

Schutzabdeckung

2 **Die Zugkette** und der Umlenkpunkt können bei modernen Fahrrädern unter einer Abdeckung liegen. Nehmen Sie diese vorsichtig ab, damit die Halteklammern nicht beschädigt werden.

12,5cm

Halterung

3 **Sitzt an der Kettenstrebe** eine Halterung, muss diese fest sitzen und mindestens 12,5cm von der Nabe entfernt sein. Um sie einzustellen, lösen Sie die Schraube an der Innenseite der Kettenstrebe.

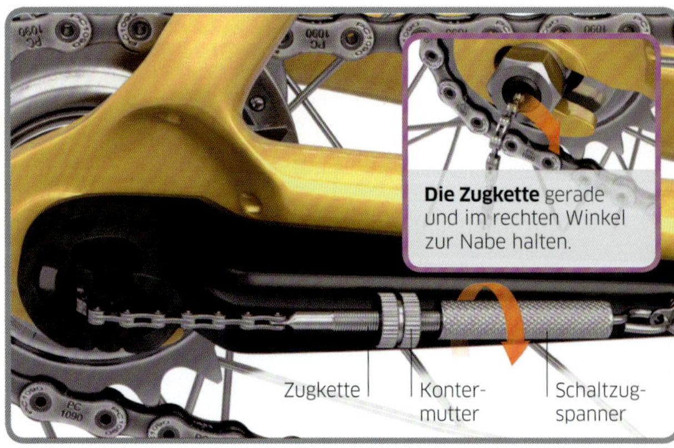
Die Zugkette gerade und im rechten Winkel zur Nabe halten.

Zugkette

Kontermutter

Schaltzugspanner

4 **Trennen Sie den Schaltzugspanner** von der Zugkette und halten Sie ihn so, dass er gerade aus der Nabe weist. Ziehen Sie ihn im Uhrzeigersinn fest an und lösen Sie ihn wieder eine halbe Umdrehung.

WERKZEUG UND AUSRÜSTUNG

- Montageständer
- Fettlöser oder Reinigungsbenzin
- Lappen
- kleiner Schraubendreher
- Fett

Achtung! Die Nabenschaltung kann Schaden nehmen, wenn sie nicht korrekt eingestellt ist. Gibt es Probleme beim Schalten oder rutschen die Gänge durch, sollten Sie die Schaltzugspannung prüfen. Wenn es aber nicht daran liegt, bringen Sie das Rad in eine Werkstatt.

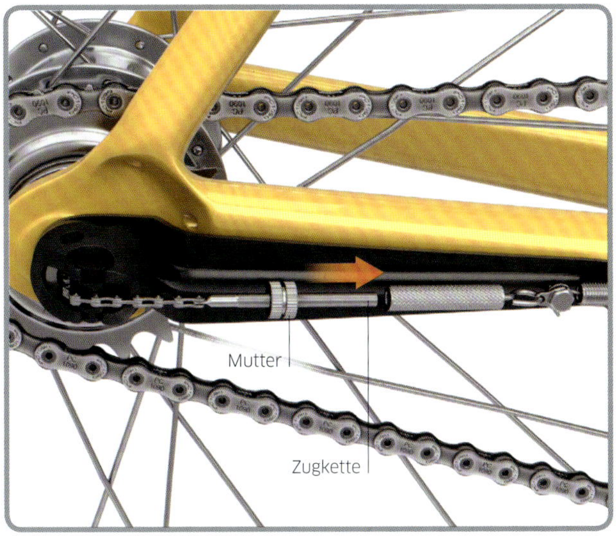

5 **Prüfen Sie die Zugkette** auf Schäden, reinigen Sie sie und und fetten Sie die Windungen ein. Schrauben Sie sie an den Schaltzugspanner. Lösen Sie die Kontermutter um wenige Umdrehungen.

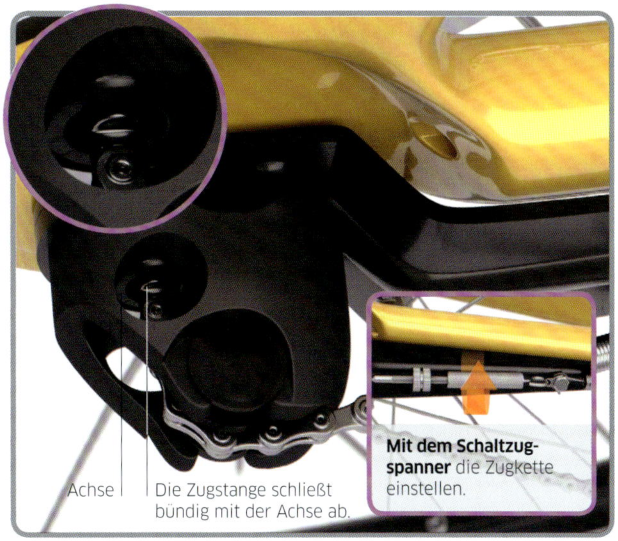

Mit dem Schaltzugspanner die Zugkette einstellen.

6 **Drehen Sie den Schaltzugspanner** so weit, dass das Ende der Zugstange bündig mit dem Achsenende abschließt. Zur Überprüfung dient das Sichtfenster.

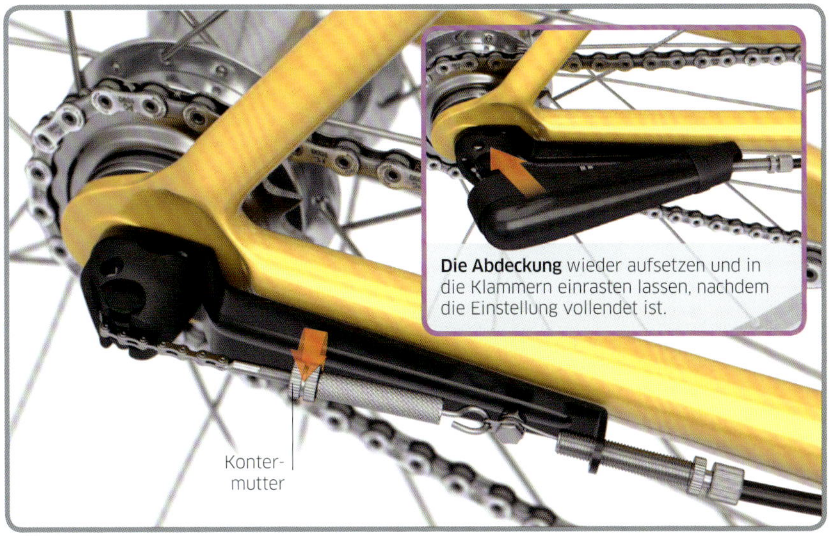

Die Abdeckung wieder aufsetzen und in die Klammern einrasten lassen, nachdem die Einstellung vollendet ist.

7 **Ziehen Sie die Kontermutter** an, um die neue Einstellung zu sichern. Testen Sie alle Gänge, um zu sehen, ob die Schaltung funktioniert. Setzen Sie dann die Abdeckung wieder auf. Unternehmen Sie zum Schluss eine Testfahrt und stellen Sie notfalls die Schaltung erneut ein.

FÜNF-GANG-NABE

Eine Sturmey-Archer Fünf-Gang-Nabe wird genauso eingestellt wie die Drei-Gang-Nabe.

- Man schaltet in den zweiten Gang und dreht den Schaltzugspanner, sodass die Zugstange nicht mehr als 2,5mm über das Achsenende hervorsteht.
- Die Kontermutter zieht man gegen den Schaltzugspanner an.
- Man schaltet in den fünften Gang, dreht die Pedale und schaltet wieder in den zweiten.
- Dann prüft man die Zugkette und stellt sie notfalls neu ein.

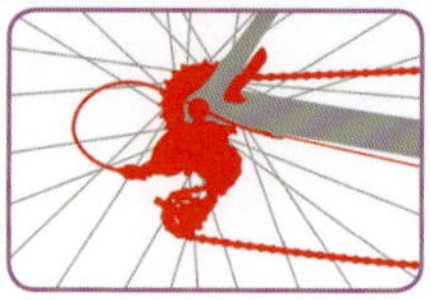

HAUPTKOMPONENTEN

Kette und Kassette

Kette und Kassette – das Ritzelpaket am Hinterrad – übertragen die Kraft von der Kurbelgarnitur zum Hinterrad und wandeln die Pedalkraft des Fahrers in eine Vorwärtsbewegung um. Die Kette besteht aus vielen Kettengliedern. Diese besitzen zwei Laschen, die über Bolzen und Rollen beweglich miteinander verbunden sind. Die Länge der Kette hängt von der Anzahl der Ritzel an der Kassette ab – sie liegt zwischen acht und zwölf. Die Kettenglieder passen genau auf die Zähne der Ritzel, die besonders geformt sind: Rillen auf den Zahnköpfen erleichtern der Kette den Übergang zwischen den Ritzeln.

BAUTEILE IM FOKUS

Die Kassette hat bis zu zwölf Ritzel mit unterschiedlich vielen Zähnen – zwischen zehn und 50 – für die verschiedenen Gänge.

(1) Der **Sicherungsring** fixiert die Kassette auf der Freilaufnabe. Zum Wechsel der Ritzel brauchen Sie Spezialwerkzeug (S. 160–161).

(2) Mehrere **Ritzel** unterschiedlicher Größe bilden die Kassette, mit der Sie verschiedene Gänge schalten. Das kleinste Ritzel ist der höchste Gang.

(3) Kassetten haben **Abstandshalter** zwischen den einzelnen Ritzeln. Ihre Anzahl hängt von der Zahl der Ritzel in der Kassette ab.

(4) Das **Schaltwerk** ist nicht Bestandteil der Kassette, sondern es führt die Kette beim Schalten auf die verschiedenen Ritzel.

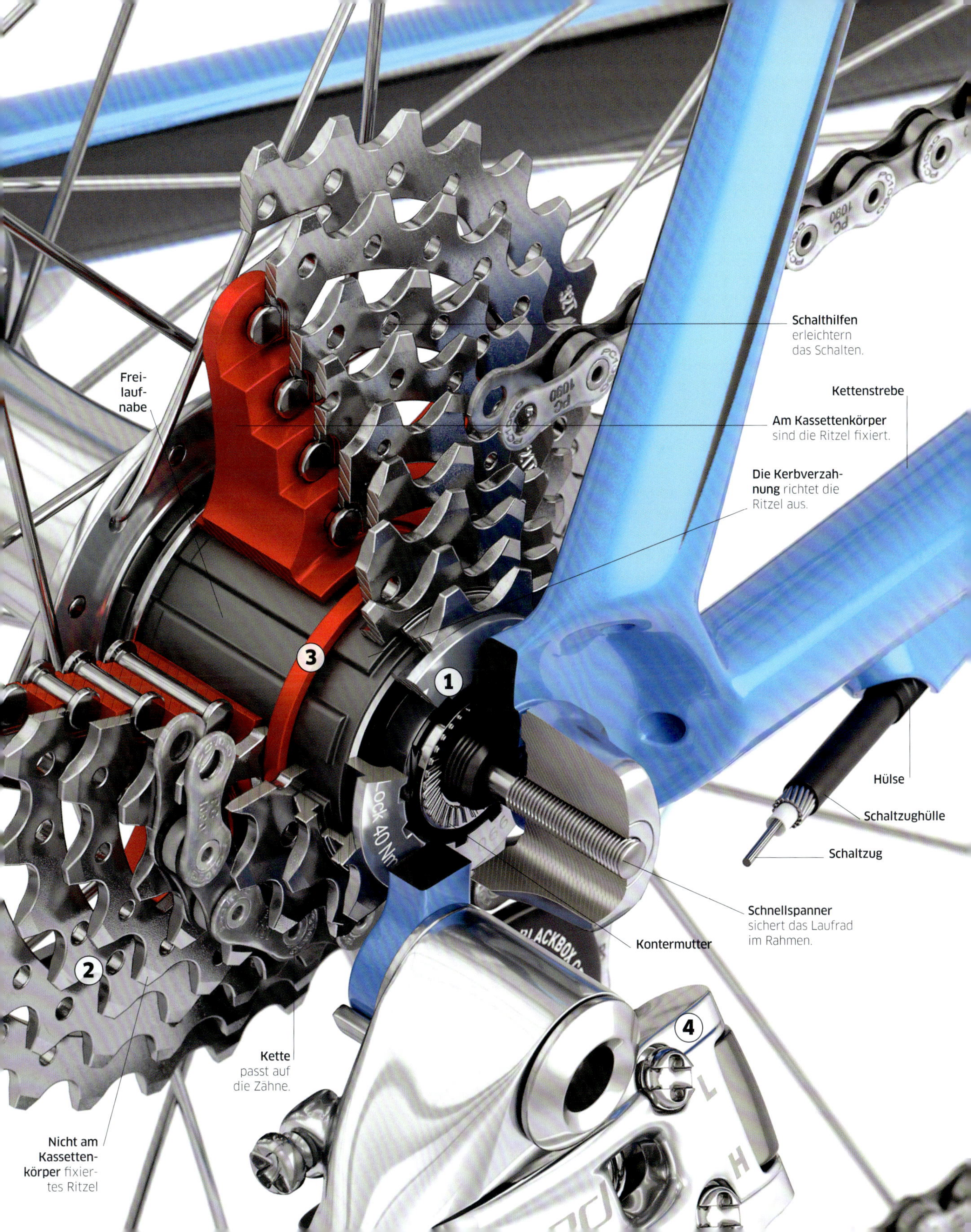
Schalthilfen erleichtern das Schalten.
Kettenstrebe
Frei-lauf-nabe
Am Kassettenkörper sind die Ritzel fixiert.
Die Kerbverzah-nung richtet die Ritzel aus.
3
1
Hülse
Schaltzughülle
Schaltzug
Schnellspanner sichert das Laufrad im Rahmen.
Kontermutter
2
4
Kette passt auf die Zähne.
Nicht am Kassetten-körper fixier-tes Ritzel

FAHRRADKETTE ABNEHMEN UND ERSETZEN
Fahrradketten

Fahrradketten werden ständig gedehnt, leicht verdreht und nutzen sich mit der Zeit ab. Damit sie ruhig laufen, müssen sie immer gut gefettet sein. Fett aber zieht Schmutz und Staub an. Rutschen sie durch, müssen sie ersetzt werden.

VORBEREITUNGEN

- Die Kette auf das kleinste Kettenblatt vorne und das kleinste Ritzel hinten schalten, um etwas Spiel zu erzeugen.
- Eine Kettenlehre auf die Kette legen. Versinken beide Dorne in der Kette, hat sie sich gedehnt und muss ersetzt werden.

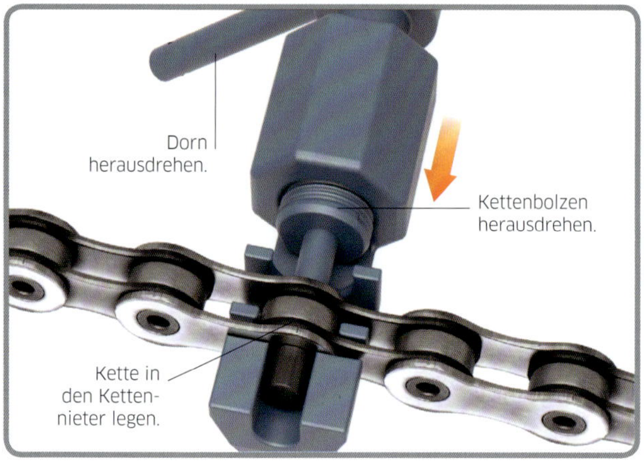

1 **Heben Sie die Kette** vom Kettenblatt ab und legen Sie sie auf das Tretlager. Setzen Sie den Kettennieter im unteren Teil der Kette an. Drehen Sie einen Bolzen heraus und öffnen und entfernen Sie die Kette.

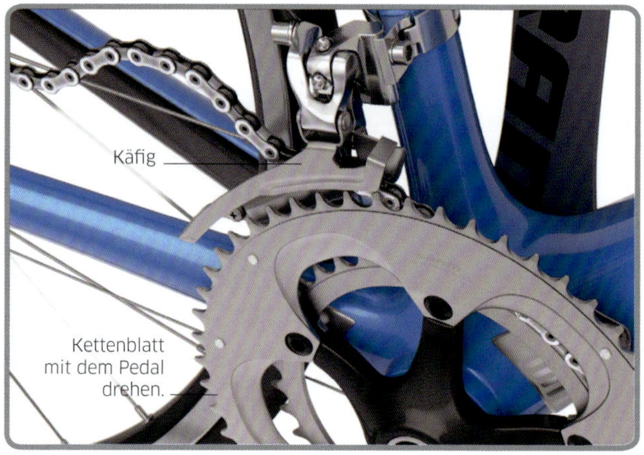

2 **Führen Sie die neue Kette** durch den Käfig des Umwerfers ein und legen Sie sie auf ein Kettenblatt. Mithilfe der Pedale ziehen Sie die Kette nach unten.

3 **Ziehen Sie das andere Ende** der Kette zum Schaltwerk und legen Sie sie auf das kleinste Ritzel der Kassette. Sie kann jetzt durch die Schaltschwinge geführt werden.

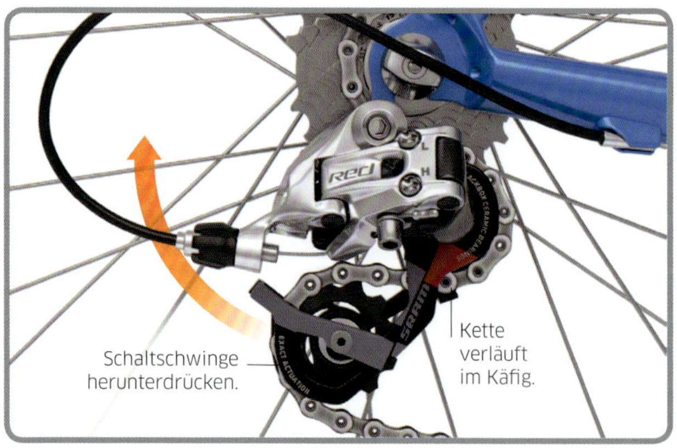

4 **Führen Sie die neue Kette** durch die Schaltschwinge. Dazu ziehen Sie sie vorsichtig im Uhrzeigersinn über die obere Schaltrolle und gegen den Uhrzeigersinn über die untere Schaltrolle.

WERKZEUG UND AUSRÜSTUNG

- Kettenlehre
- Kettennieter (auf die richtige Größe achten)
- Fett und Öl
- Spitzzange
- Kettenglieder und Bolzen

Arbeitstipp: Eine zu lange Kette müssen Sie kürzen, weil sie vom Kettenblatt springen kann. Um die richtige Kettenlänge herauszufinden, legen Sie sie um das größte Ritzel und um das größte Kettenblatt und kürzen sie zwei Glieder nach der Überlappung der Enden.

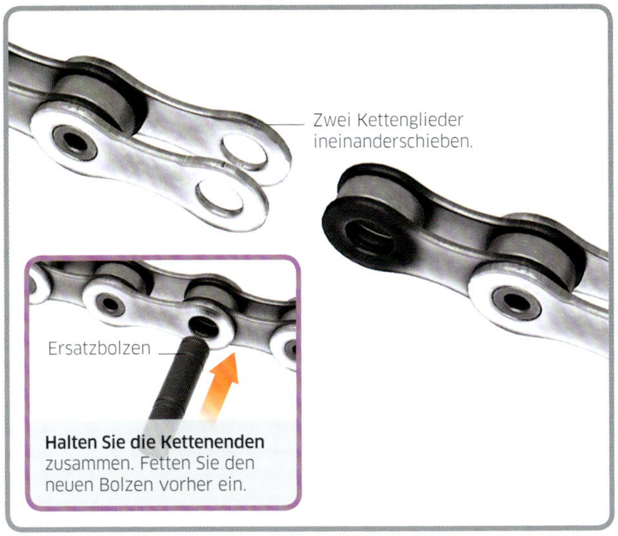

5 **Halten Sie die beiden Enden** der Kette unter der Kettenstrebe zusammen. Drücken Sie dann das dünnere Ende des Bolzens in die Rolle der beiden Kettenglieder.

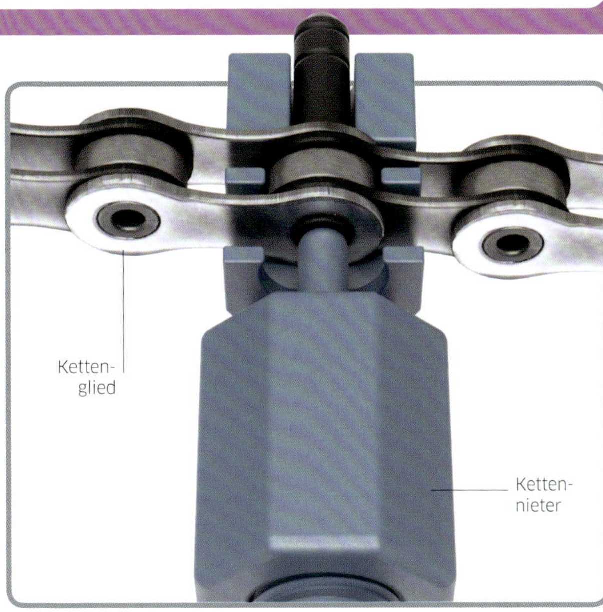

6 **Legen Sie die Kette** in die Führung des Kettennieters. Mit der Gewindeschraube des Kettennieters schrauben Sie den Bolzen in die Kettenglieder und schließen so die neue Kette.

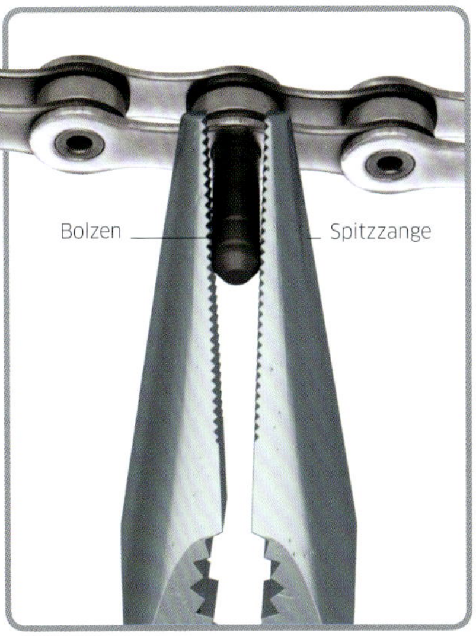

7 **Entfernen Sie das überstehende Bolzenende** mit einer Zange. Einige Kettennieter können das Ende ebenfalls kürzen.

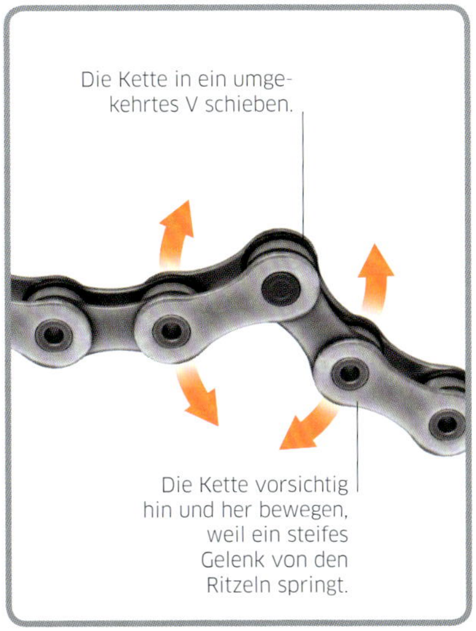

8 **Die Kette** fühlt sich am Gelenk steif an. Fetten Sie die Kettenglieder ein und bewegen Sie sie so lange, bis sie frei beweglich sind.

KETTENGLIEDER

Viele Hersteller bieten heute Ketten mit Schlössern an, die sich sogar ohne Werkzeuge öffnen und schließen lassen.

- Die SRAM-PowerLink hat zwei Endglieder mit je einem Bolzen. Setzen Sie beide Glieder zusammen und ziehen Sie an der Kette, um die Bolzen zu sichern.
- Ketten von Shimano haben einen gehärteten Verbindungsbolzen mit breiterem Ende.
- Ultralink (Campagnolo) wird mit Ersatz-Abschnitt verkauft, der mehrere Glieder ersetzen kann.

KASSETTE ABBAUEN UND WARTEN

Zahnkranzkassette

Kassetten nutzen sich relativ schnell ab – vor allem, wenn sie im Winter Schmutz, Schnee und Salz ausgesetzt sind. Sie können zwar auch am Laufrad gereinigt werden, aber für eine gründliche Reinigung werden sie vorher ausgebaut.

VORBEREITUNGEN

- Einen sauberen Platz vorbereiten, um alle Teile abzulegen.
- Das hintere Laufrad ausbauen (S. 80–81).
- Den richtigen Ringabnehmer für die Kassette auswählen.

1 **Um den Schnellspannbolzen** zu entfernen, schrauben Sie die Schnellspannmutter ab. Dann ziehen Sie den Bolzen vorsichtig aus der Nabe, damit die beiden konischen Federn nicht verloren gehen.

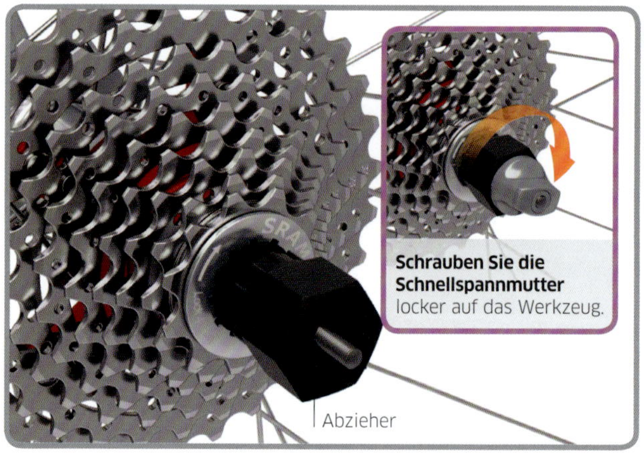

Schrauben Sie die Schnellspannmutter locker auf das Werkzeug.

2 **Führen Sie den richtigen Kassettenabzieher** mit dem gezackten Rand in den Verschlussring der Kassette. Setzen Sie die Schnellspannmutter auf den Abzieher, um ihn beim Drehen zu fixieren.

Drehen Sie den Abzieher mit einem Schlüssel nach links.

3 **Mit einer Kettenpeitsche** um das drittgrößte Ritzel verhindern Sie, dass sich die Kassette dreht. Mit einem verstellbaren Schraubenschlüssel drehen Sie den Abzieher, um den Verschlussring zu lösen.

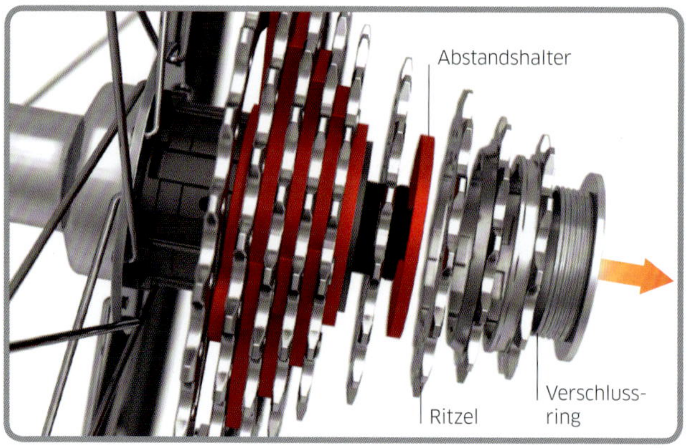

4 **Lösen Sie die Schnellspannmutter**, entfernen Sie den Abzieher und schrauben Sie den Verschlussring heraus. Beim Ziehen der Kassette von der Nabe lösen sich oft einige Ritzel und Abstandshalter.

WERKZEUG UND AUSRÜSTUNG

- Kassettenabzieher
- Kettenpeitsche
- Schraubenschlüssel
- Harte Bürste
- Fettlöser
- Seifenwasser

Arbeitstipp: Schmieren Sie die Rillen der Freilaufnabe mit einem dünnen Ölfilm ein, damit sie nicht rosten. Ist die Freilaufnabe bereits korrodiert, können Sie den Rost mit einer harten Bürste entfernen.

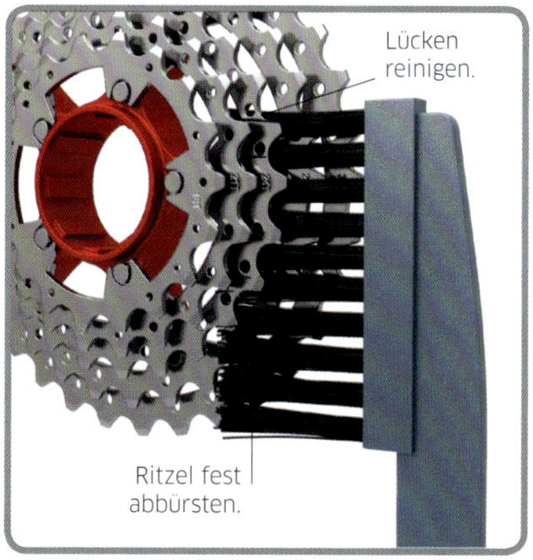

5 Reinigen Sie Kassette und Ritzelzähne mit einer harten Bürste und Fettlöser. Entfernen Sie die Reste mit Seifenwasser.

BAUTEILE IM FOKUS

Viele Kassetten passen nur auf bestimmte Naben, sodass Sie beim Kauf neuer Komponenten darauf achten müssen.

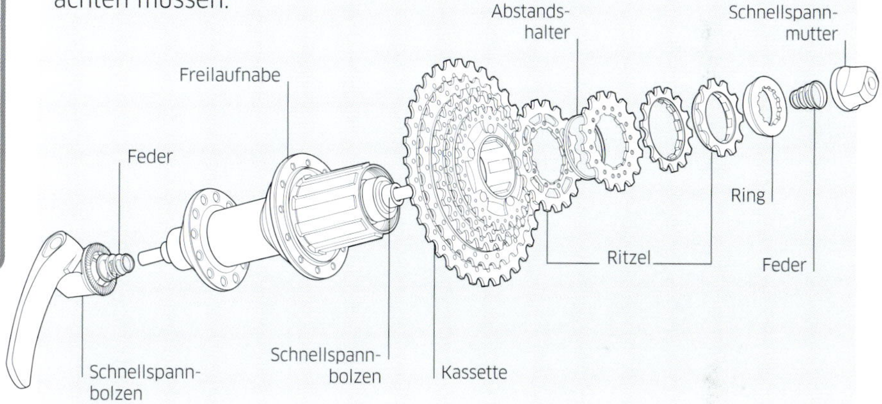

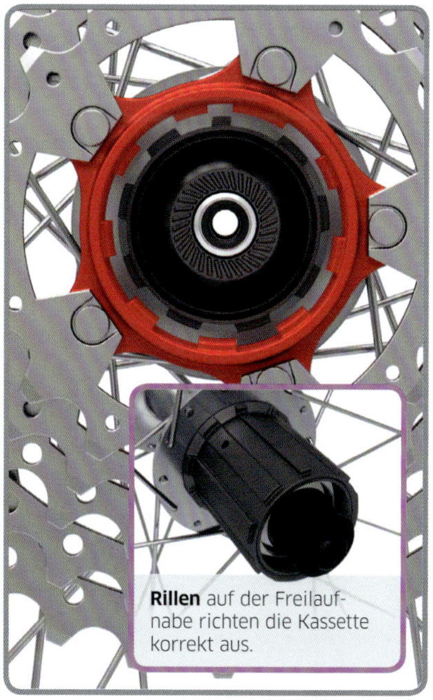

6 Richten Sie den Kassettenkörper an den Rillen der Freilaufnabe aus. Man kann ihn nur in einer Anordnung aufsetzen.

7 Schieben Sie Kassette und Ritzel auf die Freilaufnabe. Dabei müssen die Abstandshalter in der richtigen Reihenfolge sein.

8 Ziehen Sie die Kassette mit dem Abzieher und einem Schlüssel fest an und bauen Sie Laufrad und Kette wieder an.

RATGEBER Kurbelgarnituren

Zur Kurbelgarnitur zählen die Kurbeln und die Kettenblätter. Bei der Wahl einer Kurbelgarnitur spielen die Größe der Kettenblätter und die Anzahl der Zähne eine Rolle, weil sie die Gangwahl beeinflussen. Auch die Länge der Kurbel muss zur Beinlänge passen, damit Sie leicht treten können. Die Kurbelgarnitur muss auch Ihrem Fahrstil entsprechen. Oft bestehen die

ART	EIGNUNG	KOMPONENTEN
SCHNELLE STRASSENRÄDER Für diese Räder sollten die Kurbelgarnituren leicht, aber sehr steif sein. Sie besitzen häufig größere Kettenblätter, weil den Rennfahrern dann größere Übersetzungsbereiche zur Verfügung stehen.	■ **Rennen** und andere Straßenwettkämpfe	■ **Kurbel und Kurbelstern** werden in einem Teil hergestellt. ■ **Die beiden Kettenblätter** müssen zu Zehn- bis Elf-Gang-Kassetten passen. ■ **Die Welle** wird von der rechten Seite auf Kerben eingepresst und auf der linken Seite befestigt.
TRAININGS-/CYCLO-CROSS-/ SPORTLICHE RÄDER Diese mittelklassigen Kurbelgarnituren bieten ähnliche Leistung wie teurere Versionen. Sie sind steifer und wiegen mehr als die besten Modelle und eignen sich daher eher für allgemeines Fahren.	■ **Allgemeine Straßenfahrten,** Trainingsfahrten oder sportliche Fahrten ■ **Cyclo-Cross-Rennen** ■ **Gravel-Fahrten**	■ **Kurbel und Kurbelstern** werden in einem Teil hergestellt. ■ **Die beiden Kettenblätter** müssen zu Zehn- bis Elf-Gang-Kassetten passen. ■ **Die Welle** wird von der rechten Seite auf Kerben eingepresst und auf der linken Seite befestigt.
BAHNRÄDER/ EIN-GANG-RÄDER Diese Kurbelgarnituren haben breitere Zähne und nur ein Kettenblatt. Sie sind sehr steif, damit sie den hohen Pedalkräften standhalten.	■ **Bahnrennen** ■ **Ein-Gang-Rad** für Stadtfahrten	■ **Kurbel und Kurbelstern** werden in einem Teil hergestellt. ■ **Zu breiteren Kettenblättern** passt normalerweise nur eine 3,18mm breite Kette. ■ **Die Welle** sitzt normalerweise in einem Tretlager.
MOUNTAINBIKES Hier gibt es Kurbelgarnituren mit dreifachen Kettenblättern für einen großen Übersetzungsbereich und auch mit doppelten Kettenblättern, um Gewicht zu sparen. Ein einzelnes Kettenblatt wird häufig wegen seiner Einfachheit gewählt.	■ **Bergfahrten**, wenn das Fahrrad drei Kettenblätter mit niedrigen Gängen besitzt ■ **Bergabfahrten** mit einem einzigen Kettenblatt	■ **Kurbel und Kurbelstern** werden in einem Teil hergestellt. ■ **Die beiden Kettenblätter** müssen zu Zehn- bis Elf-Gang-Kassetten passen. ■ **Die Welle** wird von der rechten Seite auf Kerben eingepresst und auf der linken Seite befestigt.

Komponenten aus leichtem Aluminium, doch hochwertige Kurbelgarnituren für Straßenräder sind aus Carbon gefertigt, weil sie dann noch leichter sind. Für intensive Geländefahrten brauchen Sie eine sehr viel stärkere Kurbelgarnitur, damit die Kette während der Fahrt nicht von Steinen oder Trümmern aus dem Gelände beschädigt wird oder sogar reißt.

MATERIALIEN	VARIATIONEN	WARTUNG
■ **Kurbeln und Kurbelstern** sind aus Aluminium. Die Kurbeln sind hohl. ■ **Hochwertige Kurbelgarnituren** besitzen Kurbeln aus Carbon und Kettenblätter aus gehärteten Legierungen. ■ **Die Welle** ist hohl und allgemein aus Leichtmetall.	■ **Die Kurbeln sind** für verschiedene Beinlängen 165–175mm lang. In der Regel sind sie 172,5mm lang. ■ **Beliebte Kettenblätter** haben 53–39 Zähne oder im mittleren Bereich 52–36 Zähne.	■ **Brüche** sind selten, aber nach einem Stoß müssen die Kurbeln auf Risse überprüft werden. ■ **Runde Zähne** weisen auf starke Abnutzung hin, sodass Sie die Kettenblätter ersetzen müssen.
■ **Kurbeln und Kurbelstern** sind aus Aluminium. ■ **Die Kurbeln** sind häufig hohl, bei preiswerteren Modellen auch massiv. ■ **Die Welle** ist hohl und allgemein aus Leichtmetall. ■ **Preiswerte Räder** haben ein Tretlager mit Vierkantkonus.	■ **Die Kurbeln sind** für verschiedene Beinlängen 165–175mm lang. Normalerweise sind sie 172,5mm lang. ■ **Beliebte kompakte Kettenblätter** haben 50–34 Zähne. ■ **Cyclo-Cross-Kettenblätter** nutzen auch 46–34 Zähne.	■ **Brüche** sind selten, aber nach einem Stoß müssen die Kurbeln auf Risse überprüft werden. ■ **Runde Zähne** weisen auf starke Abnutzung hin, sodass Sie die Kettenblätter ersetzen müssen.
■ **Kurbeln und Kurbelstern** sind aus Aluminium. ■ **Die Welle** ist hohl und allgemein aus Leichtmetall. ■ **Die Kettenblätter** können aus Aluminium oder Stahl bestehen.	■ **Die Kurbeln sind** 165–175mm lang. ■ **Längere Kurbelgarnituren** können in Kurven oder bei Schräglagen im Gelände den Boden berühren. ■ **Beliebte Kettenblätter** haben 48–49 Zähne.	■ **Geländefahrten** fördern die Abnutzung der Kettenblätter, sodass Sie sie und die Kette regelmäßig überprüfen sollten. ■ **Die Kurbeln** müssen Sie auf Beschädigungen oder Risse überprüfen.
■ **Kurbeln und Kurbelstern** sind häufig aus Aluminium. ■ **Die Kurbeln** sind häufig hohl, bei preiswerteren Modellen auch massiv. ■ **Die Welle** ist ein Vierkantkonus und sitzt in einem passenden Tretlager.	■ **Die Kurbeln sind** für verschiedene Beinlängen 165–175mm lang. Normalerweise sind sie 172,5mm lang. ■ **Beliebte Kettenblätter** haben 40–28 Zähne oder im mittleren Bereich 38–26 Zähne. ■ **Dreifache Kettenblätter** haben 40–32–22 Zähne.	■ **Brüche** sind selten, aber nach einem Stoß müssen die Kurbeln auf Risse überprüft werden. ■ **Spiel im Tretlager** und eine durchhängende Kette müssen überprüft und notfalls ausgetauscht werden.

HAUPTKOMPONENTEN

Kurbelgarnituren

Die Kurbelgarnitur besteht aus den Kurbeln und den Kettenblättern. Sie überträgt die Kraft vom Tretlager über die Kette auf das Hinterrad. Vierkanteinheiten (S. 168–169) älterer Räder werden auf die Tretlagerwelle geschraubt, während moderne Kurbelgarnituren (S. 166–171) mit einer ein- oder zweiteiligen Welle verbunden sind. Tourenräder und einige Mountainbikes haben drei Kettenblätter. Straßenräder sind mit zwei Kettenblättern ausgestattet, während einige Cyclo-Cross-Räder, Gravel Bikes und einige Mountainbikes nur ein Kettenblatt besitzen. Kurbelgarnituren bestehen aus Carbon oder Aluminium.

BAUTEILE IM FOKUS

Die Kurbelgarnitur besteht aus den Kurbeln und einem bis drei Kettenblättern, die zwischen 22 und 53 Zähne besitzen.

① Die beiden **Kurbeln** übertragen die Kraft des Radfahrers auf Kettenblatt und Kette, die wiederum die Kassette am Hinterrad antreiben.

② Der **Kurbelstern** ist ein Teil der rechten Kurbel und besteht aus mehreren Armen, an die die Kettenblätter angeschraubt werden.

③ Die **Welle** verbindet beide Kurbeln. Sie ist ins Tretlager geschraubt oder integriert. Ein größerer Durchmesser erhöht die Steifheit der Garnitur.

④ Die **Tretlagerschalen** sind in den Rahmen geschraubt oder gepresst und sorgen dafür, dass sich die Kurbelgarnitur ruhig drehen kann.

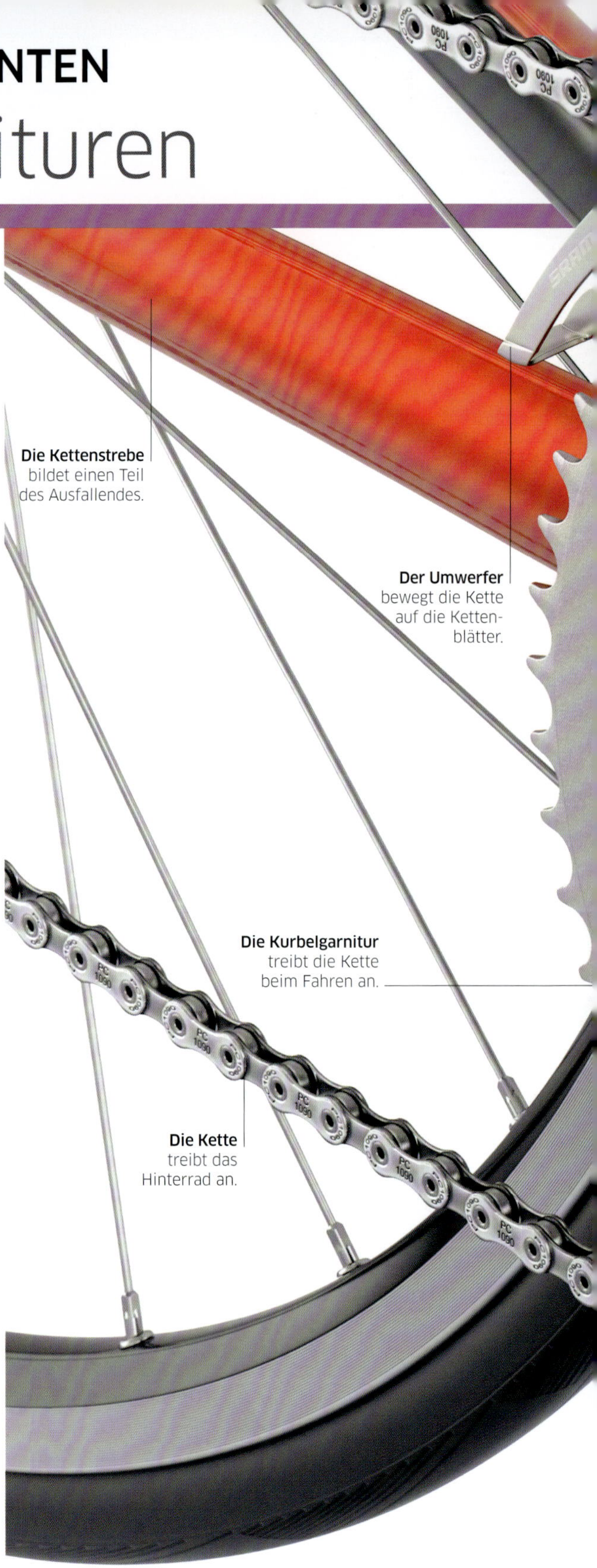

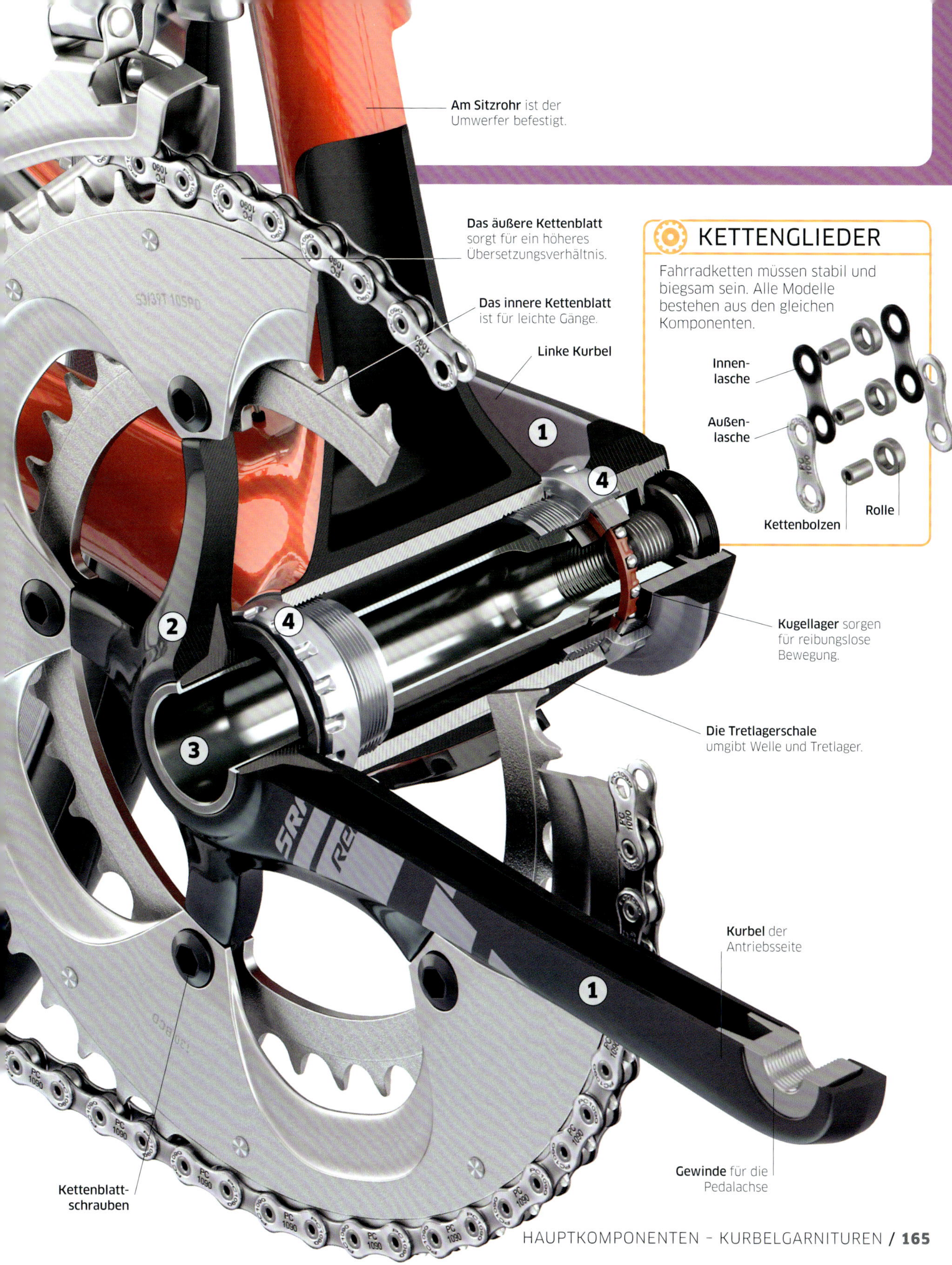

KETTENGLIEDER

Fahrradketten müssen stabil und biegsam sein. Alle Modelle bestehen aus den gleichen Komponenten.

KURBELGARNITUR AB- UND ANBAUEN

Shimano HollowTech II

Die Kurbelgarnitur Shimano HollowTech besitzt eine hohle Welle, die dauerhaft fest mit dem rechten Kurbelarm verbunden ist. Der linke Kurbelarm wird dagegen angeschraubt. Um das Tretlager zu warten oder zu ersetzen, müssen Sie deshalb die Kurbelgarnitur abbauen.

VORBEREITUNGEN

- Das Fahrrad in einen Montageständer setzen.
- Einen leeren Platz vorbereiten, um alle Teile abzulegen.
- Ein Abdecktuch auf den Boden legen, um Öl aufzufangen.
- In der Bedienungsanleitung nach dem korrekten Drehmoment für die Kurbelschraube nachsehen.

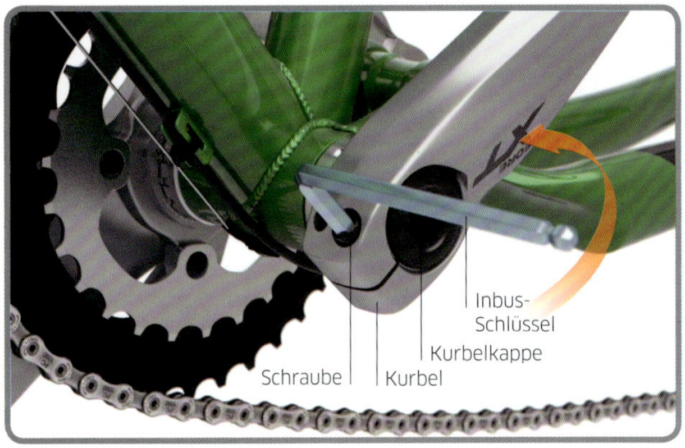

1 **Lösen Sie mit einem 5-mm-Inbus-Schlüssel** die beiden Schrauben an der linken Kurbel, aber ziehen Sie sie nicht heraus. Die Schrauben werden später auf der linken Rahmenseite abgelegt.

2 **Entfernen Sie die Kurbelkappe** mit einem Spezialwerkzeug. Drehen Sie sie gegen den Uhrzeigersinn. Drücken Sie mit einem schmalen Schlitzschraubendreher die Sicherungsplatte nach oben.

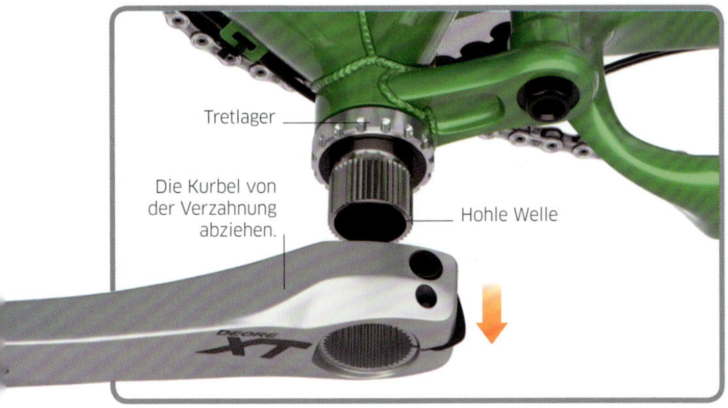

3 **Mit der hochgeschobenen Platte** ziehen Sie die linke Kurbel von der Verzahnung der Welle. Lässt sie sich nicht frei bewegen, wackeln Sie leicht seitlich an ihr, damit sie sich löst.

4 **Legen Sie die Kette mit dem Umwerfer** auf das kleinste Kettenblatt. Legen Sie sie dann auf das Tretlager und lassen Sie sie herunterhängen. So stört sie nicht, wenn Sie die Garnitur abziehen.

WERKZEUG UND AUSRÜSTUNG

- Montageständer
- Abdecktuch
- 5mm-Inbus-Schlüssel
- Kappenabnehmer
- Schlitzschrauben-dreher
- Gummihammer
- Lappen und Fett
- Drehmomentschlüssel

Arbeitstipp: Damit Sie sich die Arbeit beim Abbauen der linken Kurbel erleichtern, ziehen Sie die beiden Schrauben und die Platte vollständig heraus. Dadurch weist die Klemmung keine Spannung auf.

5 **Schlagen Sie mit** dem Gummihammer fest, aber vorsichtig auf die Welle, bis sie sich aus dem Tretlager herausziehen lässt.

6 **Ziehen Sie die rechte Kurbel** mit Stern sanft aus dem Tretlager. Die Kette liegt auf dem Tretlager, damit sie nicht verschmutzt.

WERKZEUG

Zum Einbau der Kurbelgarnitur HollowTech II benötigen Sie Spezialwerkzeug und spezielle Informationen.

- Der Kurbelkappenabnehmer liegt der Garnitur bei und ist für Ein- und Ausbau notwendig. Wenn Sie ihn verlieren oder wenn er beschädigt ist, müssen Sie ihn ersetzen.
- Die erforderlichen Drehmomente für die Kurbelschrauben stehen auf den Kurbelarmen neben den Schrauben. Fehlen sie, finden Sie sie online bei Shimano.

7 **Reinigen Sie die Innenseiten** der Lagerabdeckungen mit einem Lappen und schmieren Sie sie mit frischem Fett wieder ein.

8 **Schieben Sie** die Welle mit der Hand in das Tretlager. Wenn nötig, benutzen Sie zum Abschluss den Gummihammer.

9 **Bauen Sie die linke Kurbel** und die Kurbelkappe ein. Drücken Sie die Platte nach unten und ziehen die Kurbelschrauben fest an.

KURBELGARNITUR AB- UND ANBAUEN

Vierkantgarnituren

Vierkantgarnituren gibt es häufig an älteren Fahrrädern und Rädern mit Patronenlager (S. 178–179). Kurbelgarnitur und Kurbelarm sitzen auf einem vierkantigen Tretlagerkonus. Zum Entfernen brauchen Sie einen Kurbelabzieher. Die Kurbelgarnitur sollten Sie immer abnehmen, wenn Sie ein Tretlager warten oder ersetzen.

VORBEREITUNGEN

- Das Fahrrad in einen Montageständer setzen.
- Einen leeren Platz vorbereiten, um alle Teile abzulegen.
- Das Fahrrad um das Tretlager reinigen.
- Die Schrauben mit Kriechöl einsprühen, um sie zu lösen.

1 **Entfernen Sie die Schutzplatten** der Schrauben auf beiden Seiten. Nehmen Sie die Schrauben und alle Unterlegscheiben auf der rechten Seite heraus. Halten Sie dabei den Kurbelarm fest.

2 **Reinigen Sie die inneren Gewinde** und schmieren Sie sie ein. Säubern Sie auch das Schraubengewinde. Schraube und Unterlegscheiben werden überprüft und das Schraubengewinde neu eingeschmiert.

3 **Das Ende** des Kurbelabziehers muss vollständig aufgedreht sein. Drehen Sie dann das Gewinde mit der Hand in die Kurbel. Drehen Sie den Kurbelabzieher mit den Fingern nach rechts fest an.

WERKZEUG UND AUSRÜSTUNG

- Montageständer
- Lappen
- Öl
- Inbus-Schlüssel
- Schmierfett und Pinsel
- Kurbelabzieher
- Satz Schraubenschlüssel

Achtung! Um Schäden an den Gewinden zu vermeiden, müssen diese sauber sein, bevor Sie den Kurbelabzieher eindrehen. Der Kurbelabzieher darf nicht verkantet im Gewinde sitzen, damit es nicht beschädigt wird.

4 **Drehen Sie den Kurbelabzieher,** der in der Kurbel sitzt, mit einem Inbus- oder Schraubenschlüssel im Uhrzeigersinn. Das Werkzeug zieht die Kurbelgarnitur vom Rahmen und vom Konus des Tretlagers ab.

5 **Nachdem** das Kettenblatt vom Tretlagerkonus entfernt ist, legen Sie die Kette auf dem Tretlager ab. Das Kettenblatt legen Sie ebenfalls ab. Dabei achten Sie darauf, dass es nicht herunterfällt.

6 **Schrauben Sie den Kurbelabzieher** von der Kurbelgarnitur ab. Wischen Sie mit einem Lappen sein Gewinde sauber.

7 **Entfernen Sie auch links** die Kurbelschraube, schrauben Sie den Kurbelabzieher in den Kurbelarm und ziehen Sie ihn ab.

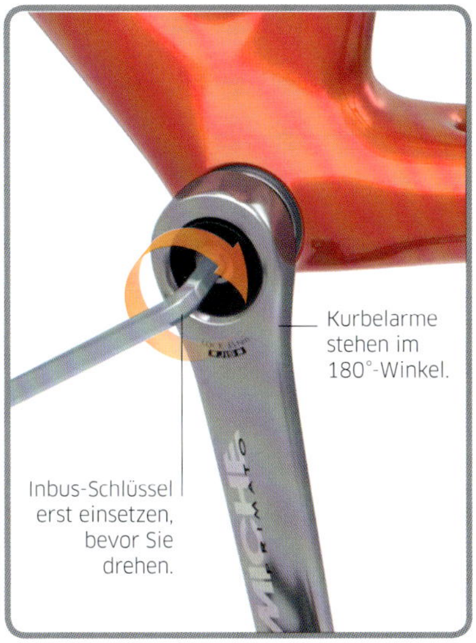

8 **Bauen Sie die Kurbelgarnitur** zuerst auf der linken Seite wieder an. Befolgen Sie dazu die umgekehrten Schritte 1–7.

KURBELGARNITUR AB- UND ANBAUEN

Campagnolo Ultra-Torque

Campagnolos Antriebssysteme sind weit verbreitet. Die Kurbelgarnituren Ultra-Torque und Power Torque beruhen auf ähnlicher Technologie und werden auch ähnlich befestigt. Wenn die Kurbelgarnitur knarrt oder Spiel hat, sollten Sie sie abbauen und prüfen. Auch beim Ersetzen des Tretlagers nehmen Sie die Kurbelgarnitur ab.

VORBEREITUNGEN

- Die Kurbelschraube mit Kriechöl einsprühen, wenn sie korrodiert ist.
- Die Kette auf das äußere Kettenblatt schalten.

1 Legen Sie das Fahrrad auf die Seite, damit Sie den Sicherungsring leichter erreichen. Entfernen Sie ihn mit einer Spitzzange. Für die weiteren Aufgaben setzen Sie das Fahrrad in einen Montageständer.

2 Führen Sie einen langen 10-mm-Inbus-Schlüssel auf der rechten Seite in die Kurbelschraube. Halten Sie das Pedal mit der Hand und drehen Sie den Schlüssel nach links, um die Kurbelgarnitur zu lösen.

3 Nehmen Sie die Kette vom Kettenblatt ab. Heben Sie das Schaltwerk etwas an, damit die Kette Spiel bekommt, und drehen Sie das Kettenblatt. Legen Sie die Kette auf dem Tretlager ab.

WERKZEUG UND AUSRÜSTUNG

- Kriechöl und Fett
- Spitzzange
- Montageständer
- Langer 10mm Inbus-Schlüssel
- Lappen und Seifenwasser

Arbeitstipp: Vor dem Einbau sollten Sie die Gewinde der Kurbelschraube und in der Kurbelgarnitur einschmieren. Damit verhindern Sie, dass sie korrodieren oder abnutzen. Die Kurbelschraube lässt sich dann in Zukunft auch leichter lösen.

4 **Ziehen Sie die rechte Kurbel** von der Achse. Achten Sie darauf, sie nicht zu beschädigen oder Teile fallen zu lassen.

BAUTEILE IM FOKUS

Die Bauteile der Kurbelgarnituren verschiedener Hersteller sind häufig nicht untereinander austauschbar.

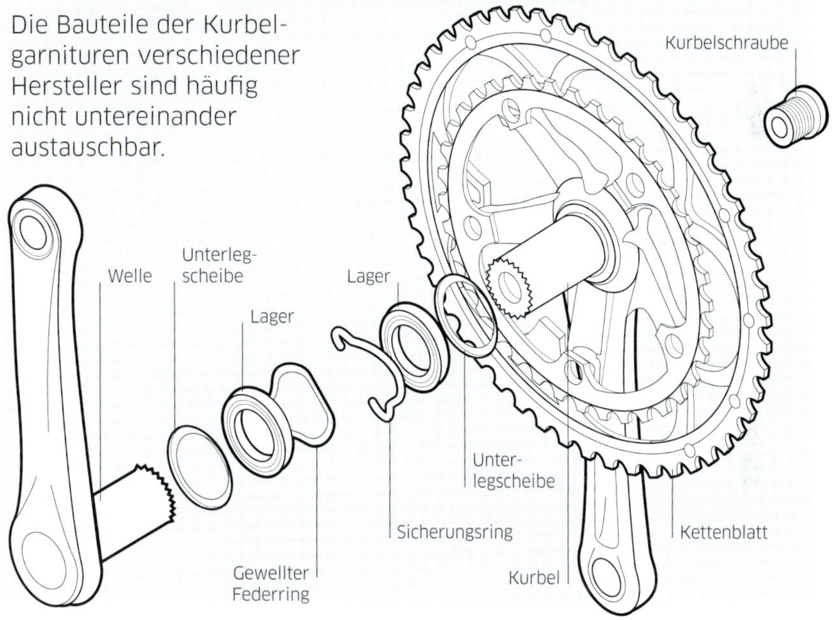

5 **Entfernen Sie den anderen Kurbelarm** und den gewellten Federring (braune Farbe bei Campagnolo Power Torque).

Setzen Sie den Sicherungsring vor der ersten Fahrt wieder ein.

6 **Reinigen Sie vor dem Einbau der Kurbelgarnitur** Welle und Tretlager und fetten Sie beides ein. Die gewellte Unterlegscheibe darf nicht abgeflacht sein, sonst müssen Sie sie ersetzen. Mit den umgekehrten Schritten 1–5 wird die Garnitur angebaut.

KURBELGARNITUR AB- UND ANBAUEN
SRAM Red

Die Kurbelgarnitur SRAM Red besteht aus leichtem Carbon. Die hohle Welle ist fest mit der rechten Kurbel verbunden, während die linke aufgeschraubt wird. Die Kurbelgarnitur müssen Sie abbauen, wenn Sie das Tretlager warten oder ersetzen wollen. Beim Kauf eines neuen Tretlagers müssen Sie auf die richtige Größe für die Kurbelgarnitur von SRAM achten.

VORBEREITUNGEN

- Das Fahrrad in einen Montageständer setzen.
- Einen leeren Platz vorbereiten, um alle Teile abzulegen.

1 **Schrauben Sie mit einem 8-mm-Inbus-Schlüssel** die linke Kurbel entgegen des Uhrzeigersinns ab, um sie von der Welle zu lösen. Legen Sie den Kurbelarm und das Pedal zur Seite.

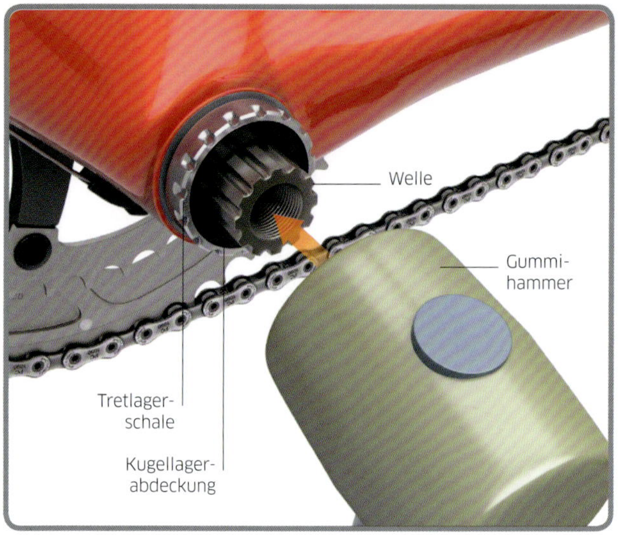

2 **Schlagen Sie vorsichtig mit dem Gummihammer** auf die Welle, um sie aus dem Tretlager zu schieben. Dabei kann die Kugellagerabdeckung aus der Tretlagerschale fallen. Stecken Sie sie wieder an.

3 **Hängen Sie die Kette** aus und lassen Sie sie herunterfallen. So vermeiden Sie, dass sie sich verdreht, wenn Sie die Kurbelgarnitur herausziehen. Legen Sie die Kette auf das Tretlager.

WERKZEUG UND AUSRÜSTUNG

- Montageständer
- 8mm-Inbus-Schlüssel
- Gummihammer
- Fettlöser und Lappen
- Schmierfett

Arbeitstipp: Lassen sich die Kurbeln nach dem Anbau nicht frei drehen, kann das am frischen Schmierfett in den Tretlagerdichtungen liegen. Das Problem löst sich von selbst, wenn das Tretlager eingefahren wird.

4 **Ziehen Sie am Kettenblatt** die Welle aus dem Tretlager. Haben die Kurbeln Spiel, sind sie locker. Hören Sie Geräusche aus den Lagern, müssen Sie das Tretlager ersetzen (S. 176–177, 180–181).

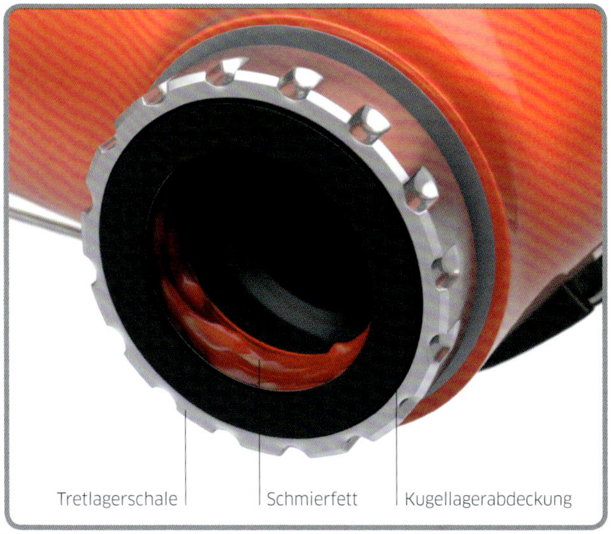

5 **Reinigen Sie das Tretlager** mit Fettlöser und einem Lappen. Schmieren Sie dann die Innenseiten des Tretlagers und die Kugellagerabdeckungen großzügig ein.

Drücken Sie das Kettenblatt gleichmäßig an, um die Welle einzusetzen.

6 **Fetten Sie die Welle** ein, um Korrosion vorzubeugen und um die Kurbelgarnitur leichter einsetzen zu können. Führen Sie dann die Kurbelgarnitur durch die Kette und die Welle in das Tretlager ein.

Drehen Sie die Kurbelschraube im Uhrzeigersinn fest an.

7 **Fetten Sie die Kurbel** der linken Seite ein und setzen Sie sie auf die Welle. Die Verzahnungen müssen übereinstimmen. Ziehen Sie die Kurbel fest und setzen Sie die Kette auf ein Kettenblatt.

HAUPTKOMPONENTEN

Tretlager

In den Kugellagern des auch »Innenlager« genannten Tretlagers dreht sich die Welle, an der die Kurbelarme befestigt sind. Bei Vierkant- (S. 178–179) und Shimanos Octalink Tretlagern sitzt die Welle in einer Patrone. Wellen mit großem Durchmesser – wie Power und Ultra-Torque von Campagnolo (S. 176–177), Hollow-Tech von Shimano (S. 180–181) und GXP von SRAM – drehen sich in Kugellagern auf beiden Seiten der Tretlagerschalen. Diese Systeme verwenden abgedichtete Kugellager, die länger halten und die Wartung daher erleichtern.

BAUTEILE IM FOKUS

Tretlager sind in der Tretlagerschale angeschraubt oder eingepresst. Sie sorgen dafür, dass sich die Welle reibungslos drehen kann.

(1) Die **Kurbelschrauben** sitzen in der Welle. Mit ihnen werden die Kurbeln links und rechts (Antriebsseite) befestigt.

(2) Die **Welle** sitzt im Tretlagergehäuse in den Lagerschalen und rotiert, wenn die Kurbeln sich drehen. Sie kann in ein Patronenlager eingebaut (S. 178–179) oder mit der rechten Kurbel verbunden sein (S. 166–167) oder aus zwei Hälften bestehen, die an den Kurbeln sitzen (S. 176–177).

(3) Die **Tretlagerschalen** mit den Kugellagern werden beidseitig angeschraubt oder eingepresst.

(4) Die **Kugellager** in den Tretlagerschalen sind zum Schutz zusätzlich noch abgedichtet.

3
1
2
4
ULTRA TORQUE™ SYSTEM
CAMPAGNOLO
Sicherungsring, einzigartig bei Campagnolo.
Gewellter Federring, einzigartig bei Campagnolo.
Tretlagergehäuse umschließt Welle und Lager.
Welle hat großen Durchmesser für bessere Kraftübertragung.
Linke Kurbel verbindet Pedal und Welle.

TRETLAGER ERSETZEN

Campagnolo Ultra-Torque

Die Lagerschalen der Kurbelgarnitur Ultra-Torque von Campagnolo sitzen im Tretlagergehäuse und haben austauschbare Kugellager auf der Welle. Schwingungen oder Geräusche sind Anzeichen für Abnutzung. Dann müssen Sie sie ersetzen.

VORBEREITUNGEN

- Das Fahrrad in einen Montageständer setzen.
- Einen leeren Platz zur Ablage von Bauteilen vorbereiten.
- Die Kurbelgarnitur vom Tretlager abbauen (S. 170–171).
- Passende Ersatzkugellager kaufen.

1 **Mit Lappen und Fettlöser** reinigen Sie die rechte Kurbel. Entfernen Sie Abrieb und Schmutz von der Welle und reinigen Sie sie innen. Befreien Sie die Innenseite des Tretlagers von altem Fett und Schmutz.

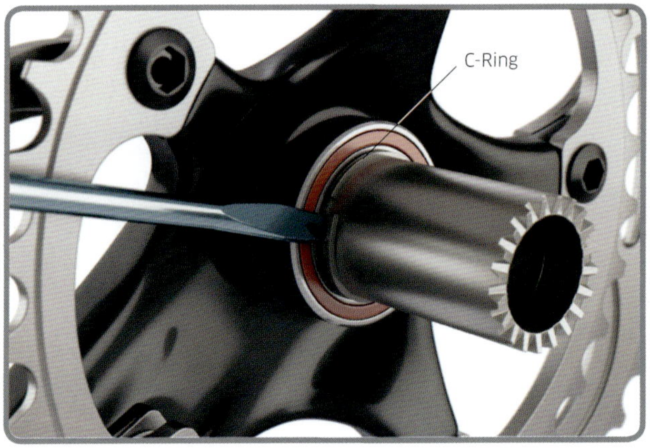

2 **Die rechte Kurbel** hat einen C-Ring, der die seitliche Bewegung der Welle verhindert. Mit einem Schraubendreher lösen Sie ihn von der Welle, legen ihn zur Seite und ziehen die Welle dann heraus.

3 **Setzen Sie den Lagerabzieher** so auf die Welle, dass seine Tasterarme unter das Kugellager greifen. Drehen Sie den Knebel nach rechts, damit sich der Abzieher auf die Welle presst und das Lager abzieht.

4 **Nachdem das Lager frei ist,** entfernen Sie den Abzieher und ziehen das Kugellager von der Welle. Weist die Wellenoberfläche eine Beschädigung auf, müssen Sie die Kurbelgarnitur ersetzen.

WERKZEUG UND AUSRÜSTUNG

- Montageständer
- Schlitzschraubendreher
- Fettlöser, Lappen
- Kugellagerabzieher
- Schmierfett
- Kugellageraufstecker
- Gummihammer

Arbeitstipp: Legen Sie einen Lappen unter den Kurbelarm, bevor Sie den Kugellagerabzieher und -aufstecker ansetzen. Dadurch ist der Kurbelarm während des Abziehens und Aufsteckens gegen Kratzer geschützt.

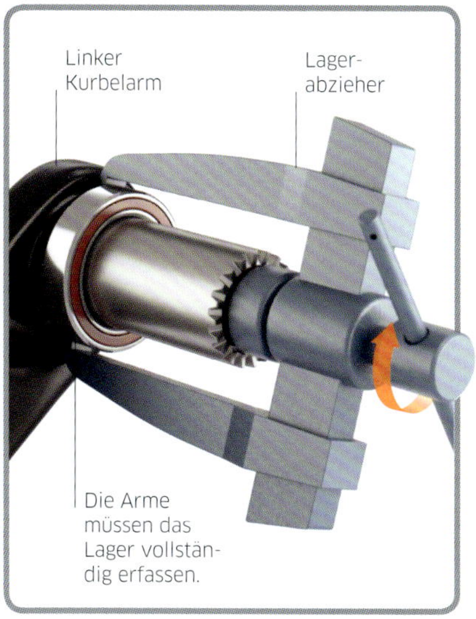

5 **Setzen Sie den Lagerabzieher** mit seinen Armen unter das Lager der linken Kurbel und lösen Sie es wie in den Schritten 3 bis 4.

6 **Reinigen Sie mit Lappen** und Fettlöser beide Seiten der Welle und die Lagerschalen. Prüfen Sie, ob sie abgenutzt sind.

7 **Stecken Sie das neue Lager** auf die rechte Welle. Bringen Sie es mit leichten Schlägen auf das Montagewerkzeug in seine Position.

8 **Sobald das Lager** auf der Welle sitzt, schmieren Sie die Lagerschale und die Stellen um sie ein. Dann schieben Sie den C-Ring auf die Welle, sodass er bündig auf dem Lager sitzt.

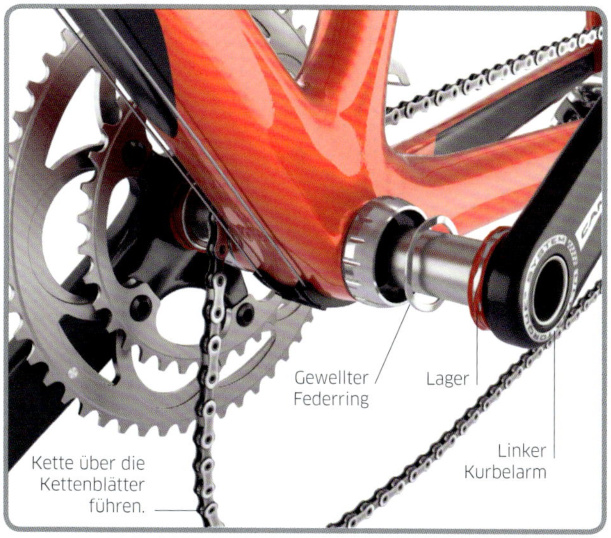

9 **Setzen Sie das zweite Lager** wie in Schritt 7 in den linken Kurbelarm ein. Bauen Sie dann die Kurbelgarnitur und die linke Kurbel wieder an (S. 170–171) und setzen Sie die Kette wieder auf ein Kettenblatt.

TRETLAGER ERSETZEN
Patronenlager

Ein Patronenlager hat abgedichtete Kugellager. Diese können mit der Zeit austrocknen oder sich abnutzen, sodass sie beim Fahren quietschen. Ein abgenutztes Patronenlager kann man nicht reparieren, sondern muss es ersetzen.

VORBEREITUNGEN

- Das Fahrrad in einen Montageständer setzen.
- Die Kurbelgarnitur abnehmen (S. 166–173).
- Die Kette an der Kettenstrebe fixieren.
- Einen leeren Platz zur Ablage von Teilen vorbereiten.

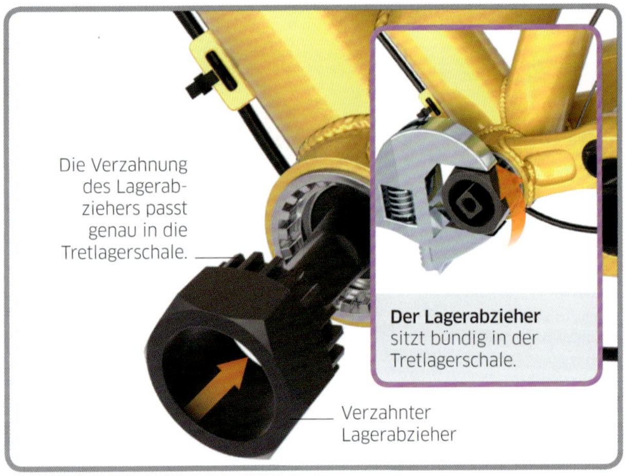

1 **Setzen Sie den Tretlagerabzieher** in die linke Tretlagerschale. Drehen Sie das Werkzeug mit einem Schraubenschlüssel gegen den Uhrzeigersinn, um die Tretlagerschale zu lösen.

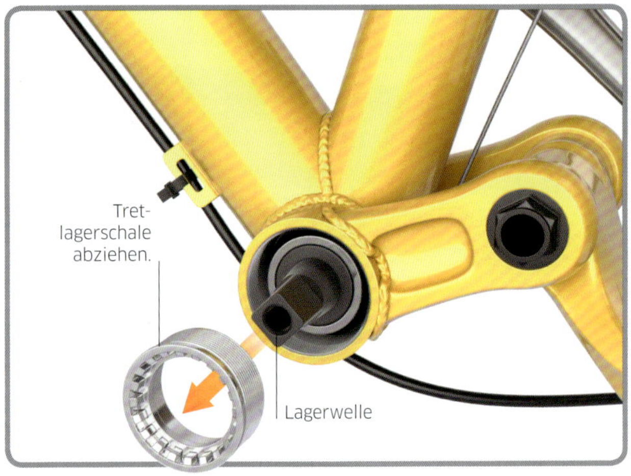

2 **Drehen Sie die Tretlagerschale** mit dem Schraubenschlüssel so weit locker, bis Sie sie mit der Hand abschrauben können. Ziehen Sie dann die alte Schale aus dem linken Tretlager heraus.

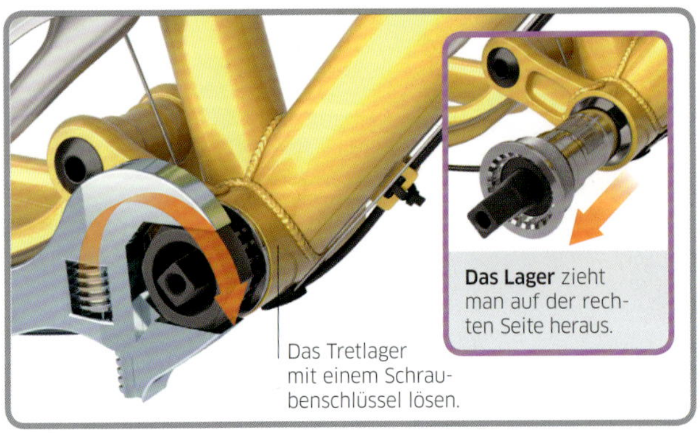

3 **Setzen Sie den Tretlagerabzieher** in die rechte Tretlagerschale. Ein Pfeil darin zeigt an, in welche Richtung man sie festzieht. Um die Schale zu lösen, drehen Sie daher in die entgegengesetzte Richtung.

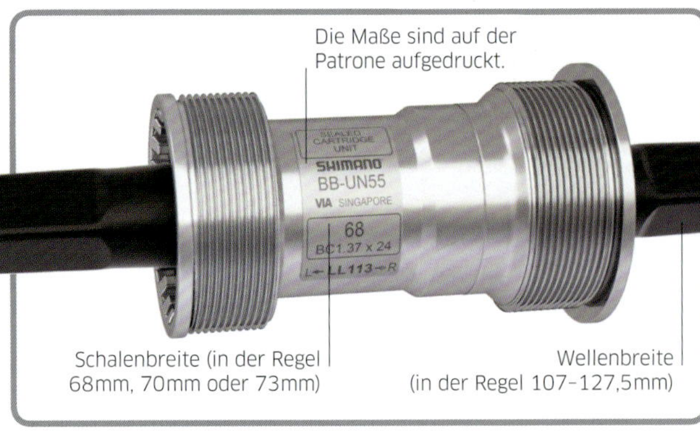

4 **Lesen Sie die Schalen- und Wellenbreite** am alten Lager ab. Sind die Maße nicht angegeben, bestimmen Sie sie mit einer Schiebelehre. (Das neue Patronenlager muss dieselben Maße besitzen.)

WERKZEUG UND AUSRÜSTUNG

- Montageständer
- Tretlagerabzieher
- Schiebelehre
- Lappen oder kleiner Pinsel
- Fettlöser
- Schmierfett
- verstellbarer Schraubenschlüssel

Achtung! Italienische und englische Gewinde werden in entgegengesetzter Richtung festgezogen. Beides kommt vor. Pfeile auf den Lagern zeigen die Richtung an.

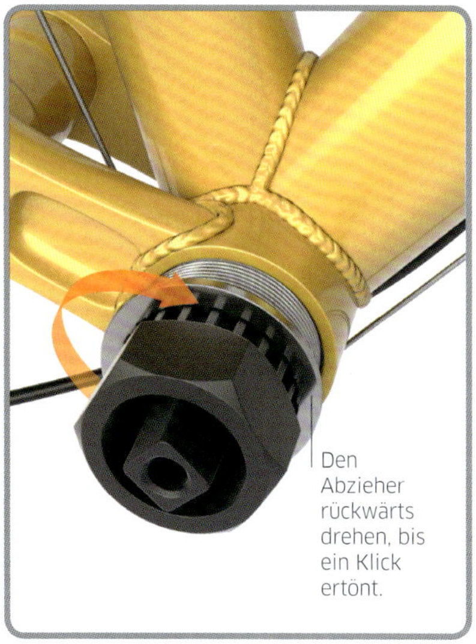

5 **Prüfen Sie das Tretlagergewinde** auf Schäden. Entfernen Sie Schmutz und Abrieb mit etwas Fettlöser und einem Lappen.

6 **Entfernen Sie** die linke Schale (»L« markiert) vom neuen Lager. Führen Sie dann das Lager auf der rechten Seite ein.

7 **Schrauben Sie mit dem Abzieher** das Lager ein. Damit es nicht verkantet, drehen Sie es zuerst in die andere Richtung.

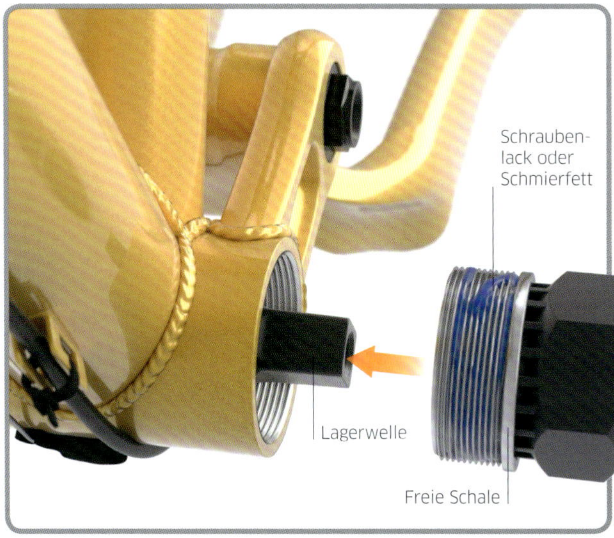

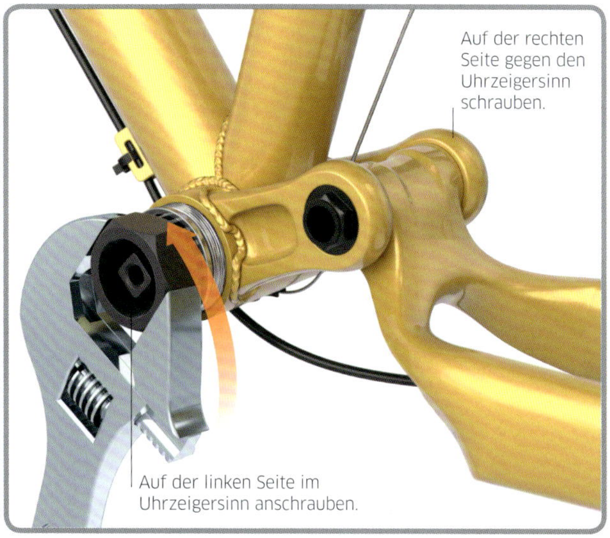

8 **Schmieren Sie das Gewinde** der linken Schale ein. Das Patronenlager muss zentriert im Rahmen sitzen, der Freiraum muss auf beiden Seiten gleich groß sein. Schrauben Sie die Schale handfest ein.

9 **Wenn beide Schalen** handfest angezogen sind, ziehen Sie sie mit dem Tretlagerabzieher so fest an wie möglich. Anschließend bauen Sie die Kurbelgarnitur wieder an (S. 166–173).

TRETLAGER ERSETZEN
Shimano HollowTech II

Das Tretlager HollowTech II von Shimano mit der Kurbelgarnitur HollowTech II (S. 166–167) ist bei heutigen Fahrrädern weit verbreitet. Geräusche, Rauigkeit oder seitliches Bewegungsspiel weisen darauf hin, dass es abgenutzt ist.

VORBEREITUNGEN

- Das Fahrrad in einen Montageständer setzen.
- Die Kurbelgarnitur abbauen (S. 166–173).
- Den Rahmen um das Tretlager reinigen.
- Die Gewinde des Tretlagers leicht einfetten.

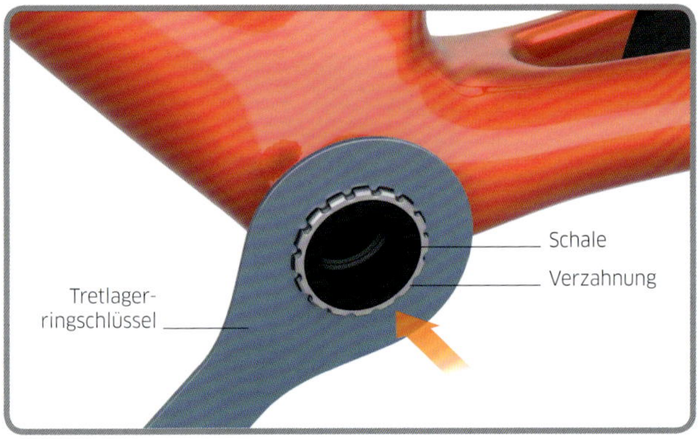

1 **Setzen Sie den Ringschlüssel** auf der linken Seite an die Tretlagerschale an. Lösen Sie sie, indem Sie in entgegengesetzter Richtung des aufgedruckten Pfeils drehen (er zeigt die Richtung zum Festziehen).

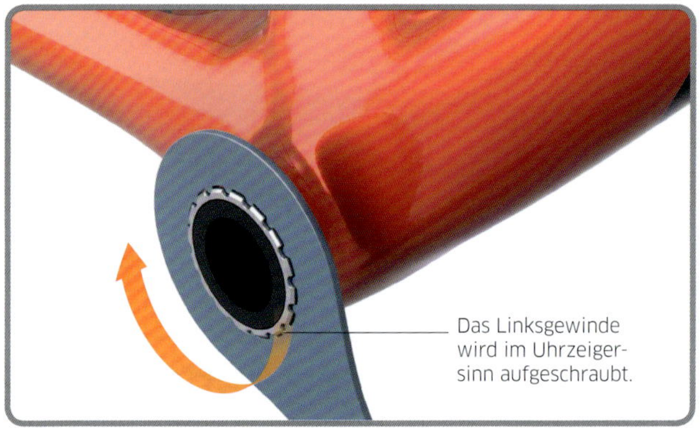

2 **Auch auf der rechten Seite** lösen Sie die Tretlagerschale: Drehen Sie hier im Uhrzeigersinn. Diese Seite besitzt ein Linksgewinde, damit sich das Tretlager nicht beim Fahren selbst löst.

BAUTEILE IM FOKUS

Das Tretlager HollowTech II von Shimano besteht aus diesen Komponenten:

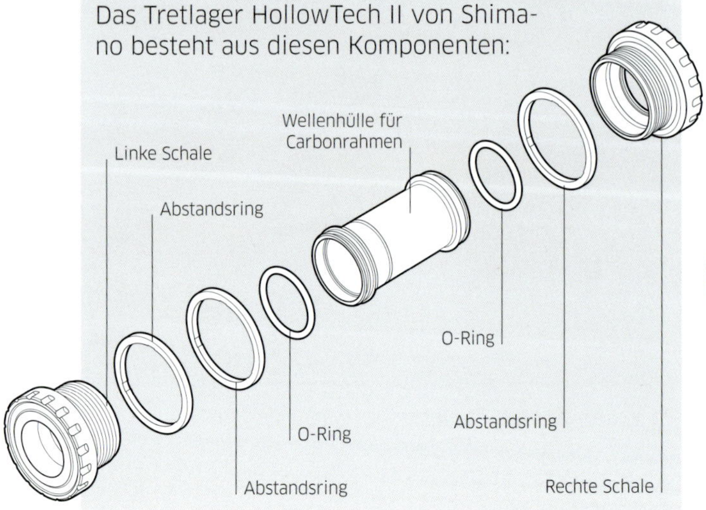

3 **Drehen Sie die beiden äußeren Schalen** heraus, bis das Tretlager freiliegt – sobald sie locker sind, können Sie sie mit der Hand herausdrehen. Auf der rechten Seite kann eine Wellenhülle angebracht sein.

WERKZEUG UND AUSRÜSTUNG

- Montageständer
- Lappen
- Schmierfett
- Tretlager-ringschlüssel
- Fettlöser

Achtung! Entdecken Sie eine Beschädigung an den Gewinden der Schalen oder haben Sie versehentlich beim Schrauben das Gewinde verkantet, muss das Gewinde von einem Mechaniker neu eingefräst werden.

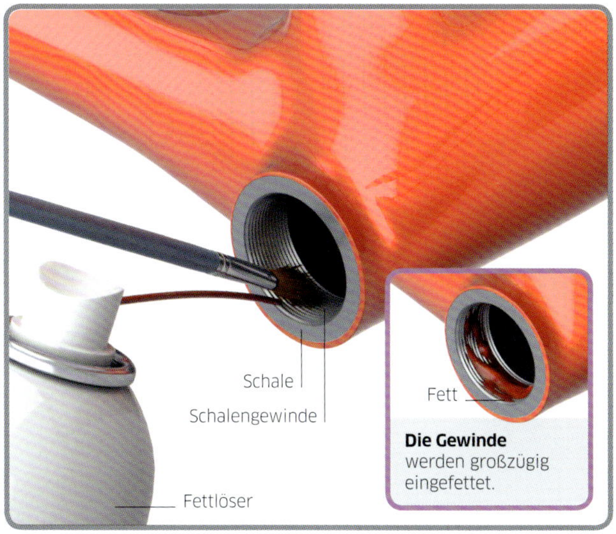

4 **Reinigen Sie die Gewinde** der Tretlagerschalen mit Fettlöser und wischen Sie sie sauber. Prüfen Sie das Tretlagergehäuse auf Korrosion und entfernen Sie diese. Schmieren Sie die Gewinde neu ein.

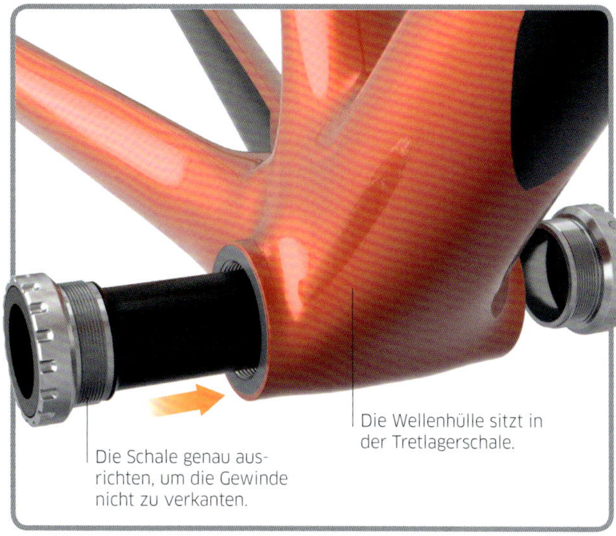

5 **Schrauben Sie auf der rechten Seite** das neue Tretlager gegen den Uhrzeigersinn ein. Schrauben Sie so weit wie möglich mit der Hand. Zu viel Drehmoment schadet, wenn die Gewinde verkantet sind.

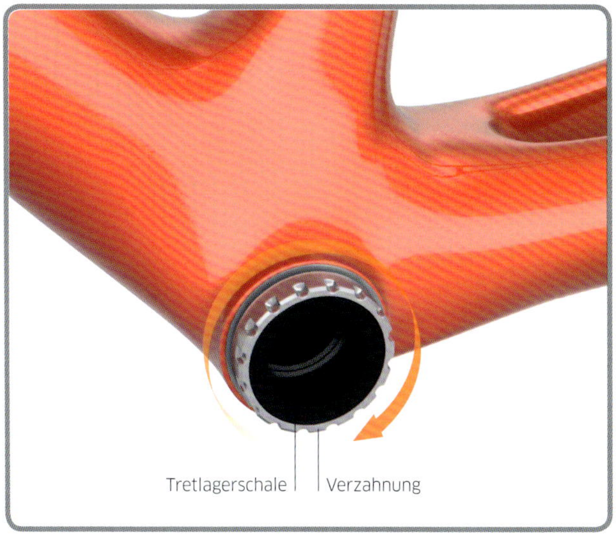

6 **Drehen Sie die linke Tretlagerschale** in Richtung des Pfeils. Dabei müssen die Gewinde der Schale und des Gehäuses genau ausgerichtet sein. Dann ziehen Sie die Schale handfest an.

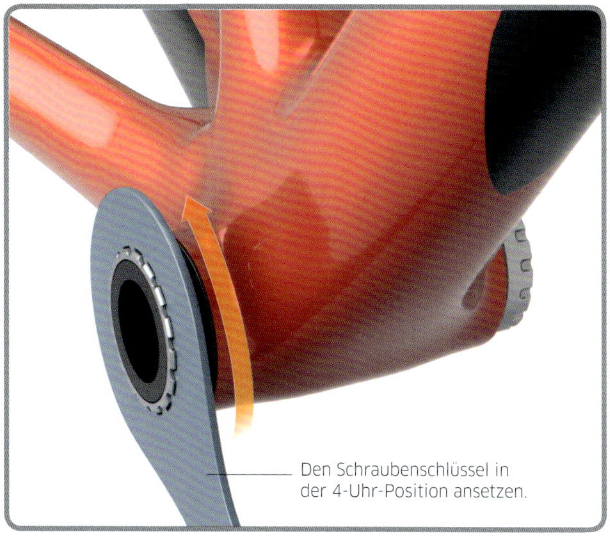

7 **Ziehen Sie beide Tretlagerschalen** mit dem Ringschlüssel fest an. Der Ringschlüssel muss dabei genau in der Verzahnung sitzen, weil er unter Druck abrutschen und die Verzahnung beschädigen kann.

RATGEBER

Pedale

Viele neue Fahrräder sind mit flachen Normalpedalen ausgestattet, nur wenige haben Renn- oder Klickpedale. Bei vielen modernen Pedalen rastet die Sohle des Fahrradschuhs ein, sodass der Fahrer während der gesamten Pedalumdrehung mehr Kraft entwickelt. Wenn der Schuh am Klickpedal eingerastet ist, können Sie einstellen, wie weit Sie ihn seitlich bewegen

ART	EIGNUNG	BEDIENUNG
Normalpedale Diese einfachen Pedale halten den Schuh nicht fest am Platz. Sie sind leicht zu benutzen und daher vor allem bei Downhill-Mountainbikes beliebt, weil der Fahrer das Rad damit besser steuern kann.	■ **Für Alltagsfahrten** oder für Pendler mit kurzen Wegstrecken ■ **Für Geländefahrten,** vor allem Fahrten wie bei Downhill-Rennen ■ **Für Lasträder,** weil die Fahrer sie besser steuern können. Man kann damit auch die Last besser ausbalancieren.	■ **Sie bestehen nur aus dem Pedalkörper** und dem Pedalrahmen. ■ **Trotz der Einfachheit** lässt sich ein Normalpedal ebenso kräftig treten wie jedes andere Pedal.
Klickpedale Für die am häufigsten verwendeten Klickpedale brauchen Sie einen Fahrradschuh mit harter Sohle, in oder an der eine Pedalplatte befestigt ist. Klickpedale passen nur auf die Pedale des gleichen Herstellers.	■ **Für alle Arten von Straßenrennen**, sportliche Wettkämpfe, und Trainingsfahrten	■ **Das Klicksystem** befindet sich an einer Seite des Pedals. Das Pedal hat vorne eine Haltekante und hinten einen Federmechanismus. ■ **Das System** bietet die Möglichkeit, die Beweglichkeit des Fußes anzupassen.
Doppelseitige Klickpedale Durch Klappen auf beiden Seiten können Sie den Schuh leicht arretieren. Sie sind nicht nur bei Gelände-, sondern auch bei Straßenrädern sehr beliebt. Die Schuhe für dieses Pedal haben eine griffige Sohle, auf der man auch gut gehen kann.	■ **Für Straßenfahrten,** Pendler oder Geländefahrten, weil die Pedale wenig anfällig für Verschmutzung sind. Die Schuhe haben kleinere Pedalplatten, die bei einigen in der Sohle versenkt sind. So sind sie beim Gehen angenehmer.	■ **Der Klickmechanismus** funktioniert mit einer kleinen Metallplatte, die mit zwei Schrauben am Fahrradschuh angebracht ist und eine Haltekante am Pedal zurückdrückt. ■ **Das System** hat mehrere Beweglichkeitsgrade und einige Modelle haben Schnellentspanner.
Rennpedale Anfänger bevorzugen Rennpedale mit Pedalhaken und Riemen, weil man sie auch mit normalen Straßenschuhen nutzen kann. Wer will, kann die Riemen abnehmen und somit sehr locker auf dem Pedal stehen.	■ **Anfänger,** die mehr Kraft entwickeln wollen, bei Klickpedalen aber noch unsicher sind. ■ **Für Langstreckenfahrer,** da die Pedalhaken und Riemen weite Fahrten auf der Straße in Schuhen mit steifen Sohlen ermöglichen.	■ **Pedalhaken** verhindern, dass der Fuß nach vorne gleitet. Der Riemen lässt sich festziehen, um den Fuß in der Pedale zu halten. ■ **Eine Schuhplatte** können Sie bei längeren Straßenfahrten hinten am Pedal anbringen.

können, bevor er sich vom Pedal löst. So kann jeder Radfahrer die Pedale an seine eigenen Bedürfnisse anpassen. Es gibt Klickpedale für jedes Fahrniveau und auch verschiedene Versionen für Straßen- und für Geländeräder. Für den tradionellen Geschmack oder für Anfänger sind auch die einfachen Rennpedale mit Pedalhaken und Riemen immer noch erhältlich.

KOMPONENTEN	SCHUHE	EINSTELLUNGEN
■ **Der Körper** besteht aus einer Stahllegierung oder Kunststoff mit einem angeschraubten Rahmen sowie Reflektoren vorne und hinten. ■ **Pedale** an Mountainbikes haben einen größeren Pedalkörper mit kleinen Dornen für zusätzliche Haftung.	■ **Jeder Schuh** mit einer flachen Sohle ist für Normalpedale geeignet. Leder- oder sehr harte Sohlen haften nicht so gut und können abrutschen, sodass der Fahrer das Gleichgewicht verlieren kann.	■ **Einstellmöglichkeiten** sind bei Normalpedalen nicht vorhanden.
■ **Der Körper** besteht aus Carbon und hat einen Schnellentspanner aus Stahl, Kunststoff oder Verbundwerkstoff. ■ **Der Klickmechanismus** funktioniert mit Federn oder Spannung.	■ **Leichte Fahrradschuhe** mit glatter, fester Sohle aus Kohlefaser oder Verbundwerkstoff, an die die Pedalplatten befestigt werden können. ■ **Die Schuhe besitzen Öffnungen,** um die Füße zu kühlen.	■ **Die Bewegungsfreiheit** wird, abhängig vom Pedalmodell, auf verschiedene Weise eingestellt, aber sie ist gewöhnlich mit einer versenkten Schraube am Federmechanismus oder an der Spannscheibe verstellbar.
■ **Der Körper** besteht aus einer Legierung mit Stahl oder Titan mit einem Federmechanismus. ■ **Das minimalistische Design** verhindert, dass sich Schlamm ansammelt und den Klickmechanismus behindert.	■ **Straßen- oder Geländefahrradschuhe** mit fester oder griffiger Sohle, auf der man auch gehen oder wie bei Cyclo-Cross-Rennen auch laufen kann. ■ **Eine gleitende, zweischraubige** Pedalplattenmontierung ist in der Schuhsohle versenkt, damit ein Fahrer den Schuh einklicken kann oder nicht.	■ **Das Pedal lässt sich anpassen.** So können Sie, je nach Modell des Pedals, die Beweglichkeit erhöhen oder verringern.
■ **Der Körper** besteht aus einer Stahllegierung oder Kunststoff und hat einen angeschraubten Pedalrahmen. ■ **Pedalhaken und Riemen** halten den Schuh in der Pedale.	■ **Alle Schuhe** sind für die flachen Pedale mit Pedalhaken und Riemen geeignet. Schuhe mit Pedalplatten für Klickpedale sind dagegen ungeeignet. ■ **Traditionelle** Fahrradschuhe mit Ledersohle brauchen Sie, wenn die Pedale Schuhplatten haben.	■ **Der Riemen** wird durch den Pedalhaken geführt. Sie können ihn mit einem Schnellentspanner leicht festziehen und wieder lösen.

PEDALE WARTEN

Pedalachse schmieren

Pedale drehen sich bei jeder Fahrt mehrere tausend Mal und sind dabei auch noch Schmutz und Wasser ausgesetzt. Abgenutzte Pedale drehen sich nicht mehr frei und erschweren das Fahren. Ihre Wartung ist sehr einfach und Sie sollten sie alle zwölf bis 18 Monate überprüfen.

VORBEREITUNGEN

- Jedes Pedal auf Risse im Pedalkörper überprüfen.
- Die Pedalachse darf nicht verbogen sein.
- Die Kette auf das größte Kettenblatt schalten.
- Fest sitzende Pedale mit Kriechöl einschmieren.
- Einen leeren Platz zur Ablage von Bauteilen vorbereiten.

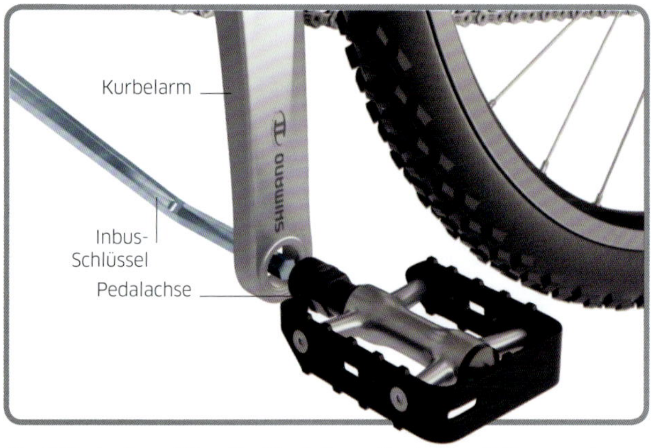

1 **Schrauben Sie die Pedale** mit einem Inbus- oder Schraubenschlüssel von den Kurbelarmen ab. Beim rechten Pedal drehen Sie den Schlüssel gegen den Uhrzeigersinn und beim linken im Uhrzeigersinn.

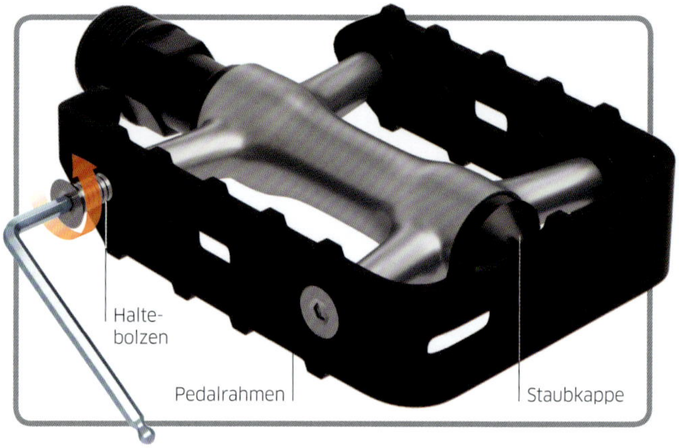

2 **Schrauben Sie den Pedalrahmen** gegen den Uhrzeigersinn ab. Sitzt der Bolzen fest, sprühen Sie ihn mit Kriechöl ein. Bolzen und Gewinde werden gereinigt und zur Seite gelegt.

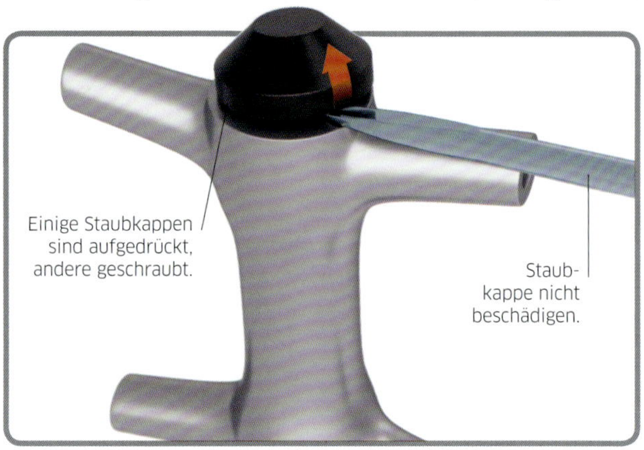

3 **Halten Sie das Pedal** senkrecht, sodass die Staubkappe nach oben weist. Heben Sie die Staubkappe mit einem Schraubendreher ab, um die Lager freizulegen. Legen Sie die Staubkappe ab.

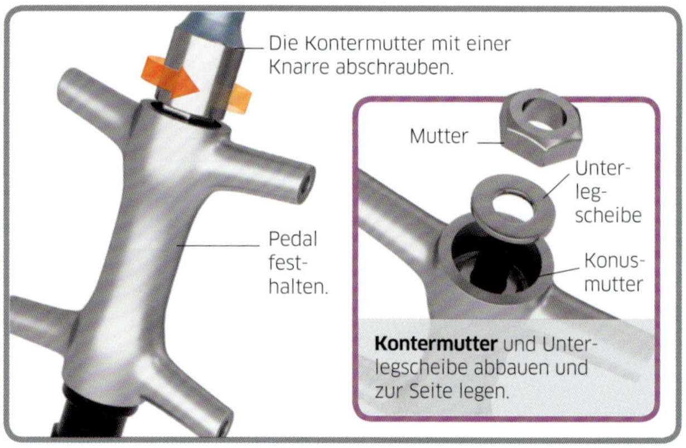

4 **Schrauben Sie die Kontermutter** gegen den Uhrzeigersinn ab und halten Sie dabei das Pedal fest. Entfernen Sie Kontermutter und Unterlegscheibe, um die Konusmutter darunter freizulegen.

WERKZEUG UND AUSRÜSTUNG

- Kriechöl
- Satz Inbus-Schlüssel oder Schraubenschlüssel
- Lappen und Fettlöser
- Schlitzschraubendreher
- Knarre
- Magnet oder Pinzette
- Schmierfett und -presse

Arbeitstipp: Wenn Sie keine Schmierpresse besitzen, drücken Sie das Schmierfett mit einer alten Speiche in die engen Lücken bei den Pedalachsen.

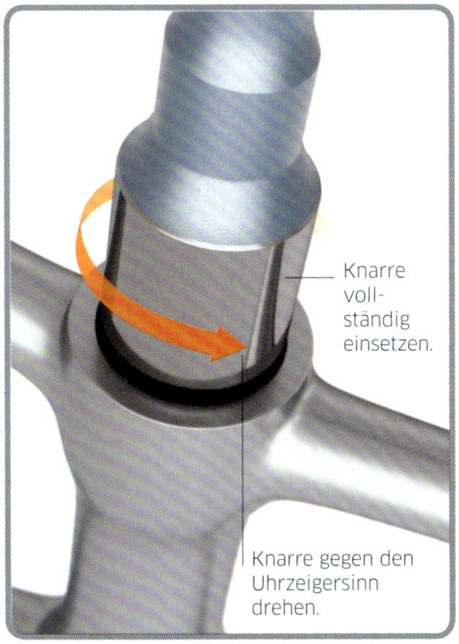

5 **Drehen Sie die Konusmutter** gegen den Uhrzeigersinn aus dem Achsenende. Halten Sie die Achse mit einem Finger fest.

6 **Drehen Sie** das Pedal um und ziehen Sie die Achse heraus. Achten Sie dabei darauf, dass die Kugeln nicht herausfallen.

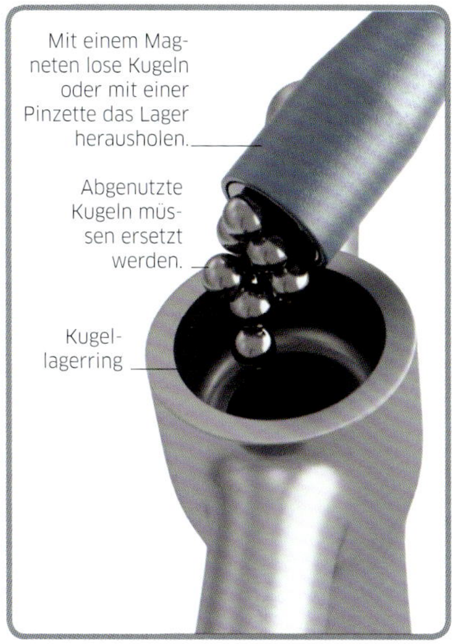

7 **Holen Sie das Kugellager** mit einem Magneten oder einer Pinzette heraus. Kugeln, Achse und Lagerring werden gereinigt.

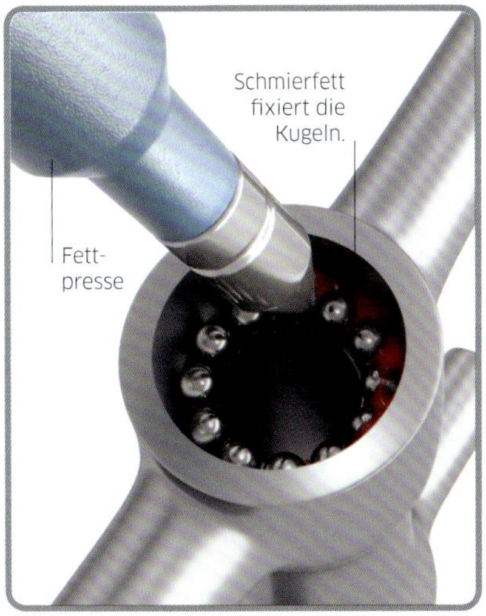

8 **Fetten Sie die Innenseite** des Pedals ein. Setzen Sie das Kugellager ein und geben Sie weiteres Schmierfett auf die Kugeln.

9 **Schieben Sie die Pedalachse** ein. Schrauben Sie die Konusmutter handfest an. Setzen Sie Unterlegscheibe und Kontermutter ein.

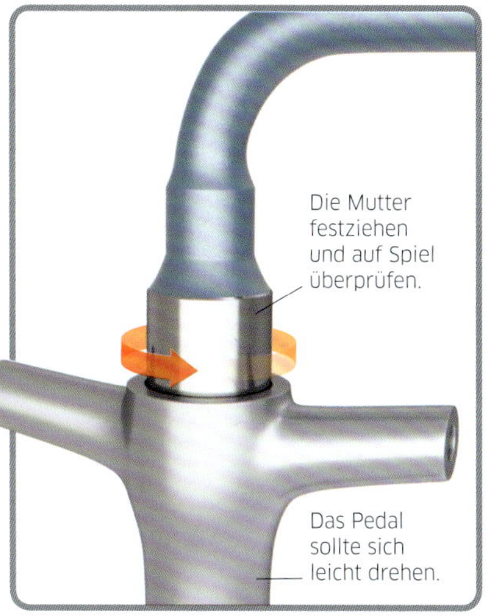

10 **Ziehen Sie die Kontermutter** fest, schrauben Sie den Pedalrahmen an und fetten Sie das Gewinde der Pedalachse ein.

PEDALPLATTEN ANPASSEN

Schuhe und Pedalplatten

Für Klickpedale benötigen Sie Pedalplatten an den Fahrradschuhen. Beides wird meist zusammen verkauft. Neue Pedalplatten müssen zu Schuhen und Pedalen passen. Damit Sie effektiv und ohne Kniebeschwerden fahren können, sollten Sie Position und Winkel der Pedalplatten genau passend für Ihre Füße einstellen.

VORBEREITUNGEN

- Alte Pedalplatten entfernen und die Bohrungen mit einer kleinen Bürste reinigen.
- Fahrradsocken anziehen und sich hinsetzen.
- An den Innenseiten Ihrer Füße den Knochen der großen Zehe ertasten.
- Fahrradschuhe anziehen und den Knochen wieder ertasten.

Positionieren Sie den Fuß korrekt auf dem Pedal, sodass der Knochen der großen Zehe auf der Pedalachse steht.

1 **Setzen Sie sich mit Fahrradschuhen** auf das Fahrrad. Lehnen Sie sich dabei gegen eine Wand oder eine Stütze. Setzen Sie die Füße auf die Pedale, sodass die Fußballen direkt auf der Pedalachse sind.

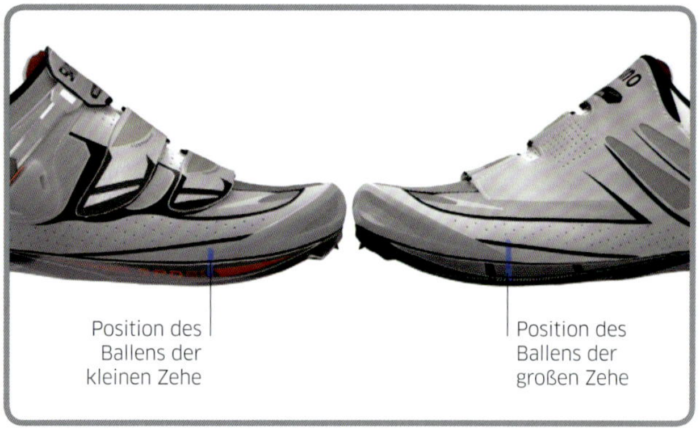

2 **Zur Festlegung der Position** der Pedalplatten markieren Sie mit einem Stift auf jedem Schuh die Positionen der Ballen Ihrer großen und kleinen Zehe. Ziehen Sie dann die Schuhe aus.

3 **Zeichnen Sie auf der Sohle** mit einem Lineal eine Linie von der Markierung der großen Zehe und parallel dazu eine Linie für die kleine Zehe. Die Mitte der Pedalplatte soll zwischen diesen Linien liegen.

WERKZEUG UND AUSRÜSTUNG

- Satz Inbus-Schlüssel
- Fahrradschuhe und -socken
- kleine Bürste
- abwischbaren Stift
- Lineal
- Schmierfett

Achtung! Die Pedalplatten müssen zu den Schuhen passen. Es gibt zwei Bauarten: Pedalplatten mit zwei Bolzen sind für Mountainbikes und solche mit drei Bolzen für Straßenräder. Einige Marken bieten doppelte Bolzen für eine sehr genaue Einstellung an.

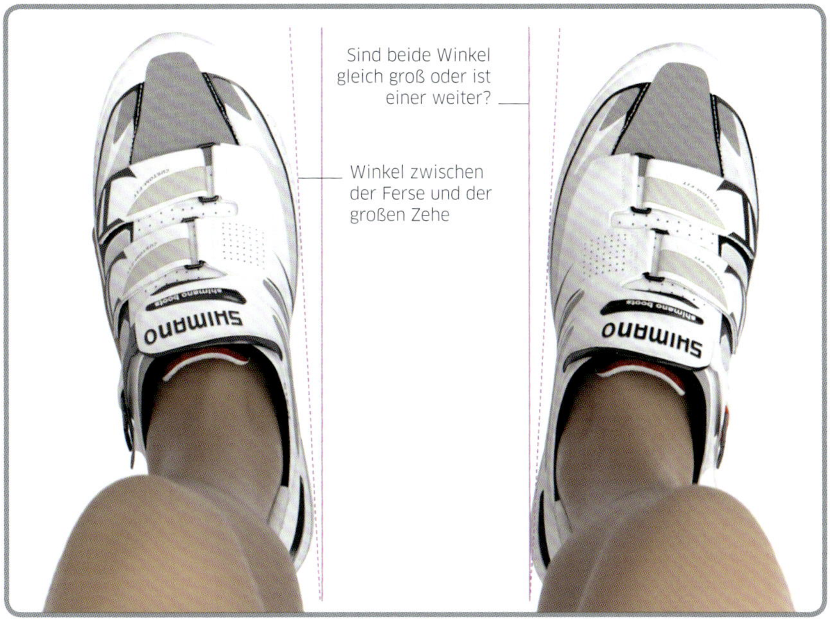

4 **Um den seitlichen Winkel** der Pedalplatten zu bestimmen, setzen Sie sich hin und lassen Sie die Beine frei baumeln. Dabei sehen Sie, ob die Füße natürlicherweise nach außen, nach innen oder gerade stehen. Den Winkel für jeden Fuß schätzen Sie ab und schreiben ihn auf.

FEINEINSTELLUNG

Sie sollten Pedalplatten genau an Ihren Fahrstil anpassen.

- Wenn Sie beim Fahren die Knie seitlich bewegen, drehen Sie die Pedalplatte nach innen oder außen. Drehen Sie sie nach außen, rückt die Ferse näher an die Kettenstrebe. Verdrehen Sie die Pedalplatte so lange, bis die Knie nur senkrechte Bewegungen ausführen.

- Pedalplatten haben eine Farbmarkierung, die zeigt, wie weit sie sich bewegen lassen, bis die Bindung gelöst wird. Bei Null oder fixierten Pedalplatten bleibt der Schuh arretiert. Bei 6° oder 9° können Sie den Fuß beim Treten leicht bewegen.

5 **Fetten Sie die Gewinde** ein. Zentrieren Sie die Pedalplatte an den Markierungen und schrauben Sie sie locker an.

6 **Bei jeder Pedalplatte** verschieben Sie den vorderen Teil, bis er dem seitlichen Winkel der Fußstellung entspricht.

7 **Ziehen Sie die Schrauben** gleichmäßig fest an. Setzen Sie sich auf das Fahrrad wie in Schritt 1 und testen Sie die neuen Pedalplatten.

FEDERUNG

FUSION
PERFORMANCE SUSPENSION

RATGEBER

Federung

Eine Federung dämpft Stöße und verbessert die Haftung bei Bodenwellen im rauen Gelände. Sie wird deshalb vorwiegend bei Mountainbikes und einigen Trekkingrädern genutzt. Zu den Federungen zählen Teleskopgabeln, Hinterrad-, Sattelstützen- und Vorbaufederungen sowie biegsame Rahmen. Sie sollten also vor dem Kauf bedenken, wie und wo Sie fahren wollen.

ART	EIGNUNG	BEDIENUNG
Federgabel Nahezu alle Mountainbikes und viele Trekkingräder sind mit Teleskopgabeln ausgestattet. Fahrräder, die nur eine Vorderradfederung haben, nennt man Hardtail-Mountainbikes. Die Gabeln unterscheiden sich durch ihre Federwege.	■ **Geländefahrten** auf rauem oder felsigem Gelände ■ **Downhill- und Freeride-Räder** setzen Gabeln mit längeren Federwegen (bis zu 230mm) ein. ■ **Cross-Country-Räder** nutzen Gabeln mit kürzerem Federweg (80–100mm).	■ **Die Federung** arbeitet mit Druckluft oder Metallfedern. Sie ist häufig einstellbar und lässt sich bei Bergauffahrten blockieren. ■ **Die Gabel** lässt sich normalerweise mit einer Vorspanneinstellung an das Gewicht des Fahrers anpassen.
Hinterradfederung Viele Mountainbikes haben Federungen an beiden Laufrädern, sie werden als vollgefedert bezeichnet. Sie unterscheiden sich in ihren Federwegen, den Federn und dem Gelenksystem (am häufigsten sind Eingelenker und Viergelenker).	■ **Geländefahrten** auf rauem oder felsigem Gelände, besonders bei technischen Abfahrten	■ **Das Hinterraddreieck** oder die Schwinge hält das Hinterrad und ist mit mindestens einem Gelenk am Rahmendreieck befestigt. ■ **Ein Dämpfer** reguliert die Bewegung in der Schwinge. ■ **Viele Dämpfer** lassen sich bei Straßenfahrten oder beim Klettern blockieren.
Antriebsschwinge Diese Hinterradfederung besteht aus mehreren Gelenken und Streben. Das Tretlager sitzt in einer Schwinge zwischen dem vorderen und hinteren Rahmendreieck und bewegt sich mit der Federung.	■ **Vielfältige Geländearten** Eine Antriebsschwinge bietet sensible Bodenhaftung und erlaubt sehr effizientes Fahren.	■ **Das hintere Dreieck** oder die Schwinge ist über Gelenke mit dem Rahmendreieck verbunden. ■ **Ein Dämpfer** steuert die Bewegung der Schwinge. ■ **Tretlager und Kurbelgarnitur** sitzen in einer Schwinge zwischen vorderem und hinterem Dreieck.
Gefederter Sattel/Sattelstütze Mit gefederten Sattelstützen und Sätteln lässt sich die Fahrqualität einfach und preiswert erhöhen. Federn unter dem Sattel bieten sogar bei Nutzrädern eine einfache Dämpfung.	■ **Raue Straßenfahrten** auf Kopfsteinpflaster oder Schotterpisten ■ **Lange Fahrten** ■ **Hardtail-Mountainbikes**, wenn eine Hinterradfederung unerwünscht ist	■ **Die grundlegende Dämpfung** erfolgt durch Metallfedern unter dem Sattel. ■ **Gefederte Sattelstützen** haben einen Kolben mit Federsatz, der Stöße dämpft.

Auch wenn Sie nur gelegentlich über rauere Straßen oder Pfade fahren, kann eine gefederte Sattelstütze das Fahren leichter und angenehmer machen. Für ernsthafte Geländefahrten oder gar Downhill- und Cross-Country-Fahrten lohnt sich auf jeden Fall die Anschaffung einer Federgabel oder sogar einer Vollfederung für Vorder- und Hinterrad.

KOMPONENTEN	VARIATIONEN	WARTUNG
■ **Die Gabel** besteht aus Gabelschaft, Gabelkrone, Standrohren, Tauchrohren und der Achse. ■ **Die Federn** nutzen innere Kammern mit Druckluft oder Metallfedern.	■ **Einfachbrückengabeln** wie bei den meisten Mountainbikes haben eine Brücke unterhalb des Steuerrohrs. ■ **Doppelbrückengabeln** haben eine zweite Brücke oberhalb des Steuerrohrs. Sie verleihen Downhill-Rädern zusätzliche Steifigkeit.	■ **Die Standrohre** sollten auf Kratzer, Kerben oder Lecks geprüft werden, die auf eine defekte Dichtung hinweisen. ■ **Nach einem Aufprall** mit dem Vorderrad muss die Gabel auf Verbiegungen oder Schäden untersucht werden.
■ **Diese Federung** nutzt Druckluft oder eine Metallfeder. ■ **Mit dem Gelenksystem** kann sich das Dreieck unabhängig vom Fahrradrahmen bewegen.	■ **Eingelenker** haben eine Schwinge, die über ein Gelenk mit dem Rahmen verbunden ist. Normalerweise sitzt sie über dem Tretlager. ■ **Bei Viergelenkern** verbindet eine Strebe zwei Gelenke. Ein Dämpfer sitzt an der Verbindung und ist am Sitzrohr mit einer Schelle befestigt.	■ **Der Dämpfer** muss auf Lecks überprüft werden. ■ **Gelenke, Streben oder Rahmenlager** sollten nicht abgenutzt sein. ■ **Die Schwingenrohre** können beschädigt sein und müssen nach einem Unfall repariert werden.
■ **Diese Federung** nutzt Druckluft oder eine Metallfeder. ■ **Über ein Gelenksystem** ist das hintere Dreieck beweglich mit dem Rahmen verbunden.	■ **Es gibt verschiedene Arten** wie i-Drive, Freedrive und Monolinksysteme	■ **Der Dämpfer** muss auf Lecks überprüft werden. ■ **Gelenke, Streben oder Rahmenlager** sollten nicht abgenutzt sein. ■ **Die Schwinge** oder Streben können beschädigt sein und müssen nach einem Unfall repariert werden.
■ **Die Sattelstütze** besteht oft aus einem inneren Abstandshalter, einer inneren Feder, einem Kolben und einem äußeren Rohr. ■ **Bei manchen Sattelstützen** sorgen Streben und Gelenke dafür, dass sich der Sattel nach unten und oben bewegen kann.	■ **Gefederte Sattelstützen** haben ein integriertes, dämpfendes Rohr. Sie bestehen oft aus Aluminium mit Gelenken aus Edelstahl. ■ **Elastomerdämpfer** können gefederte Sattelstützen ergänzen oder als einzige Federung genutzt werden. ■ **Einfache Federsättel**	■ **Bei gefederten Sattelstützen** muss die Feder regelmäßig geschmiert werden, damit sie nicht steif wird und quietscht. ■ **Elastomere** müssen gewechselt werden, wenn sie abgenutzt oder zu hart sind oder wenn das Rad härter oder weicher fahren soll.

HAUPTKOMPONENTEN

Teleskopgabel

Teleskopgabeln schieben sich ineinander und wieder zurück, und dämpfen so Stöße. Sie halten das Vorderrad im rauen Gelände auf dem Boden und erleichtern das Fahren. Die Gabeln enthalten eine Spiralfeder aus Metall oder eine Luftkammer. Eine Dämpfung reguliert die Federung, die aus einem Kolben mit Ölvorrat besteht. Sowohl die Dämpfung als auch die Feder kann sich der Fahrer je nach Körpergewicht, Vorlieben und Gelände einstellen. Teleskopgabeln müssen häufig gereinigt und nach 20 Stunden Fahrt gewartet werden (S. 198–199). Einige Modelle müssen sogar jährlich in der Werkstatt gewartet werden.

BAUTEILE IM FOKUS

Teleskopgabeln besitzen eine Luftfederung (hier) oder Metallfedern, Tauchrohre und Standrohre. Viele lassen sich auch blockieren.

(1) **Standrohre** sind an der Gabelkrone befestigt und enthalten den Federungsmechanismus aus Dämpfer mit Kolben und Luftkammer oder mit Metallfeder.

(2) An den **Tauchrohren** ist das Vorderrad befestigt. Die Standrohre gleiten in sie hinein, während die Federung komprimiert und dekomprimiert wird.

(3) Die **Luftkammern** in den Standrohren enthalten Druckluft. Der Druck lässt sich beim Einstellen der Federung erhöhen oder senken (S. 194–195).

(4) Der **Blockiermechanismus** schaltet die Federung ab. Er wird auf glatten Straßen oder beim Bergauffahren genutzt, um Kraft zu sparen.

NEGATIVFEDERWEG

Das Gewicht des Fahrers komprimiert die Gabel. Mit dem O-Ring (S. 194–195) lässt sich dieses Spiel einstellen.

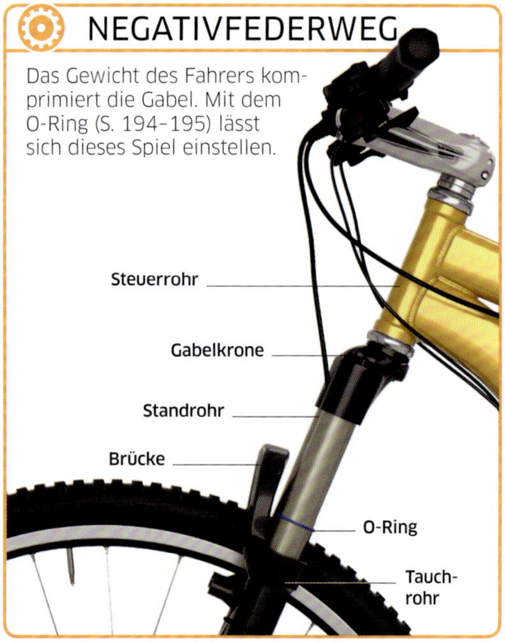

Steuersatz
Über Luftventile kann Luft entweichen oder in die Kammer gepumpt werden.
Die Kappe sitzt oben auf der Luftkammer.
Die Luftkammer schiebt das Tauchrohr mit Druckluft zurück.
Die Gabelkrone verbindet die Standrohre mit dem Gabelschaft.
Blockier-mechanismus
4
1
3
2
Mit dem O-Ring wird der Negativfederweg eingestellt.
Reifen
Kompressions-dämpfer steuert die Rückfederung.
Feder-dichtung
Die Gabel-dichtung schützt die Federung.
Der Kolbenkopf sitzt oben im Tauchrohr.
Ölkammer
Der Kolben im Dämpfer komprimiert Öl.
Dichtung der Luftkammer
Das Regelventil reguliert die Dämpfung.
Im Dämpferschaft sitzt der Kolben.
Bremsscheibe
Dichtung am Kolbenboden
Scheiben-bremssattel
In den Ausfallenden sitzt die Laufradachse.
Steuerung zur Einstellung der Rückfederung

FEDERGABEL EINSTELLEN

Negativfederweg

Der Negativfederweg ist der Anteil, um den die Federung allein durch das Gewicht des Fahrers komprimiert wird. Diesen Anteil kann man einstellen. Hier wird die Methode für Federungen mit Luftdruck beschrieben. Bei Gabeln mit Metallfedern wird die Vorspannung geändert.

VORBEREITUNGEN

- Die Dämpfer bis zu dem Druck mit Luft füllen, den der Hersteller für das eigene Gewicht empfiehlt.
- Mit normaler Fahrradbekleidung, Schuhen, Helm, Rucksack, Wasserflaschen, Trinkrucksack oder Radtaschen ermitteln Sie das normale Gewicht bei Ihren Fahrten.

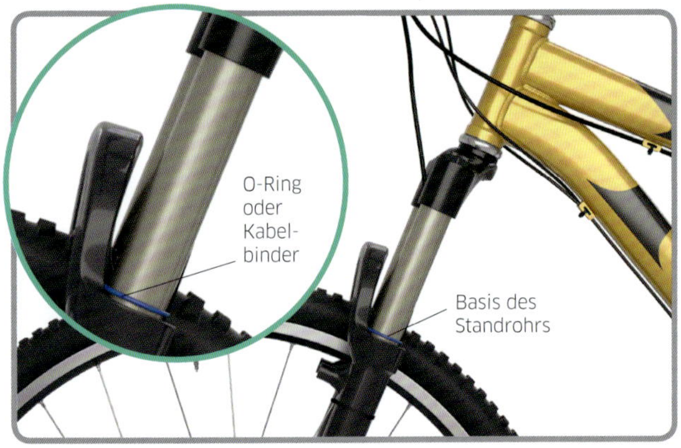

1 **Schieben Sie den O-Ring** bis zur Basis des Standrohrs. Hat das Standrohr keinen O-Ring, nehmen Sie einen Kabelbinder, einen weichen Basteldraht oder eine Schnur.

2 **Ziehen Sie die Bremse** fest an, sodass sich das Fahrrad nicht bewegen kann. Drücken Sie den Lenker mit dem Körpergewicht hinunter und komprimieren Sie die Federgabel so weit wie möglich.

3 **Lassen Sie die Gabel** los, damit die Federung in ihre ursprüngliche Position zurückgleitet. Dann messen Sie die Strecke zwischen dem unteren Ende des Standrohrs und der Position des O-Rings.

4 **Drücken Sie den O-Ring** zurück unten an das Standrohr. Stellen Sie sich auf die Pedale, verlagern Sie das Gewicht über den Lenker und fahren Sie. Dabei weder die Bremse ziehen noch die Gabel aufpumpen.

WERKZEUG UND AUSRÜSTUNG
- Dämpferpumpe
- Bedienungsanleitung
- Fahrradbekleidung
- Kabelbinder
- Bandmaß oder Zollstock

Achtung! Hat die Gabel eine Einstellungsskala, muss sie vor der Durchführung dieser Schritte auf die niedrigste Stufe gestellt werden. Die Gabel darf auch nicht blockiert sein, damit sie vollständig ein- und wieder ausfedern kann.

5 **Notieren Sie die neue Position** des O-Rings. Für Cross-Country- oder Trail-Fahrten sollte er 20–25%, für Downhill-Fahrten 30% der gesamten Eintauchtiefe, wie in Schritt 2 gemessen, betragen.

6 **Ist der Negativfederweg** größer als gewünscht, schließen Sie eine Dämpferpumpe ans Ventil des Standrohrs an und pumpen Sie in Schritten von 1 Bar Luft ein. Wiederholen Sie die Schritte 3 bis 5.

7 **Ist der Negativfederweg geringer** als gewünscht, lassen Sie Luft aus der Gabel – je 1 Bar pro Schritt. Dazu drücken Sie auf den Entlüftungsknopf an der Pumpe. Wiederholen Sie dann die Schritte 3 bis 5.

8 **Nach einer Testfahrt** prüfen Sie den Negativfederweg mit den Schritten 3 bis 5 erneut. Notfalls müssen Sie den Luftdruck wie in den Schritten 6 bis 7 nochmals anpassen.

FEDERGABEL EINSTELLEN

Teleskopgabeln abstimmen

Federgabeln können Sie auf Ihr Körpergewicht und das bevorzugte Gelände abstimmen, damit Sie angenehmer und kontrollierter steuern können. Eine Methode ist die Abstimmung der Dämpfung, die die Kompression (Federweg) der Gabel und das Zurückfedern steuert. Ist sie korrekt eingestellt, kann die Gabel auf unebenem Untergrund schnell und ruhig reagieren.

VORBEREITUNGEN

- In der Bedienungsanleitung die erforderlichen Federungseinstellungen nachschlagen.
- Freien Platz vorbereiten, um Ventilkappen abzulegen.
- Notizblock und Stift bereithalten, um verschiedene Einstellungen nach Testfahrten aufzuschreiben.

1 **Drehen Sie die Zugstufe** an der Gabel gegen den Uhrzeigersinn so weit wie möglich auf. Drehen Sie sie dann andersherum und zählen Sie die Klicks, bis sie geschlossen ist. Teilen Sie die Zahl durch drei.

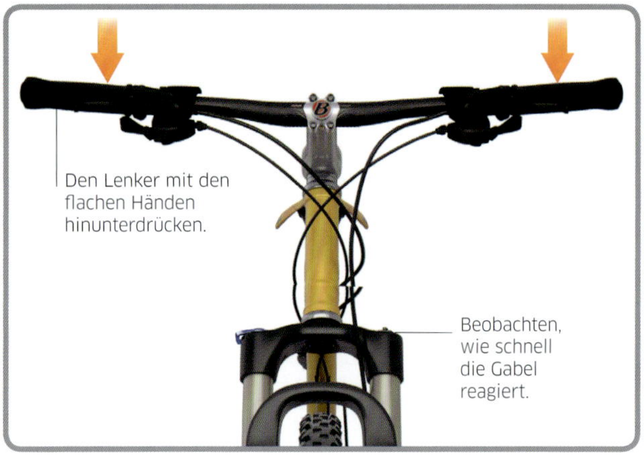

2 **Drehen Sie die Zugstufe** auf und dann bis zu einem Drittel des Vollausschlags wieder zu. Zum Testen der Rückfederungsgeschwindigkeit drücken Sie mit den Handflächen auf den Lenker.

3 **Testen Sie, ob das Vorderrad** Bodenkontakt behält. Prallt es vom Boden ab, ist die Rückfederungsrate zu hoch. Drehen Sie die Zugstufe im Uhrzeigersinn, um das Abprallen abzustellen.

WERKZEUG UND AUSRÜSTUNG

- Bedienungsanleitung
- Notizblock und Stift
- Fahrradbekleidung und -ausrüstung
- Dämpferpumpe

Arbeitstipp: Bei einigen Federgabeln lässt sich der Vollausschlag vergrößern oder verringern. Setzen Sie dazu Abstandsringe in die Gabelbeine ein oder entfernen Sie sie. In der Bedienungsanleitung erfahren Sie, ob diese Möglichkeit auch bei Ihrer Federgabel besteht.

Die Zugstufe gegen den Uhrzeigersinn drehen, um die Dämpfung zu reduzieren.

4 **Federt die Gabel** zu langsam zurück, drehen Sie die Zugstufe nach links, um die Dämpfung zu reduzieren und die Rückfederungsrate zu erhöhen. Die Reaktion soll sanft und nicht steif sein.

5 **Fahren Sie in normaler Fahrradbekleidung** in rauem Gelände, um die Einstellung zu überprüfen. Dabei können Sie die Zugstufe in kleinen Schritten verstellen, bis die passende Dämpfung erreicht ist.

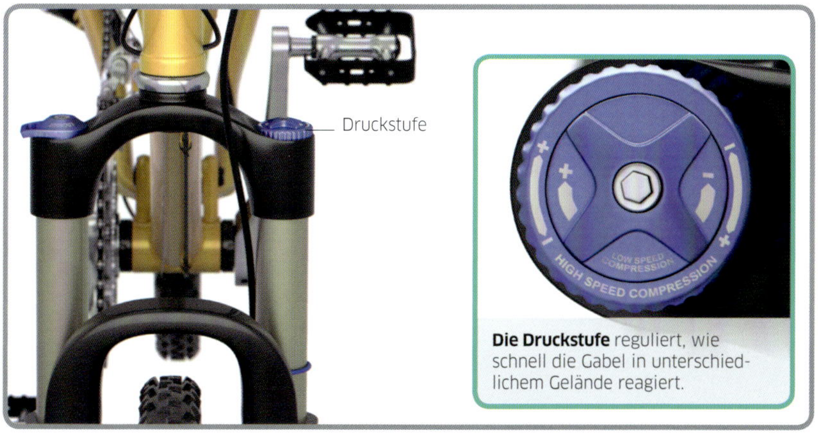

Die Druckstufe reguliert, wie schnell die Gabel in unterschiedlichem Gelände reagiert.

6 **Hat die Federgabel** eine Druckstufe, können Sie auch diese abstimmen. Sie reguliert, wie schnell die Gabel einfedert. Öffnen Sie die Druckstufe und beobachten Sie die Feder beim Fahren auf Asphalt. Wippt die Feder, verstellen Sie die Druckstufe, bis das Wippen aufhört.

LUFTFEDERGABELN

Einige Luftfedergabeln haben eine einstellbare Negativ-Feder, um die Empfindlichkeit bei kleinen Stößen zu regeln. Sie hat anfangs den gleichen Luftdruck wie die Hauptfeder.

- Pumpen Sie die Feder so auf, dass sie den korrekten Luftdruck für Ihr Körpergewicht hat.
- Dämpferpumpen gibt es für hohen und für niedrigen Luftdruck. Hinweise dazu stehen in der Bedienungsanleitung.

FEDERGABELN WARTEN
Tauchrohre

Federgabeln tragen die Hauptlast im rauen Gelände, sodass sie regelmäßig gewartet werden müssen. Nur dann funktionieren sie gut und halten länger. Die Tauchrohre sollten Sie jeweils nach 25 Stunden Fahrt warten, Dichtungen und Öl nach 200 Stunden Fahrt austauschen.

VORBEREITUNGEN

- Vorbau und Gabel abbauen (S. 54–57).
- Vorderrad ausbauen (S. 78–79).
- Felgenbremsen abbauen, falls vorhanden (S. 114–115).
- Die Gabel muss sauber sein, ohne Schmutz und Fettreste.
- Bedienungsanleitung durchlesen (siehe Schritt 8).
- Abdecktuch auslegen, um Öl aufzufangen.

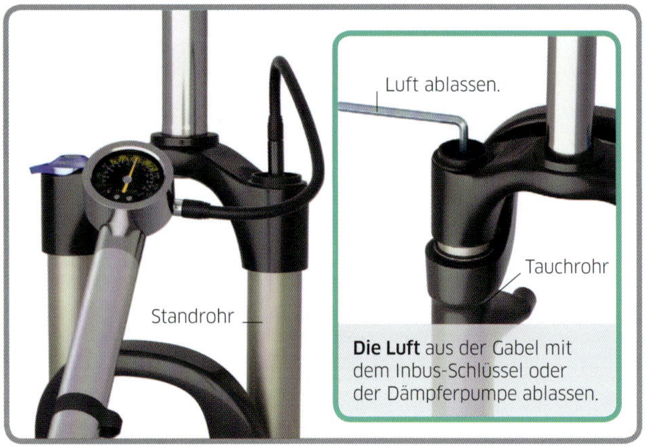

Die Luft aus der Gabel mit dem Inbus-Schlüssel oder der Dämpferpumpe ablassen.

1 **Eine Dämpferpumpe** setzen Sie am Ventil an und notieren sich den Luftdruck. Lassen Sie die Luft mit dem Entlüftungsknopf auf der Pumpe ab oder drücken Sie mit einem Inbus-Schlüssel auf das Ventil.

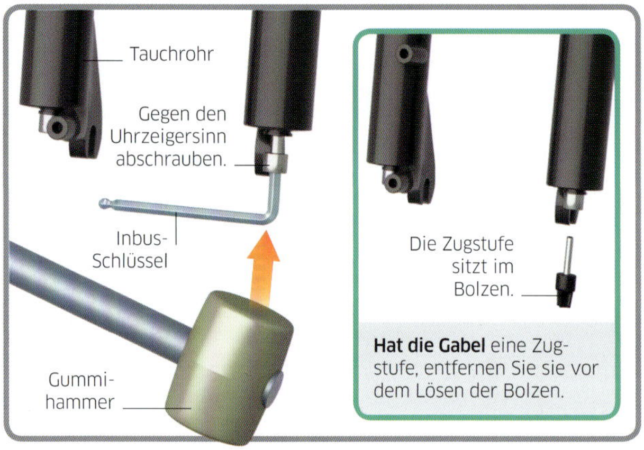

Hat die Gabel eine Zugstufe, entfernen Sie sie vor dem Lösen der Bolzen.

2 **Führen Sie in den Bolzen** einen Inbus-Schlüssel ein und lösen Sie ihn mit drei Umdrehungen. Tippen Sie mit dem Gummihammer gegen den Inbus-Schlüssel, um den Dämpferschaft zu lösen.

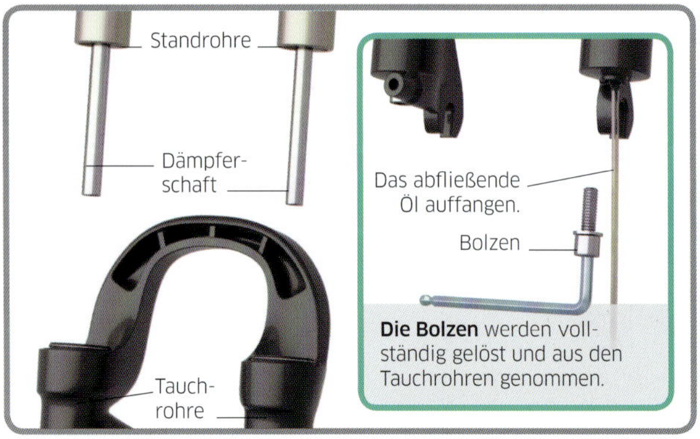

Die Bolzen werden vollständig gelöst und aus den Tauchrohren genommen.

3 **Schrauben Sie die Bolzen** heraus und ziehen Sie die Tauchrohre von den Standrohren ab. Sitzen sie fest, lösen Sie sie mit dem Gummihammer. Die Standrohre reinigen Sie und prüfen sie auf Kratzer.

Mit einem Lappen wird Schmutz und Fett aus der Abstreifdichtung entfernt.

4 **Entfernen Sie den Federring** oben auf der Abstreifdichtung und heben Sie mit dem Schraubendreher den Schaumring heraus. Säubern Sie Ringe und Innenseite der Dichtung mit Reinigungsbenzin.

WERKZEUG UND AUSRÜSTUNG

- Lappen
- Abdecktuch oder -plane
- Dämpferpumpe
- Satz Inbus-Schlüssel
- Gummihammer
- Becher oder Eimer
- Langer Schraubendreher
- Reinigungsbenzin
- Flusenfreies Tuch
- Schmierfett
- Federungsöl und Spritze
- Drehmomentschlüssel

5 **Wickeln Sie das flusenfreie Tuch** um einen langen Schraubendreher und wischen Sie die Innenseite der Tauchrohre aus.

6 **Setzen Sie Schaumringe** und Federringe wieder ein und fetten Sie die Innenseite der Dichtung mit Schmiermittel ein.

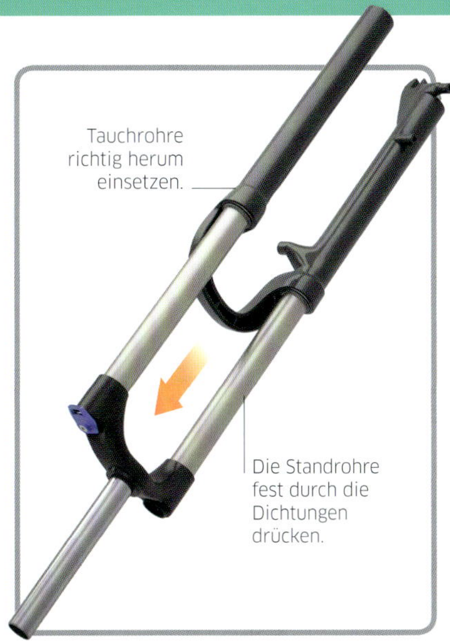

7 **Drehen Sie die Gabel** um, sodass die Standrohre schräg stehen. Schieben Sie die Tauchrohre halb auf die Standrohre.

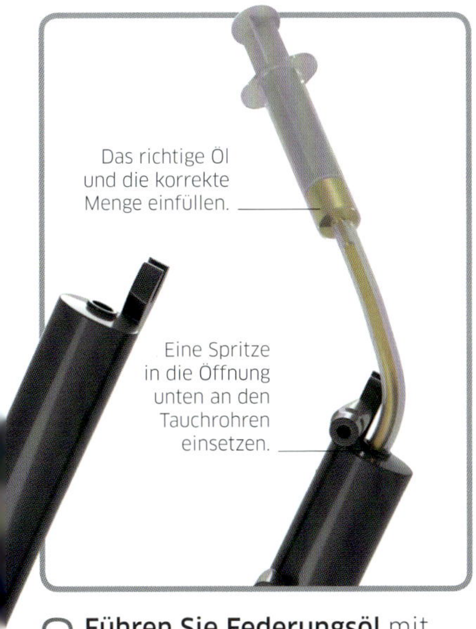

8 **Führen Sie Federungsöl** mit einer Spritze in die Tauchrohre ein. Das passende Öl ist in der Bedienungsanleitung angegeben.

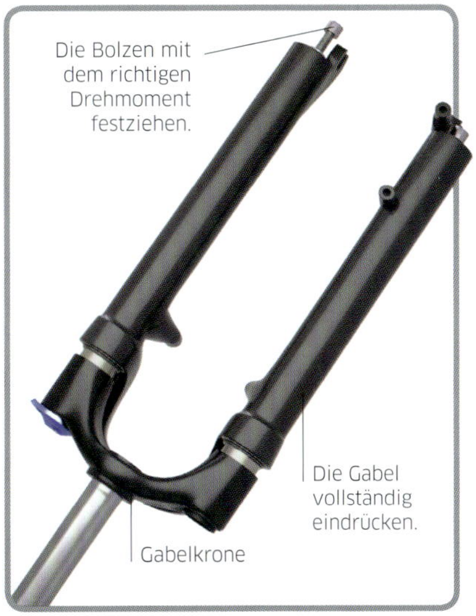

9 **Pressen Sie die Gabel** zusammen und halten Sie sie fest. Schrauben Sie die Bolzen wieder ein und setzen Sie die Zugstufe auf.

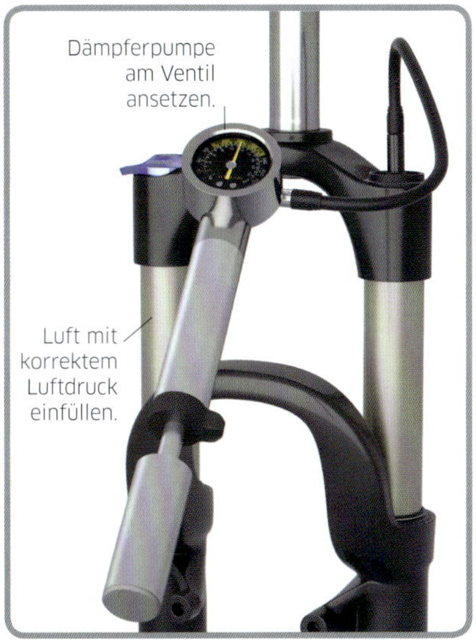

10 **Füllen Sie mit der** Dämpferpumpe Luft in die Gabel, bis der richtige Luftdruck erreicht ist. Bauen Sie die Gabel ein (S. 54–57).

HAUPTKOMPONENTEN

Hinterradfederung

Hinterradfederungen halten das Laufrad in rauem Gelände am Boden. Sie sorgen für gute Haftung und angenehmes Fahren. Das zentrale Systembauteil ist der Dämpfer am Hinterrad. Er enthält eine Stahlfeder oder Luft, damit die Federung bei Bodenwellen ein- und wieder ausfedern kann. Die Geschwindigkeit dieser Aktion reguliert ein Kolben, der in einer Kammer mit Öl oder Stickstoff sitzt. Die Dämpfung lässt sich so einstellen, dass sie dem Körpergewicht, Fahrstil und Gelände entspricht. Sie müssen die Dämpfereinheit sauber halten und jeweils nach 20 Stunden Fahrt warten. Einige Modelle müssen jährlich in der Werkstatt überprüft werden.

HINTERRADVERBINDUNG

Diese Verbindungen gibt es in vielen Formen mit unterschiedlichen Dämpferpositionen. Die Dämpfer funktionieren aber immer nach dem gleichen Prinzip.

BAUTEILE IM FOKUS

Hinterradfederungen haben einen Dämpfer. Er wirkt auf die Gelenke und Verbindungen, sodass sich das Hinterrad auf- und abbewegt.

(1) Einige Systeme (wie das gezeigte) haben eine oder mehrere **Gelenkverbindungen** zwischen der Hinterradfederung und dem Hinterbaudreieck.

(2) **Gelenke** an den Verbindungen und/oder am Rahmen sorgen dafür, dass sich das Hinterrad auf- und abbewegen kann.

(3) Der **Schaft** bildet die untere Hälfte des Dämpfers. Er enthält eine Kammer mit Stickstoff oder Öl und den Kolben, der den Rahmen dämpft.

(4) Die **Luftkammer** sitzt im oberen Teil des Dämpfers. Sie können Luft zuführen oder ablassen, um mit dem Luftdruck den Negativfederweg einzustellen (S. 202–203).

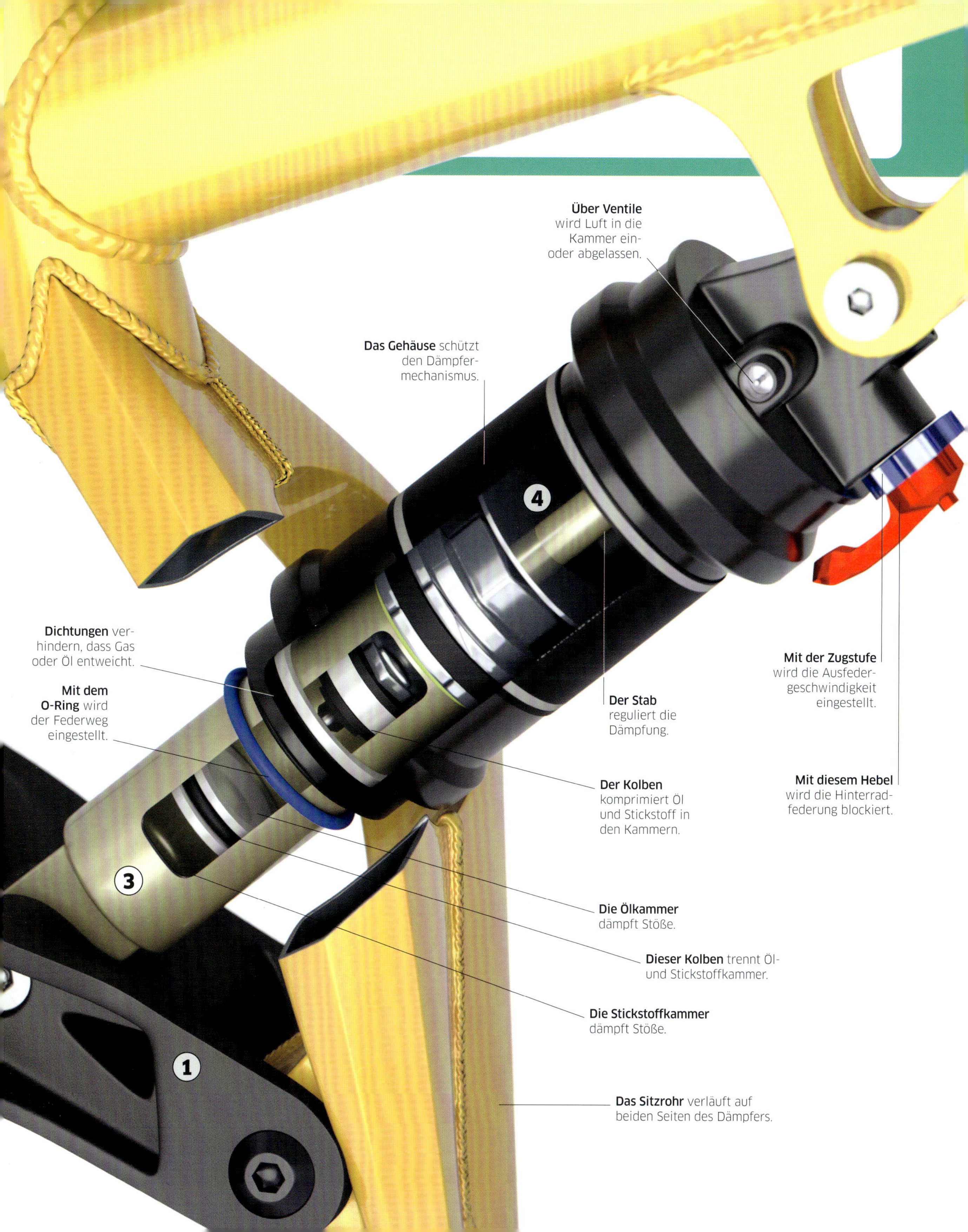
Über Ventile wird Luft in die Kammer ein- oder abgelassen.
Das Gehäuse schützt den Dämpfer-mechanismus.
4
Dichtungen verhindern, dass Gas oder Öl entweicht.
Mit dem O-Ring wird der Federweg eingestellt.
Mit der Zugstufe wird die Ausfeder-geschwindigkeit eingestellt.
Der Stab reguliert die Dämpfung.
Der Kolben komprimiert Öl und Stickstoff in den Kammern.
Mit diesem Hebel wird die Hinterrad-federung blockiert.
3
Die Ölkammer dämpft Stöße.
Dieser Kolben trennt Öl- und Stickstoffkammer.
Die Stickstoffkammer dämpft Stöße.
1
Das Sitzrohr verläuft auf beiden Seiten des Dämpfers.

HINTERRADFEDERUNG EINSTELLEN

Negativfederweg

Die Hinterradfederung dient nicht nur einer ruhigen Fahrt, sie hält auch das Laufrad auf dem Boden, damit es mehr Haftung findet. Diese Aufgabe übernimmt der Dämpfer. Er reagiert auf Bodenwellen und Vertiefungen, indem er sich zusammenzieht und dann wieder dehnt.

VORBEREITUNGEN

- Das Fahrrad gegen eine Wand lehnen.
- Mit der Dämpferpumpe laut Bedienungsanleitung entsprechend des Körpergewichts Luft in den Dämpfer pumpen.
- Fahrradbekleidung anziehen (S. 196–197)

1 **Schieben Sie den O-Ring** am Schaft bis zur Dichtung am Dämpfergehäuse hoch. Hat das Fahrrad keinen O-Ring, nehmen Sie stattdessen einen Kabelbinder oder einen weichen Basteldraht.

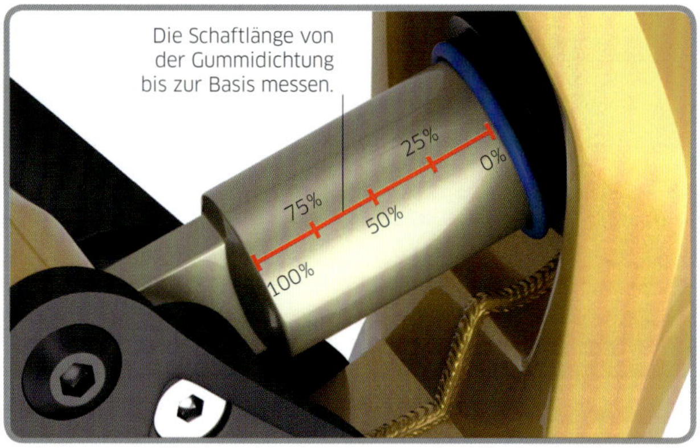

2 **Messen Sie die Schaftlänge** und teilen Sie sie durch vier. Die meisten Dämpfer brauchen 25% Negativfederweg. Vorsichtshalber sehen Sie in der Bedienungsanleitung nach dem geforderten Wert.

3 **Steigen Sie in Fahrradbekleidung** aufs Fahrrad, sodass der Dämpfer wie bei einer normalen Fahrt durch das Körpergewicht komprimiert wird. Beim Absteigen darf der O-Ring nicht verschoben werden.

WERKZEUG UND AUSRÜSTUNG

- Dämpferpumpe
- Fahrradbekleidung
- Kabelbinder oder Basteldraht
- Maßband oder Lineal

Arbeitstipp: Wenn Sie den Negativfederweg einstellen, darf der Dämpfer nicht blockiert sein. Nur in diesem Zustand kann der Dämpfer vollständig ausfedern, sodass Sie die Schaftlänge bestimmen können.

4 **Nach dem Absteigen** federt der Dämpfer aus. Dann prüfen Sie die Position des O-Rings am Schaft. Er sollte um 20 bis 30% der Gesamtschaftlänge verschoben sein.

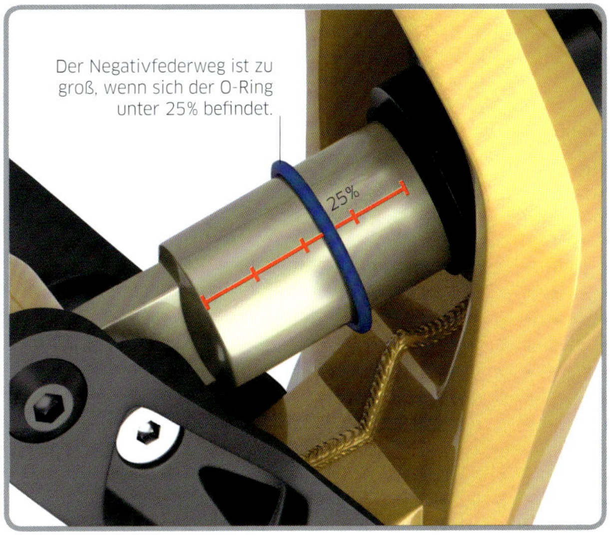

5 **Der optimale Wert** für den Negativfederweg liegt bei 25% der Gesamtschaftlänge. Sitzt der O-Ring unterhalb dieses Werts, ist der Negativfederweg zu groß. Liegt er oberhalb dieses Werts, ist er zu kurz.

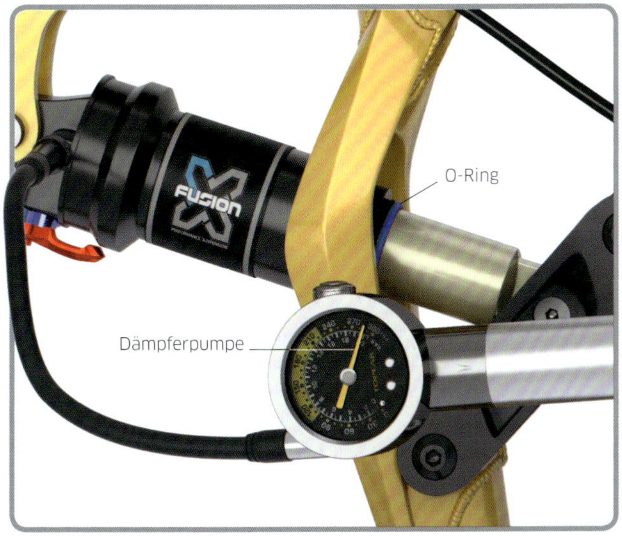

6 **Mithilfe der Dämpferpumpe** wird der Luftdruck eingestellt. Ist der Negativfederweg zu niedrig, erhöhen Sie den Luftdruck schrittweise um je 1 Bar. Prüfen Sie dann den Negativfederweg erneut.

7 **Ist der Negativfederweg** zu hoch, lassen Sie mit dem Entlüftungsventil Luft aus dem Dämpfer entweichen, um den Druck zu senken. Prüfen Sie dann den Negativfederweg erneut (Schritte 1–4).

ANLEITUNGEN

REGELMÄSSIGE WARTUNGSARBEITEN

Zeitplaner

Ein Wartungszeitplan erinnert Sie an die fälligen Wartungsarbeiten am Fahrrad. Wenn Sie sie regelmäßig durchführen, nutzen sich die Bauteile nicht vorzeitig ab. Gleichzeitig sinkt das Risiko, wegen eines Defekts in einen Unfall verwickelt zu werden.

WÖCHENTLICH

ANTRIEB **Er ist eines der kompliziertesten Teile** des Fahrrads und benötigt daher ständige Wartungsarbeiten.	■ **Die Kette** auf Abnutzung prüfen (S. 40–41). ■ **Die Gangschaltung** muss sauber schalten (S. 40–41, 130–138). ■ **Brems- und Schaltzughüllen** auf Risse oder Abnutzung prüfen (S. 40–41). ■ **Kurbelarme** und Kettenblattschrauben festziehen (S. 40–41, 166–173). ■ **Kette** und Schaltrollen nach jeder Fahrt im Regen ölen (S. 44–45).
STEUERUNG UND LAUFRÄDER **Laufräder und Steuerung** müssen Sie häufiger überprüfen, wenn Sie mehr im Gelände als auf Straßen unterwegs sind.	■ **Steuersatz** zum leichten Lenken korrekt einstellen (S. 40–41). ■ **Schnellspanner** überprüfen (S. 40–41). ■ **Prüfen, ob die Laufräder** fest sitzen und keine gebrochenen Speichen haben (S. 40–41, 88–89). ■ **Lenker** und Vorbau auf Risse prüfen und darauf achten, dass alle Schrauben festgezogen sind (S. 40–41).
BREMSEN **Bremsen verhindern** Unfälle aller Art, sodass regelmäßige Überprüfungen und Reparaturen notwendig sind.	■ **Brems- und Schaltzüge** auf Ausfransen prüfen und anschließend einfetten (S. 44–45). ■ **Bremsbeläge** ausrichten und auf Abnutzung prüfen (S. 40–41). ■ **Scheiben- und Felgenbremsenbolzen** festziehen (S. 100–101, 118–119). ■ **Bremsen** auf Risse prüfen (S. 40–41). ■ **Hydraulikschläuche** auf Abnutzung oder Lecks prüfen (S. 40–41).
FEDERUNG **Eine regelmäßige Wartung** der Federung verhindert, dass sich kleine Probleme zu größeren entwickeln.	■ **Gabel** und Dämpfergehäuse auf Risse prüfen (S. 40–41). ■ **Standrohre** und Tauchrohre auf Risse prüfen (S. 192–193). ■ **Kappen,** Kronenbolzen und Schaftbolzen festziehen (S. 196–199). ■ **Standrohre** schmieren (S. 44–45).
ELEKTRONIK (z.B. bei E-Bikes) **Die Motoren** arbeiten effizienter, wenn sie gut gewartet werden.	■ **Sicherstellen, dass die Batterie** aufgeladen ist. ■ **Das Fahrrad reinigen,** damit die Stellmotoren reibungsloser arbeiten und die Batterie geschont wird (S. 42–43). Darauf achten, dass kein Wasser in die Elektronik (z. B. den Akku des E-Bikes) gelangt.

Sicherheitstipp: Auch regelmäßige Wartungsarbeiten ersetzen nicht die Sicherheitsprüfung, die Sie vor jeder Fahrt unternehmen sollten. Prüfen Sie den Rahmen auf Risse und Schäden und schmieren Sie bestimmte Komponenten nach jeder Reinigung ein.

Der Zeitplaner (unten) schlägt vor, wie häufig Sie Ihr Fahrrad überprüfen sollten, wenn Sie viel fahren. Ein sehr häufig genutztes Fahrrad – täglich mehrere Kilometer – braucht dabei weitaus mehr Aufmerksamkeit als eines, das nur gelegentlich auf kurzen Strecken genutzt wird.

MONATLICH	HALBJÄHRLICH
■ **Prüfen, ob das Tretlager** rund läuft (S. 174–181). ■ **Kette** und Schaltrollen einfetten (S. 44–45). ■ **Pedale** bei Bedarf festziehen (S. 184–185). ■ **Zahnräder** an der Kette/Kassette auf Abnutzung prüfen (S. 156–157). ■ **Schaltwerkgelenke** bei Bedarf fixieren (S. 144–149) ■ **Schaltungsgelenke,** Züge und Klickpedalmechanismus einfetten (S. 44–45).	■ **Spiel** in der Freilaufnabe (S. 78–83), Nabenhülle (S. 90–91) und am Schaltauge prüfen (S. 144–145). ■ **Schaltrollen** auf Abnutzung prüfen (S. 144–145). ■ **Nabenschaltung ölen** und Pedale auf Laufunruhe oder Abnutzung prüfen (S. 44–45). ■ **Wenig benutzte** Kette ersetzen (S. 158–159). ■ **Zahnkränze** (S. 160–161) sowie Züge und Hüllen ersetzen (S. 132–135).
■ **Naben** auf Laufunruhe, Öflecken oder Achsenspiel überprüfen (S. 44–45). ■ **Nabendichtung** auf Spalten oder Risse überprüfen (S. 90–91). ■ **Nabendichtung** ölen (S. 90–91). ■ **Steuersatzabdeckung** prüfen (S. 52–53).	■ **Kugellager** in geöffneten Naben auf Abnutzung überprüfen (S. 94–95). ■ **Abnutzung** der Kugellager und ihrer Oberfläche im Steuersatz prüfen (S. 54–55). ■ **Kugellager** in Naben (S. 94–95) und Steuersatz schmieren (S. 54–55). ■ **Lenkerband** und Griffe austauschen (S. 62–63).
■ **Scheiben** auf Ausrichtung und Abnutzung prüfen (S. 40–41). ■ **Innere Brems- und Schaltzüge** einfetten und die Hüllen einölen (S. 44–45). ■ **Bremsbeläge** bei häufig benutzten Mountainbikes austauschen (S. 120–121).	■ **Bremsmontierung** schmieren (S. 44–45). ■ **Züge und Hüllen** ersetzen (S. 132–135).
■ **Spiel** in Gabeln und Dämpfer beseitigen (S. 196–199). ■ **Standrohre** der Gabel auf sichtbare Ölspuren prüfen (S. 192–193). ■ **Federgabel und Dämpferdichtung** auf Risse oder Spiel überprüfen (S. 198–199). ■ **Negativfederweg** an allen Dämpfern prüfen (S. 194–197). ■ **Fahrrad über Nacht auf den Kopf stellen,** damit sich Öl in der Federgabel verteilen kann.	■ **Steuersatz abbauen,** um das Gabelschaftrohr auf Risse zu überprüfen (S. 54–57). ■ **Öl der Federgabel** wechseln (S. 44–45). ■ **Federung** in der Werkstatt prüfen lassen.
■ **Stromkabel** auf Abnutzung oder Risse überprüfen.	■ **Funktion** des elektronischen Schaltwerks überprüfen (S. 136–137). ■ **Bei E-Bikes Software-Updates** vom Hersteller herunterladen.

FEHLERSUCHE

Steuerung, Sattel, Laufräder

Die unbeweglichen Komponenten benötigen die gleiche, sorgfältige Wartung wie die beweglichen. Lenker, Vorbau, Sattel und Sattelstütze tragen das Körpergewicht des Fahrers und sorgen für Fahrkomfort. Laufräder und Steuersatz sollten sich ruhig und ohne Spiel drehen.

PROBLEM	MÖGLICHE URSACHEN
Lenkung reagiert nicht wie erwartet, wenn Sie den Lenker einschlagen. Andere Symptome sind: ■ **Die Lenkung erfolgt verzögert** oder ungenau. ■ **Lackierung** mit Rissen und Blasen, Risse am Rahmen um die Rohrmuffen oder weiches oder federndes Carbon.	■ **Der Lenker** ist verbogen oder nicht korrekt ausgerichtet. ■ **Der Steuersatz** ist zu fest, zu lose oder abgenutzt. ■ **Die Gabel** oder der Rahmen ist verzogen.
Die Sattelstütze wackelt oder senkt sich nach und nach während der Fahrt ab. Darauf sollten Sie auch achten: ■ **Der Sattel** ist nicht gerade. ■ **Das Treten fällt schwerer,** weil die normale Sattelhöhe unterschritten ist.	■ **Der Durchmesser der Sattelstütze** ist zu klein für den Rahmen. ■ **Die Sattelklemme** ist locker. ■ **Die Sattelstützenklemmung** ist locker oder ist an der Sattelstütze hochgerutscht.
Das Fahrrad lässt sich in Kurven unsicher fahren. Andere Symptome sind: ■ **Die Laufräder** ruckeln auf der Nabe oder schwanken im Rahmen. ■ **Die Bremsen** reiben gegen die Felge.	■ **Die Reifen** sind nicht ausreichend aufgepumpt. ■ **Die Kugellager** der Flanschnaben sind locker. ■ **Das Laufrad** ist nicht richtig eingespannt. ■ **Der Steuersatz** ist abgenutzt oder nicht korrekt eingestellt.
Die Felge oder der Reifen reibt während der Fahrt an Bremse, Rahmen oder Gabel. Andere Symptome sind: ■ **Lockere oder gebrochene Speichen** führen zum Ruckeln. ■ **Das Laufrad ist verzogen,** häufig die Folge eines Unfalls.	■ **Das Laufrad** ist nach einem Schlag nicht ausgerichtet, weil sich Speichen gelockert haben. ■ **Das Laufrad** sitzt schief in den Ausfallenden. ■ **Die Reifenwulst** sitzt nicht richtig auf der Felge. ■ **Die Bremse** ist nicht richtig ausgerichtet.
Widerstand beim Fahren beim Pedalieren wie auch im Leerlauf. Darauf sollten Sie auch achten: ■ **Mahlende oder quietschende** Geräusche vom Laufrad ■ **Die Reifen** reiben gegen Rahmen oder Bremsen.	■ **Die Nabenlager** sind verschmutzt, abgenutzt oder zu fest. ■ **Das Laufrad** ist nicht richtig eingespannt oder die Reifenwulst sitzt nicht richtig in der Felge. ■ **Die Bremsen** sind nicht richtig ausgerichtet.

Probleme mit diesen Bauteilen machen das Fahren unbequem und schwierig. Wenn Sie den Lenker nicht mehr sauber einschlagen können oder wenn die Laufräder unrund laufen, müssen Sie die Ursache für das Problem suchen und so schnell wie möglich Abhilfe schaffen.

MÖGLICHE LÖSUNGEN

Die Ausrichtung des Lenkers prüfen. Der Vorbau muss auf einer Linie mit dem Laufrad sein, sodass der Lenker im 90-Grad-Winkel zum Laufrad steht. Einen verbogenen Lenker müssen Sie austauschen (S. 60–61).

Ist der Steuersatz frei und ohne Spiel beweglich? Bei Bedarf müssen Sie ihn einstellen und/oder die Kugellager und -schalen schmieren oder ersetzen (S. 54–57).

Rahmen und Gabel auf Lackschäden, Risse oder verzogene Rohre prüfen. Ersetzen Sie sie, außer sie sind aus Stahl, den ein Rahmenbauer richten kann.

Die Sattelstütze gegen eine mit dem korrekten Durchmesser austauschen. Mit einer Schiebelehre den inneren Durchmesser des Sattelrohrs bestimmen (S. 68–69).

Die Sattelklemme anziehen, sodass die Klauen der Klemme in der korrekten Position um das Sattelgestell sitzen (S. 68–69).

Die Sattelstützenklemme abschrauben und reinigen, ebenso den oberen Bereich im Sitzrohr. Die Klemme einsetzen, schmieren und die Sattelstütze einsetzen (S. 68–69).

Den Reifen auf einen Platten prüfen – den Platten flicken oder den Schlauch austauschen. Dann den Reifen mit dem vorgegebenen Druck des Herstellers wieder aufpumpen (S. 48–49).

Die Kugellager des Konuslagers so einstellen, dass sie ohne seitliches Spiel fest sitzen.

Das Laufrad ausrichten, sodass die Felge gerade ist. Die Spannung der Speichen im verbogenen Abschnitt mit einem Nippelspanner einstellen (S. 88–89).

Das Laufrad drehen, um das Ausmaß des verbogenen Laufrads abzuschätzen. Die gebrochenen Speichen ersetzen und das Laufrad ausrichten oder insgesamt ersetzen (S. 88–89).

Das Laufrad aus- und wieder einbauen, sodass es korrekt zentriert in den Ausfallenden sitzt. Die Achsenmutter gleichmäßig auf jeder Seite anziehen oder den Schnellspanner schließen (S. 78–81).

Aus dem Schlauch die Luft entweichen lassen und die Reifenwulst in die Felge pressen. Anschließend den Schlauch wieder aufpumpen (S. 84–87).

Die Konuslager reparieren und Schalen, Kegel und Kugellager auf Abnutzung prüfen. Nicht abgenutzte Teile schmieren und festziehen. Abgenutzte oder angefressene Teile austauschen.

Das Laufrad so ausrichten, dass es gerade läuft. Dann prüfen, ob die Reifenwulst korrekt in der Felge sitzt. Bei Bedarf Luft aus dem Schlauch lassen und die Reifenwulst richtig einsetzen (S. 84–89).

Die Ausrichtung der Bremsen an der Felge so einstellen, dass die Bremsbeläge parallel zur Felge stehen. Dann die Zentrierung prüfen und bei Bedarf einstellen (S. 112–117).

FEHLERSUCHE

Felgenbremsen

Bremsen sind zwar mechanisch einfach, aber gleichzeitig sind sie für die Sicherheit lebensnotwendig – jeder Mangel kann gefährliche Folgen haben. Gut gewartete Bremsen haben viel Kraft und können das Tempo schnell und wirksam verringern oder das Fahrrad ganz stoppen.

PROBLEM	MÖGLICHE URSACHEN
Bremsen machen Geräusche, wenn Sie am Bremsgriff ziehen, um langsamer zu werden. Andere Symptome sind: ■ **Kreischen oder Kratzen** beim Bremsen. ■ **Ruckeln,** wenn die Bremsbeläge auf die Felgen treffen. ■ **Bremsbeläge reiben** an der Felge.	■ **Das Kreischen** kann von Bremsbelägen stammen, deren hinteres Ende im spitzen Winkel zur Felge steht, oder es wird von Schmutz- und Bremsbelagresten an der Felge verursacht. ■ **Das Kreischen oder Kratzen** kann von alten, harten Bremsbelägen oder auch von Verschmutzungen verursacht werden.
Das Fahrrad wird langsamer, wenn Sie den Bremshebel ziehen, aber es kommt nicht vollständig zum Stillstand. Darauf sollten Sie auch achten: ■ **Der Bremshebel berührt** den Lenker, wenn Sie ihn ziehen. ■ **Schlechtes Bremsverhalten** bei feuchtem Wetter.	■ **Die Bremsbeläge** sind abgenutzt, der Bremszug ist gedehnt oder der Schnellentspanner hat sich geöffnet. ■ **Schlecht ausgerichtete Bremsbeläge** rutschen unter die Felge. ■ **Der Verbindungsdraht bei Cantilever** ist falsch eingestellt. ■ **Beläge oder Felgen** sind abgenutzt oder verschmutzt. Stahlfelgen erzeugen bei Nässe wenig Reibung.
Die Bremsen verlieren schrittweise oder plötzlich Kraft, ohne dass die Geschwindigkeit sinkt. Andere Symptome sind: ■ **Ein scharfes Knacken** in einem Bremszug.	■ **Die Bremszugklemmung** kann locker sein oder der Bremszug ist abgeknickt. ■ **Die Bremsbeläge** sind nicht fest genug am Bremsarm befestigt. ■ **Die Endkappe** der Bremszughülle fehlt.
Die Bremsarme springen nicht zurück, wenn Sie den Bremshebel loslassen und die Beläge berühren noch die Felgen oder sind ihnen zu nahe. Dabei spüren Sie oft auch: ■ **Ein schwammiges Gefühl,** wenn Sie am Bremshebel ziehen. ■ **Mehr Widerstand** beim Fahren als gewöhnlich.	■ **Die Gelenkbolzen sind zu fest gezogen** und verhindern, dass die Bremsarme frei beweglich sind. ■ **Trockene oder abgenutzte** Bremszüge und/oder Zughüllen. ■ **Die Bremsbeläge** sind nicht mehr an der Felge ausgerichtet, sie sind ungleich abgenutzt und ragen bis unter die Felge. ■ **Eine zu geringe Federspannung** holt die Arme nicht zurück.
Die Bremsen sind starr oder reagieren kaum, wenn Sie am Bremshebel ziehen. Andere Symptome sind: ■ **Der Bremshebel** erzeugt ein knirschendes Geräusch. ■ **Die Bremszüge** sitzen fest oder widerstehen, wenn Sie am Bremshebel ziehen.	■ **Die Bremsgelenke oder -sockel sind abgenutzt,** korrodiert oder verschmutzt. ■ **Der Bremszug ist korrodiert** oder falsch verlegt worden. ■ **Der Bremshebel** ist durch Schmutz verstopft oder beschädigt.

Jedes Problem an den Bremsen birgt Gefahr für den Fahrer und alle Straßennutzer. Wenn Sie aber die Symptome früh erkennen und schnell reagieren, können Sie die Probleme identifizieren und lösen. Dadurch reduzieren Sie auch das Risiko eines lebensbedrohlichen Unfalls.

MÖGLICHE LÖSUNGEN

Die Bremsbeläge so ausrichten, dass der vordere Teil näher an der Felge ist und diese beim Bremsen zuerst berührt. Die Bremsen müssen zentriert sein (S. 110–117).

Die Felge mit Fettlöser reinigen und ausgehärtete Belagreste entfernen. Danach mit Wasser abwaschen (S. 42–43).

Die Bremsbeläge ersetzen, wenn sie bis unter die Markierung abgenutzt sind. Sonst müssen sie mit einem scharfen Messer eingeebnet und mit Sandpapier angeraut werden (S. 110–111).

Die Bremsbeläge zur Felge zurücksetzen, den Bremszug an der Klemmung einstellen oder den Bremszugspanner wieder einstellen. Den Schnellentspanner schließen (S. 104–105, 112–117).

Bremsbeläge und Felgen auf Abnutzung prüfen und ersetzen, sobald Sie etwas entdecken. Ansonsten ihre Oberflächen reinigen und die Beläge mit Sandpapier rau schmirgeln (S. 42–43, 110–111).

Bei Cantilever-Bremsen die Bremszugklemmung lösen und den Verbindungsdraht wieder im richtigen Winkel für eine optimale Bremswirkung einstellen (S. 114–115).

Den Klemmungsbolzen festziehen und den Bremszug ersetzen, wenn er gerissen ist (S. 104–105).

Die Endkappen auf den Bremszughüllen ersetzen und dabei prüfen, ob sie Rost oder Abnutzung aufweisen. Schmieren Sie sie ein oder ersetzen Sie sie bei Bedarf (S. 104–105).

Die Bremsbeläge auf den Bremsarmen festziehen und prüfen, ob sie zentriert und an den Felgen ausgerichtet sind (S. 110–117).

Die Gelenkbolzen lösen, bis die Bremsarme frei beweglich sind. Die Gelenke oder Bremssockel schmieren (S. 44–45, 116–117).

Den Bremszug und/oder die Bremszughülle schmieren oder ersetzen. Abgenutzte Beläge ersetzen und wieder ausrichten (S. 44–45, S. 102–105, S. 110–111).

Bei V-Bremsen oder Cantilever-Bremsen die Bremsarme entfernen und den Stift der Federspannung in die oberste Bohrung am Anlötsockel stecken (S. 112–115).

Die Bremsgelenke oder Bremssockel reinigen und einschmieren. Mit Stahlwolle oder feinem Sandpapier Roststellen entfernen oder glätten (S. 42–43).

Den Bremszug und/oder die Bremszughülle reinigen oder ersetzen. Dabei prüfen, ob die Züge korrekt verlegt sind und ob sie Endkappen besitzen (S. 42–43, 102–105).

Den Bremshebel reinigen und sein Gelenk sowie den Anschluss der Bremszughülle schmieren. Defekte Hebel ersetzen (S. 42–43, 102–105).

FEHLERSUCHE

Scheibenbremsen

Scheibenbremsen sind die wirksamsten und zuverlässigsten Fahrradbremsen. Sie sind auch wegen ihrer feinen Abstufung der Bremskraft sehr beliebt. Die Scheiben sind sehr stabil und auch bei schlechtem Wetter sehr wirksam, aber sie müssen regelmäßig gewartet werden.

PROBLEM	MÖGLICHE URSACHEN
Die Bremsen quietschen, wenn Sie den Bremshebel ziehen, um die Geschwindigkeit zu verringern oder anzuhalten. Darauf sollten Sie auch achten: ■ **Geringere Bremskraft** ■ **Schwingungen oder Ruckeln** während des Bremsens.	■ **Verunreinigung durch** Schmiermittel, Fettlöser oder Bremsflüssigkeit, die auf die Scheibe oder die Beläge getropft ist. ■ **Die Oberfläche** der Scheibe ist abgenutzt oder angeraut. ■ **Bremsbolzen** sind locker und schwingen beim Bremsen.
Die Bremsbeläge reiben bei der Fahrt an der Scheibe. Andere Symptome sind: ■ **Mahlende oder kratzende** Geräusche während der Fahrt. ■ **Übermäßige Abnutzung** der Bremsbeläge und der Scheibe.	■ **Die Scheibe ist** nach einem Schlag verzogen, nachdem das Fahrrad umgefallen ist, oder das Fahrrad wurde beschädigt, während es abgestellt oder transportiert wurde. ■ **Der Bremssattel** ist nicht an der Scheibe ausgerichtet. ■ **Die Bremsbeläge** befinden sich zu nah an der Scheibe.
Verlust der Bremskraft, wenn Sie den Bremshebel ziehen, sodass Sie das Laufrad nicht vollständig anhalten können. Darauf sollten Sie auch achten: ■ **Zunahme des Bremswegs** beim Bremsen. ■ **Der Bremshebel berührt den Lenker** ohne Bremswirkung.	■ **Verunreinigung durch** Schmiermittel, Fettlöser oder Bremsflüssigkeit, die auf die Scheibe oder die Beläge getropft ist. ■ **Die Bremsbeläge** sind abgenutzt oder falsch eingestellt. ■ **Die Reichweite des Bremshebels** – der Abstand zwischen Hebel und Lenker – ist falsch eingestellt. ■ **Im Hydrauliksystem** kann sich Luft befinden.
Die Bremsbeläge springen nicht von der Scheibe zurück, wenn Sie den Bremshebel loslassen. Darauf sollten Sie auch achten: ■ **Ein kratzendes Geräusch** nach dem Bremsen. ■ **Ein mahlendes Geräusch** des Bremszugs beim Bremsen bei mechanischen Scheibenbremsen.	■ **Bremszug und/oder -hülle** sind verschmutzt, ausgefranst oder korrodiert, sodass sich die Bremsbeläge nicht bewegen. ■ **Die Hydraulikkolben** können durch Schmutz festsitzen und sind nicht frei beweglich. ■ **Schmutz** blockiert den Hebelarm eines mechanischen Bremssattels der Scheibenbremse.
Ein schwammiges Gefühl am Bremshebel bei einer hydraulischen Scheibenbremse. Andere Symptome sind: ■ **Ein veränderter Bremspunkt** – die Position des Bremshebels, an der die Bremsbeläge greifen – jedes Mal, wenn Sie den Bremshebel ziehen.	■ **Luft befindet sich im System.** Ziehen Sie wiederholt den Bremshebel und lassen ihn wieder los, nimmt die Bremskraft zu, sodass Sie ein kräftigeres Bremsgefühl haben. ■ **Flüssigkeit leckt** aus den Hydraulikschläuchen. ■ **Die Bremsflüssigkeit** wurde nach zu langem Bremsen oder nach natürlichem Eindringen von Wasser zu warm.

Da Scheibenbremsen recht komplex sind, sind Störungen nur sehr schwierig zu identifizieren. Dennoch sollte es mit den folgenden Angaben möglich sein, die Ursache eines Fehlers bei einer Scheibenbremse einzugrenzen und eine mögliche Lösung herauszufinden.

MÖGLICHE LÖSUNGEN

Die Scheibe mit Reinigungsbenzin säubern oder sie ganz ersetzen, wenn sie abgenutzt ist. Bremsbeläge und Scheibe mit sehr feinem Sandpapier rau anschmirgeln (S. 42–43).

Die Bolzen des Bremssattels und der Scheibe überprüfen und mit dem erforderlichen Drehmoment anziehen (S. 120–121).

Organische Bremsbeläge sind eine Alternative zu Belägen aus Metall. Bremsbeläge aus Metall müssen sorgfältig eingefahren werden (S. 120–121).

Die Scheibe mit einem verstellbaren Schraubenschlüssel ausrichten. Ist sie zu stark verzogen, muss sie ausgetauscht werden (S. 120–121).

Den Bremssattel so ausrichten, dass die Scheibe zwischen den Bremsbelägen zentriert ist. Dazu lösen Sie den Bremssattelbolzen, zentrieren ihn nach Augenschein und ziehen ihn fest.

Mechanische Bremsbeläge unabhängig voneinander einstellen. Bei dem äußeren Belag verändern Sie die Zugspannung und den inneren verstellen Sie mit dem Bremszugspanner.

Verunreinigungen am Bremsbelag verbrennen Sie bei einer langen, nicht so steilen Abfahrt, auf der Sie ständig bremsen. Sie können den Belag auch über einen Gasbrenner oder Gasherd mit kleiner Flamme halten. Eine verschmutzte Scheibe reinigen Sie.

Neue Bremsbeläge müssen eingefahren werden. Dazu ziehen Sie die Bremse bei hoher Geschwindigkeit 5 Sekunden lang. Das Einfahren mehrere Dutzend Mal wiederholen. Danach die Beläge aufrauen.

Den Bremshebelweg mit der Reichweiteneinstellung oder einer versenkten Schraube einstellen. Bei Bremszügen den Bremszugspanner am Bremshebel festziehen.

Bremszug und -hülle reinigen oder austauschen. Um die größte Bremswirkung zu erzielen, ziehen Sie den Bremszug am Bremssattel fest, wenn dieser vollständig geöffnet ist (S. 42–45).

Kolben reinigen. Zuerst die Bremsbeläge abnehmen und mit dem Bremshebel pumpen, bis die Kolben hervorstehen. Danach die Beläge mit einer Kolbenpresse wieder einsetzen.

Den Bremssattel einer mechanischen Scheibenbremse abbauen und reinigen. Zuvor die Bremsbeläge entfernen und das Laufrad ausbauen.

Die Bremse entlüften, damit Luftblasen aus dem hydraulischen System entweichen können (S. 108–109).

Die Hydraulikschläuche überprüfen, vor allem an den Verbindungen. Leckende Verbindungen abdichten und die Bremse anschließend entlüften (S. 108–109).

Die Bremsflüssigkeit durch dieselbe Flüssigkeit ersetzen. Mineralölhaltige Bremsflüssigkeit dürfen Sie nicht mit anderer mischen! Danach das System entlüften (S. 108–109).

Antrieb

Der Antrieb ist das komplizierteste System am Fahrrad und er besitzt das größte Fehlerpotenzial. Von den Schalthebeln über die Schaltzüge, Kurbeln, Pedale, Kettenwechsler bis hin zu den Tretlagern, Zahnkränzen, Kettenblättern und der Kette können sehr viele Bauteile kaputtgehen.

PROBLEM	MÖGLICHE URSACHEN
Die Kette rutscht oder springt, wenn Sie in die Pedale treten. Darauf sollten Sie achten: ■ **Die Kette knirscht,** wenn Sie im Stehen treten.	■ **Die Kettenglieder sind steif,** weil sie schlecht gepflegt sind. Wenn die Kette nur in einigen Gängen rutscht, sind die Zahnkränze oder Kettenblätter abgenutzt. ■ **Die Schaltschwinge** oder das Schaltwerk ist verbogen. ■ **Die Kette ist schmutzig oder abgenutzt** oder Kettenglieder sind verdreht, weil sie eingeklemmt waren.
Das Schaltwerk reagiert schwerfällig oder ungenau und schaltet erst nach mehreren Pedalumdrehungen. Andere Symptome sind: ■ **Die Kette** überspringt beim Schalten einzelne Zahnkränze. ■ **Die Kette fällt** zwischen die Zahnkränze oder zwischen Rahmen und den kleinsten Zahnkranz.	■ **Die Schaltzughülle** ist verschmutzt, abgenutzt oder gedehnt. ■ **Sie verwenden** an ihrer Stelle eine Bremszughülle. ■ **Der Schalthebel** ist gebrochen oder abgenutzt. ■ **Die Gelenke des Schaltwerks** sind abgenutzt. ■ **Die Rasterung** oder die Begrenzungsschrauben sind falsch eingestellt oder der Verschlussring der Kette ist locker.
Der Umwerfer schaltet nicht korrekt. Andere Symptome sind: ■ **Die Kette springt** auf das Tretlager oder die Kurbel ab. ■ **Die Kette** lässt sich nicht mehr auf das kleinste oder größte Kettenblatt schalten.	■ **Der Umwerfer ist falsch eingestellt,** der Schaltzug ist gedehnt oder er sitzt falsch in der Schaltzugklemmung. ■ **Die Kette ist verschmutzt** und verhindert genaues Schalten. ■ **Ein oder mehrere Kettenblätter** sind verbogen oder locker. ■ **Der Schalthebel** ist gebrochen oder abgenutzt. ■ **Schaltzug oder Gehäuse** sind schmutzig oder (an-)gerissen.
Bei E-Bikes: Der Motor springt nicht an. Darauf sollten Sie achten: ■ **Das Display des Fahrradcomputers** zeigt einen Fehlercode.	■ **Der Akku** ist nicht geladen. ■ **Der Akku oder Steckverbindungen** sind nicht richtig befestigt. ■ **Kontaktstellen oder Sensoren** sind verdreckt, sodass sie nicht mehr richtig leiten.
Das elektronische Schaltsystem funktioniert beim Schalten nicht korrekt. Andere Symptome sind: ■ **Der Gangwechsel ist unregelmäßig** oder funktioniert nicht. ■ **Antriebsverlust** der Elektromotoren an den Kettenwechslern.	■ **Der Anschluss des Stromkabels ist locker** oder wurde am Lenker durch das Lenkerband oder Klemmen gequetscht. ■ **Die Batterie** ist nicht aufgeladen. ■ **Eine falsche Einstellung der Begrenzungsschrauben** erfordert mehr Leistung beim Schalten, sodass die Batterie schneller entladen wird.

Aber wenn Sie anhand dieser Angaben Warnhinweise rechtzeitig entdecken, können Sie Probleme lösen, bevor sie zu groß werden. Wenn Sie aber trotz der Verweise auf die entsprechenden Seiten in diesem Buch das Problem nicht lösen können, wenden Sie sich an einen Fahrradladen.

MÖGLICHE LÖSUNGEN

Steife Kettenglieder lösen, indem Sie die Kette seitlich biegen. Sind Kette, Kettenblätter oder Kassette stark abgenutzt, müssen Sie alles ersetzen, denn durch abgenutzte Bauteile nutzen sich auch neue Bauteile schneller ab (S. 158–161).

Die Rasterung mit der Einstellschraube am Schaltwerk verstellen, bis die Kette greift. Die Schaltschwinge gerade ziehen oder ersetzen. Ein verbogenes Schaltwerk ersetzen (S. 148–149).

Verdrehte Kettenglieder ersetzen. Die Kette muss so lang sein, dass sie über das größte Kettenblatt und Ritzel läuft. Eine defekte Kette ersetzen, eine schmutzige reinigen (S. 158–159).

Gerissene Schaltzüge oder -hüllen ersetzen. Sind sie noch funktionsfähig, reinigen und schmieren Sie sie. Dann prüfen Sie, ob alle Presshülsen vorhanden sind und dass sich das Schaltwerk nicht über die Kassettenbegrenzung bewegt (S. 148–149).

Am Schalthebel prüfen, ob er sauber ist und korrekt funktioniert – ist er gebrochen, müssen Sie ihn ersetzen. Sind Schaltwerkgelenke und/oder Schaltrollen abgenutzt, müssen Sie sie austauschen.

Begrenzungsschrauben des Schaltwerks einstellen und prüfen, ob der Verschlussring der Kassette angezogen ist. Die Kette muss die korrekte Breite und Marke haben (S. 148–149, 158–159).

Den Schaltzug lösen, mit der Hand bewegen und prüfen, ob der Umwerfer alle Kettenblätter erreicht. Mithilfe der Begrenzungsschrauben neu einstellen. Dann den Schaltzug reinigen und in der Klemmung sichern (S. 142–143).

Kette, Kettenblätter und Umwerfer reinigen. Verbogene Kettenblätter mit einem verstellbaren Schraubenschlüssel richten. Dann die Kettenblattbolzen fest anziehen (S. 42–43).

Am Schalthebel prüfen, ob er sauber ist und korrekt funktioniert. Einen gebrochenen Schalthebel ersetzen. Defekte Schaltzüge oder -hüllen ersetzen oder reinigen und schmieren (S. 42–45, 132–135).

Die Ladung des Akkus prüfen und ihn ggf. aufladen

Die Befestigung des Akkus und aller Steckverbindungen auf festen Sitz prüfen.

Den Akku abnehmen und alle Kontaktstellen und Sensoren vorsichtig mit einem feuchten Tuch reinigen. Gründlich abtrocknen, bevor der Akku wieder eingesetzt wird.

Alle Kabel und Anschlüsse prüfen, ob sie korrekt sitzen und nicht beeinträchtig werden. Getrennte Anschlüsse mit dem passenden Werkzeug wieder verbinden (S. 138–139).

Mithilfe der LED den Batteriestand prüfen. Die Batterie bei Bedarf abnehmen und anschließend vollständig aufgeladen wieder einsetzen.

Mit den Begrenzungsschrauben sicherstellen, dass die Bewegung des Schaltwerks nicht beeinträchtigt ist (S. 138–139).

Glossar

Für *kursiv* gedruckte Begriffe innerhalb eines Eintrags gibt es im Glossar auch einen eigenen Eintrag.

Achse Der zentrale Schaft, um den sich ein Rad dreht.

Anlötsockel Ein Sockel mit Gewinde am Rahmen, an dem ein Bauteil wie ein *Flaschenhalter* oder ein *Bremsarm* befestigt ist.

Antrieb Die Bauteile Pedale, *Kurbelgarnitur*, Kette und *Zahnkränze*, die das Fahrrad antreiben. Sie wandeln die Kraft des Fahrers in Umdrehungen der Laufräder um.

Ausfallende Die Aufnahmen an den Enden der Gabelbeine und Streben, die die *Achse* eines Laufrads halten.

Ausfallendensicherung Kleine Vorwölbungen an den Ausfallenden der Gabel. Sie verhindern, dass das Vorderrad aus Versehen herausfällt, wenn der *Schnellspanner* geöffnet ist.

Bremsarme Die Arme einer *Felgenbremse*, die mit Bremsbelägen an der Felge reiben und dadurch das Laufrad stoppen.

Bremshebel Ein Hebel aus Metall oder Kunststoff, an dem der Bremszug befestigt ist und den man zieht, um zu bremsen.

Bremshebelgehäuse Das am Lenker befestigte Gehäuse, in dem der *Bremshebel* mit seinem Mechanismus sitzt.

Bremsweg Die Strecke, die sich ein *Bremshebel* bewegt, bis die Bremsbeläge Kontakt zur Bremsoberfläche an einer Felge oder *Nabe* eines Laufrads haben.

Cantilever-Bremse Eine Bremse, deren Bremsarme einzeln an der Gabel befestigt sind.

Dämpfung Der Vorgang, der die Energie eines Stoßes in einer *Federung* aufnimmt. Die Dämpfung steuert die Rate, mit der jede Federung auf unebenes Gelände reagiert.

doppelverjüngte Rohre Fahrradrohre, die an beiden Enden dicker sind als in der Mitte.

Drehschalter Ein *Schalthebel*, bei dem zum Schalten an einem Griff gedreht wird.

Dual-Pivot-Bremse Eine Version der *Felgenbremse*, bei der sich jeder Bremsarm um ein eigenes Gelenk dreht.

Durchschlag Er beschreibt den Punkt, an dem eine *Federgabel* oder ein Dämpfer das Ende des *Federwegs* erreicht.

Entlüftung Eine Methode, um Luft aus hydraulischen Bremssystemen zu entfernen.

Federgabel Eine Gabel mit *Federung*. Das häufigste System ist die Teleskopgabel. Siehe auch *Standrohr*.

Federkralle Eine Befestigung in einem *Vorbau* ohne Vorbauschaft, die den Vorbau im *Gabelschaftrohr* fixiert.

Federspannungsstift Ein Ende der Rückholfeder bei *Cantilever-Bremsen* oder *V-Bremsen*, das in einer Bohrung am *Anlötsockel* sitzt.

Federung Ein Luft-/Öl- oder Feder-/Ölsystem, das Stöße im Gelände oder auf der Straße dämpft. Das System ist in die *Gabel* eingebaut oder über eine Verbindung am Hinterrad angebracht.

Federweg Die Strecke, die eine *Federung* bei einem Stoß zurücklegt.

Felgenbremse Eine Bremse, die am Rahmen befestigt ist und deren Bremsarme von oben um den Reifen greifen.

Flaschenhalter Ein leichtes Gestell am Rahmen, das Trinkflaschen leicht zugänglich aufnimmt.

Freilaufnabe Eine *Nabe*, mit der das Hinterrad rollt, ohne dass die Pedale bewegt werden.

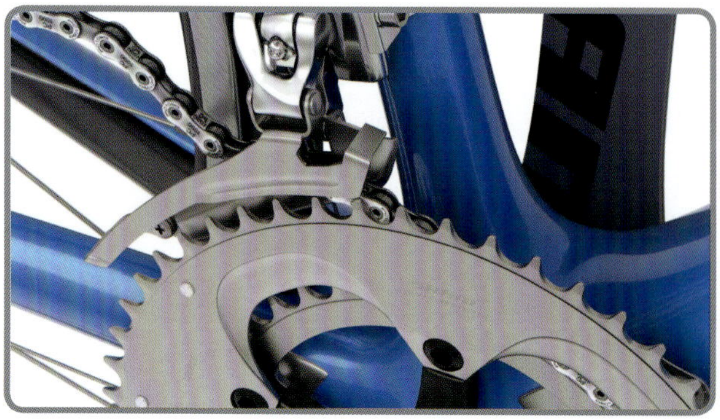

Kettenwechsler an Straßenrädern und Geländerädern bewegen die Kette beim Schalten über Kassette und Kettenblätter.

Freilaufrad Ein ähnlicher Mechanismus wie die *Freilaufnabe*, den man an die *Nabe* an- oder abschrauben kann.

Gabel Das Bauteil eines Fahrrads, das das Vorderrad hält. Sie besteht aus zwei Gabelbeinen, die über die Gabelkrone miteinander verbunden sind.

Gabelschaftrohr Das Rohr, das die *Gabel* mit dem *Vorbau* und dem Lenker verbindet.

Gang Eine Kombination aus *Kettenblatt* und *Zahnkranz*, die die Kraft über- oder untersetzt.

Gewinde Die spiralförmige Rille in einem Metall, die dazu dient, zwei einzelne Bauteile mit einer Mutter oder einer Schraube zu verbinden.

Gewindestift Ein kopfloser Bolzen mit Gewinde und gleich bleibendem Durchmesser. Auch »Madenschraube«.

GPS (Global Positioning System) Ein Navigationsnetzwerk aus Satelliten. Ein am Lenker befestigtes Gerät dient nicht nur zur Navigation, sondern es zeichnet auch die Geschwindigkeit und andere Daten auf.

Haftreibung Eine Kraft, die das Gleiten beweglicher Objekte auf statischen Flächen verhindert. Sie ermöglicht das Fahrradfahren, weil sie dafür sorgt, dass der Reifen auf dem Boden haftet.

hinteres Rahmendreieck Den hinteren Teil eines Fahrrads bilden *Sitzstreben*, *Kettenstreben* und das *Sitzrohr*.

Hydraulik Ein technisches System, das mit unter Druck stehender Flüssigkeit Kraft überträgt.

Inbus-Bolzen Auch Innensechskantbolzen: Ein Gewindebolzen mit einer sechseckigen Vertiefung in seinem Kopf.

Inbus-Schlüssel Auch Innensechskantschlüssel: Ein sechseckiger Schraubenschlüssel für *Inbus-Bolzen*.

Indexschalthebel Ein *Schalthebel*, der bei jedem Gang einrastet.

Innenzugendkappe Eine kleine Metallkappe, die an einer Seite geschlossen ist und die das Ende eines Brems- oder Schaltzugs vor dem Ausfransen schützt.

Kabelmontierung Eine Vorrichtung, die die Hülle eines Bowdenzugs fixiert, sodass der Zug beweglich bleibt.

Dual-Pivot-Bremsen haben eine größere Bremswirkung als Bremsen mit nur einem Gelenk (Single-Pivot-Bremse).

Kassette Mehrere *Zahnkränze* an einer *Freilaufnabe*, die für verschiedene Übersetzungsverhältnisse unterschiedlich groß sind.

Kettenblatt Ein Zahnrad an den *Kurbeln*, das die Kraft mithilfe der Kette auf die *Zahnkränze* und das Hinterrad überträgt.

Kettenstrebe Die Strebe, die vom *Tretlager* zum hinteren *Ausfallende* verläuft.

Kettenwechsler Ein Bauteil, das die Kette zwischen den *Zahnkränzen* einer Kassette (Schaltwerk) bzw. den *Kettenblättern* an der *Kurbel* (Umwerfer) bewegt.

Klemmbolzen Ein Bolzen im Rahmen des *Sitzrohrs* älterer Fahrräder, der die *Sattelstütze* im Rahmen sichert.

Klemmspindel Eine Schraube, die einen Kegelstumpf oder ein Metalldreieck in einem Rohr aufspreizt, um es zu befestigen. Sie kommt häufig im Vorbau eines *Steuersatzes* mit Gewinde vor.

Klemmung Eine Befestigung, die auf der Reibung zweier Bauteile beruht.

Klickpedal Ein Pedal mit einem Mechanismus, der die *Pedalplatte* an der Sohle eines Fahrradschuhs aufnimmt und den Fuß fixiert.

Kompression Die Reaktion einer *Federung*, die einen Stoß dämpft. Sie beschreibt das Zusammendrücken einer Feder.

Konus Teil eines Konuslagers, das die Kugeln des Kugellagers *(Lager)* gegen die Schale presst.

Kurbel Der Hebel, der die Pedale mit den *Kettenblättern* und der Welle verbindet und die Kraft des Fahrers auf den *Antrieb* überträgt.

Kurbelgarnitur Sie besteht aus den *Kettenblättern* und den *Kurbeln*.

Kurbelstern Ein mehrarmiges Bauteil der rechten Kurbel, an dem die *Kettenblätter* festgeschraubt sind.

Lager Ein Bauteil, das gewöhnlich aus Kugeln oder Nadeln in einer Schale besteht. Lager verringern die Reibung zwischen zwei beweglichen Metallbauteilen.

Nabe Das zentrale Bauteil eines Laufrads, durch das die *Achse* verläuft, damit sich das Laufrad drehen kann.

Negativfeder Eine Feder, die in einem *Federungs*-System gegen die Hauptfeder wirkt. Nach jeder *Kompression* bringt die Negativfeder die *Gabel* wieder in ihre Ausgangsposition, um die Auswirkungen der *Haftreibung* zu überwinden.

Nippel Ein Metallteil am Ende eines Bremszugs, das den Bremszug im Bremsgriff verankert.

Oberrohr Dieses Rohr verbindet das *Sitzrohr* mit dem *Steuerrohr*.

Pedalplatte Eine Platte aus Kunststoff oder Metall an der Sohle von Fahrradschuhen, die den Fuß in einem *Klickpedal* sichert.

Planetengetriebe Aufbau einer Nabenschaltung. Es hat ein Sonnenzahnrad in der Mitte, um das sich mehrere Planetenzahnräder drehen.

Profil Die Lauffläche eines Reifens, die Kontakt mit dem Boden besitzt.

Rennradventil Ein Hochdruckventil an Schläuchen von Straßenrädern.

Rennradventilmutter Eine *Sicherungsmutter* am Gewinde des *Ventileinsatzes*. Die Mutter muss gelöst werden, wenn der Schlauch aufgepumpt werden soll.

Ritzel Eine andere Bezeichnung für einen *Zahnkranz*.

Ritzelsatz Eine andere Bezeichnung für die *Kassette* einer Kettenschaltung.

Eine Sattelstütze trägt den Sattel und ist ins Sitzrohr eingelassen. Mit ihr wird die Sattelhöhe eingestellt.

Rotor Eine Metallscheibe, die fest an der Laufradnabe angebracht ist. Sie bildet die Bremsoberfläche einer Scheibenbremse.

Rückfederung Eine Reaktion der *Federung*, nachdem sie einen Stoß gedämpft hat. Dabei dehnt sich die Feder wieder aus.

Sattelstütze Ein Rohr, das im *Sitzrohr* sitzt und den Sattel hält.

Sattelstützenklemmung Eine Klemmung, mit der die *Sattelstütze* befestigt wird.

Schaltauge Ein Metallteil, das am hinteren, rechten *Ausfallende* angebracht ist und an dem das *Schaltwerk* befestigt ist.

Schaltgruppe Ein Komponentensatz eines bestimmten Herstellers, zu dem *Kettenwechsler*, *Kurbelgarnitur*, *Schalthebel, Felgenbremsen*, Kette und *Kassette* gehören.

Schalthebel Der Hebel, mit dem man die Gänge schaltet. Er ist normalerweise am Lenker befestigt.

Schaltrollen Die beiden Zahnräder der Schaltschwinge eines *Schaltwerks*.

Schnellspanner Eine Klemmung mit einem Hebel, mit der sich eine Komponente ohne Werkzeug vom Rahmen lösen lässt.

Sechskantbolzen oder -mutter Ein Gewindebolzen mit einem sechseckigen Kopf oder eine sechseckige Mutter.

Seitenwand Teil des Reifens zwischen der *Profilfläche* und der Felge.

Sicherungsring/-mutter Ein Ring oder eine Mutter, die auf einem Gewinde andere Bauteile sichern.

Sitzrohr Das Rohr zwischen *Tretlager* und *Sattelstütze*.

Sitzstrebe Die Strebe, die das obere *Sitzrohr* mit dem hinteren *Ausfallende* verbindet.

Sperrklinke Eine gekrümmte Stange oder ein Hebel. Sie blockiert die Zähne einer Knarre, damit sich diese nur in einer Richtung dreht.

Spiel Der Begriff beschreibt jede Lockerheit zwischen mechanischen Bauteilen.

Standrohre Die oberen Beine einer *Federgabel*.

Steuerrohr Das Rohr am Rahmen, das das *Gabelschaftrohr* aufnimmt.

Steuersatz Die Baugruppe mit *Lagern*, über die die *Gabel* mit dem Rahmen verbunden ist. Es gibt Steuersätze mit und ohne Gewinde.

Steuersatzabstandsringe Ringe aus einer Legierung oder aus Carbon, die über dem *Steuersatz* sitzen, um die Höhe des *Vorbaus* zu regulieren.

Torx-Schlüssel Dieser Schlüssel besitzt sechs abgerundete Spitzen und Ecken. Torx-Bolzen ersetzen manchmal Vorbaubolzen und Klemmungen mit *Inbus-Bolzen*.

Tretlager Ein Bauteil mit Kugellagern, in dem die Tretlagerwelle verläuft.

Tretlagerwelle Sie sitzt im *Tretlager* und verbindet die *Kurbeln*.

Unterrohr Das Rohr, das das *Tretlager* mit dem *Steuerrohr* verbindet.

V-Bremse Eine Version der *Cantilever-Bremse* mit langen Bremsarmen, bei der der Bremszug an einem Bremsarm sitzt und die Bremszughülle sich am anderen befindet.

Ventil Dieses Bauteil verhindert, dass Luft aus dem Schlauch entweicht. Gleichzeitig kann man dadurch Luft in den Schlauch pumpen.

Ventileinsatz Die inneren Bauteile eines *Ventils*.

Verbindungszug Ein kurzer Zug, der die beiden Arme einer *Cantilever-Bremse* verbindet.

Viskosität Die Zähflüssigkeit einer Flüssigkeit wie Öl. Das Öl in einer *Dämpfung* besitzt eine hohe Viskosität. Das bedeutet, es ist sehr dickflüssig, sodass der Dämpfer besser funktioniert.

Vorbau Die Komponente, die den Lenker am *Steuerrohr* befestigt.

Wulst Der Rand eines Reifens, der auf der Felge sitzt.

Wulstreifen Reifen, die mit ihrer Wulst in der Felge sitzen.

Zahnkranz Ein Metallring mit Zähnen, der auch als *Ritzel* bezeichnet wird. Gewöhnlich werden damit die Teile einer *Kassette* beschrieben, die für unterschiedliche Übersetzungsverhältnisse verantwortlich sind.

Zentrierständer Ein Ständer für Laufräder, die sich frei zwischen zwei Klauen drehen können. Das Gestell wird nach der Reparatur einer gebrochenen Speiche beim Ausrichten eines Laufrads eingesetzt.

Zughüllenendkappe Eine Kappe, die auf ein Ende einer Zughülle gepresst wird, um sie an einer Montierung zu sichern.

Zuglängeneinstellung Eine kleine Mutter am Ende von Brems- oder Schaltzügen, mit der sich die Länge und damit auch die Spannung eines Zugs verstellen lässt.

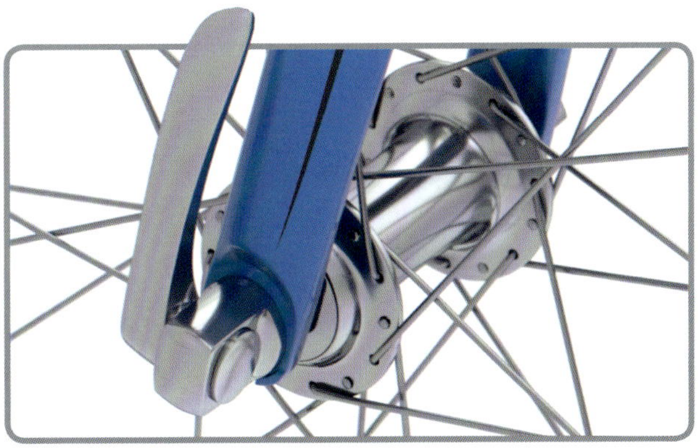

Mit einem Schnellspanner lassen sich Laufräder oder Bremszüge ohne Werkzeug schnell und einfach ausbauen oder öffnen.

Register

Seitenzahlen in **Fettdruck** verweisen auf Haupteinträge.

A

Achse 90, 164, 174
Alltagsfahrräder
Komponenten **14-15**
Pedale 182-183
siehe auch Lastenräder, Nutzräder
Antrieb 10
Antriebsschwinge (Hinterradfederung) 190-191
Antriebssysteme einstellen 129
Außenschaltzug einbauen **132-133**
Elektronikschaltung einstellen **138-139**
elektronische Schalter 136-137
Fahrradkette abbauen und ersetzen **158-159**
Fehlersuche **214-215**
Handschalter 130-131
Innenschaltzug einbauen **134-135**
Kette und Kassetten, Funktion **156-157**
Kurbelgarnitur
ab- und anbauen **166-173**
Campagnolo Ultra-Torque ab- und anbauen **170-171**
Funktion **164-165**
Ratgeber **162-163**
Shimano HollowTech II ab- und anbauen **166-167**
SRAM Red ab- und anbauen **172-173**
Nabenschaltung
einstellen **152-155**
Funktion **150-151**
Shimano Alfine 8 einstellen **152-153**
Patronenlager ersetzen **178-179**
Pedalachse schmieren **184-185**
Pedale, Ratgeber 182-183
Pedalplatten anpassen **186-187**
Ratgeber **128-129**
Reinigung 42
Schaltwerk
einbauen **146-147**
einstellen **148-149**
Funktion **144-145**
Shimano Di2 einstellen **138-139**
Sturmey-Archer-Dreigangnabe **154-155**
Tretlager
ersetzen **176-181**
Campagnolo Ultra-Torque **176-177**
Shimano HollowTech II **180-181**
Funktion **174-175**
Umwerfer **140-141**
einstellen **142-143**
Vierkantgarnituren ab- und einbauen **168-169**
Wartung, Zeitplaner **206-207**
siehe auch Kurbelgarnitur, Kurbeln, Schaltwerk, Umwerfer etc.
Antriebsschwinge (Hinterradfederung) 190-191
Ausrüstung
Bekleidung **30-33**
Fahrradtechnik **26-27**
Notfall **49**
notwendige **24-25**
nützliche **28-29**
Werkzeug **36-37**
siehe auch Bekleidung

B

Bahnräder
Antrieb, Ratgeber 128-129
Komponenten 17
Kurbelgarnitur, Ratgeber **162-163**
Begrenzungsschrauben 140, 144
Bekleidung
für kaltes Wetter 31, 33
für Regenwetter 31, 33
Geländefahrten **32-33**
Pflege 33
Sichtbarkeit 31
Straßenfahrten **30-31**
Beleuchtung 25
Dynamos 27
Bergfahrten, Ratgeber Laufräder 74-75
Blockiermechanismus, Federung 192
Bremsbeläge einfahren 213
Bremsen
Bremsarme 100
Bremsbeläge 100
ersetzen **110-111**
Bremsflüssigkeit 107, 109, 212
Bremshebel einstellen 23, 61
Bremsmantel 122
Brems-Schaltgriffwinkel und -position, Geländeräder 23
Bremsschlauch ersetzen, Hydraulikbremse **106-107**
Bremssysteme einstellen 99, **112-121**
Bremszug 118
Einbau bei Mountainbikes **104-105**
Einbau bei Straßenrädern **102-103**
Cantilever-Bremsen 98-99, 100, 111
Cantilever-Bremsen einstellen **114-115**
Dual-Pivot-Bremsen 98-99, 100, 110
Dual-Pivot-Bremsen einstellen **116-117**
Entlüftung einer Hydraulikbremse **108-109**
Fehlersuche
Bremsflüssigkeit 212
Felgenbremsen **210-211**
Scheibenbremsen **212-213**
Felgenbremsen 76, 100-101
Felgenbremsen schmieren 44
hydraulische Scheibenbremse 118-119
Mittelzugbremsen 98-99
Quietschen 117, 210-211
Ratgeber **98-99**
Scheibenbremse 12, 98-99, 118
Scheibenbremsen einstellen **120-121**
Tests vor der Fahrt 40
Trommelbremsen 122-123
Trommelbremsen, Einbau und Einstellen eines Bremszugs **124-125**
V-Bremsen 98-100, 111
einstellen **112-113**
Wartung mechanischer Bremsen **110-111**
Wartung, Zeitplaner **206-207**
Wartung einer Hydraulikbremse **106-109**
Werkzeug 37
Bremsflüssigkeit 107, 109, 118, 213
Bremssattel 118
Bremsscheibe 118
Bremszüge 102-105
Bremszugklemmung 130
Brillen 27
Geländefahrten 32, 33
Straßenfahrten 30, 31

C

Campagnolo
elektronische Schalter 136, 137
Ketten 159
Power, Tretlager 174
Power Torque, Kurbelgarnitur 170
Schaltzug 133
Ultra-Torque **176-177**
Kurbelgarnitur ab- und anbauen **170-171**
Tretlager ersetzen 174, **176-177**
Cantilever-Bremse 100
Bremsbeläge ersetzen 111
einstellen **114-115**
Ratgeber **98-99**
Carbonmontagepaste 38,45
Carbonräder, Anzeichen auf Schäden 41
Computer, Fahrrad 26
Cross-Country-Räder
Bauweise 12
Federung, Ratgeber **190-191**
Komponenten 19
Laufräder, Ratgeber **74-75**
vollgefedert 19
Cyclo-Cross-Räder
Bremsen 98-99, 100
Komponenten 17
Kurbelgarnitur, Ratgeber **162-163**, 164
Laufräder, Ratgeber **74-75**

D

Dämpfer 202-203
Hinterradfederung 190-191
Pumpen 195, 197, 203
siehe auch Federung
Dämpfung 196-197
Dichtungsmittel, schlauchlose Reifen 87
Dirt-Mountainbikes
Komponenten 19
Doppelbrückengabel 191
Downhill-Räder
Antriebssysteme 128, 129
Bauweise 12
Federung, Ratgeber **190-191**
Komponenten 19
Kurbelgarnitur, Ratgeber **162-163**
Laufräder, Ratgeber 74
Pedale 182
Sattelhöhe und -winkel 22
vollgefederte 19
Drehzapfen 130
Dual-Pivot-Bremsen 100
Bremsbeläge ersetzen 110
einstellen **116-117**
Ratgeber **98-99**
Dynamos 27

E

E-Bikes 7, 10, 15, 19, 206, 207, 214, 215
Antrieb 10
E-Mountainbikes 19
Komponenten 15
Einfachbrückengabeln 191
Ein-Gang-Räder
Antrieb 10
Antrieb, Ratgeber 128-129
Komponenten 15
Kurbelgarnitur, Ratgeber **162-163**
Einpresslager **92-93**
Elastomerdämpfer 191
Elektronik
Wartung, Zeitplaner **206-207**
Elektronikschaltungen **136-137**
Fehlersuche 214-215
Ratgeber 128-129
Reinigung 43
Shimano Di2 einstellen **138-139**
Ellbogenschoner 33
Enduro-Räder 12
Entlüftung, Hydraulikbremse **108-109**
Entlüftungsbausatz 37
Ersatzteile 37

F

Fahrradanhänger 29
Fahrradgröße
Geländeräder 23
Straßenräder 21
Fahrradhelme 27
Geländefahrten 32, 33
Helmkameras 27
Straßenfahrten 30, 31
Fahrradhosen 30, 31, 32, 33
Fahrradketten
abbauen und ersetzen 158-159
einfetten 44
Fehlersuche 214-215
Funktion 156-157
Kettennieter 37
Kettenstrebenschutz 46-47
kürzen 159
Mountainbike-Kettenschutz 47
Schutz selbst herstellen 47
Fahrradkorb 29
Fahrradpanne 48-49
Fahrradschlösser 25, 27
Fahrverhalten, Fehlersuche 208-209
Falträder

  - Komponenten 15
  - Ratgeber Antrieb 128-129
- Fat Bikes
  - Komponenten 19
- Federeinstellungsschraube 113
- Federgabeln mit Luftdruck
  - Negativfederweg **194-195**
  - Teleskopgabeln abstimmen **196-197**
- Federung
  - Antriebsschwinge 190-191
  - Cross-Country-Räder 12
  - Downhill-Räder 12
  - Federgabeln 190-191
    - warten 194-199
  - gefederter Sattel/Sattelstütze 190-191
  - Geländeräder 12
  - Hinterradfederung 190-191
    - Funktion **200-201**
  - M-Check 40-41
  - Negativfederweg
    - Hinterradfederung **202-203**
    - Vorderradfederung **194-195**
  - Ratgeber **190-191**
  - schmieren 45
  - Tauchrohre warten **198-199**
  - Teleskopgabel
    - abstimmen **196-197**
    - Funktion **192-193**
  - Wartung 191
    - Zeitplaner **206-207**
- Felgen, Laufrad
  - Ratgeber Laufräder **74-75**
- Felgenbremsen 76
  - Fehlersuche **210-211**
  - Hauptkomponenten **100-101**
  - schmieren 44
- Felgenräder 76-77
  - *siehe auch* Reifen, Laufradlager, Naben
- Fehlersuche
  - Antrieb **214-215**
  - Felgenbremsen **210-211**
  - Laufräder **208-209**
  - Sattel **208-209**
  - Scheibenbremsen **212-213**
  - Steuerung **208-209**
- Festziehen, Bauteile 38
- Flansch, Nabe 90
- Flaschenhalter 25
- Freeride-Räder, Federung 190

G

- Gabel
  - Federung 190-191
  - Negativfederweg **194-195**
  - Reinigung 43
  - schmieren 45
  - Tauchrohre warten **198-199**
  - Teleskopgabel
    - abstimmen **196-197**
    - Funktion **192-193**
- Gabellagerschale 52
- gefederter Sattel/Sattelstütze 190-191
- Geländeräder
  - Bauweise **12-13**
  - Bekleidung **32-33**
  - Bremsen 98-99, 100
  - elektronische Schalter 136
  - Federung, Ratgeber 12, **190-191**
  - Größe 23
  - Kettenschutz 47
  - Komponenten **18-19**
  - Kurbelgarnitur, Ratgeber **162-163**, 164
  - Laufräder, Ratgeber **74-75**
  - Lenker 13, 58
  - Pedale 182-183
  - Pedalplatten 187
  - Reifen 12
  - Sattel 66
  - Sattelhöhe und -winkel 22
  - Schalthebel 130, 136
  - Scheibenbremsen 12
  - Sitzposition 13, **22-23**
  - *siehe auch* einzelne Komponenten
- Gepäckträger 28
- gerade Lenker 58
  - Einbau eines Bremszugs **104-105**
  - Lenkergriffe ersetzen **64-65**
- Geräusche, Fehlersuche 209-211, 215
- Gewindeverschleiß 39
- GPS 26
- Gravel Bikes
  - Bremsen 98
  - Komponenten 17
  - Kurbelgarnitur 164

H

- Handschalter, Funktion **130-131**
- Handschuhe 30-33
- Hardtail-Mountainbikes 190
  - Komponenten 19
- Helikopter-Band 47
- Hinterradfederung 190-191
- Hochlenkerwinkel, Geländeräder 23
- Hydraulikbremsen
  - Bremsschlauch ersetzen **106-107**
  - Entlüftung **108-109**
  - Fehlersuche hydraulische Scheibenbremse 213
  - Funktion **118-119**
  - Kolben 118
  - Wartung **106-109**
  - Werkzeug 37

I, J

- Inbus-Schlüssel 36, 39
- Inbus-Schrauben 39
- Innensechskantschlüssel
  - *siehe* Inbus-Schlüssel
- Jacken 31-33

K

- Kabelösen/Spiralen 46
- Kameras 27
- Kassetten
  - Aus- und Einbau eines Hinterrads mit Kettenschaltung **80-81**
  - Fehlersuche 214-215
  - Funktion **156-157**
  - Kassettenwerkzeug 37
  - Reinigung 43
  - Schaltwerk 144
  - Zahnkranzkassette abbauen und warten **160-161**
- Kettenblätter 162, 164
  - Fehlersuche 214-215
- Kettenwechsler 156
  - elektronische Kettenwechsler 136
  - Schaltwerk einbauen **146-147**
  - Schaltwerk einstellen **148-149**
  - Schaltwerk, Fehlersuche 214-215
  - Schaltwerk, Funktion **144-145**
  - Schaltwerk, Ratgeber Antrieb **128-129**
  - Schaltwerk schmieren 44
  - Umwerfer, einstellen **142-143**
  - Umwerfer, Fehlersuche 214-215
  - Umwerfer, Funktion **140-141**
  - Umwerfer, Ratgeber Antrieb **128-129**
- Kinderräder, angehängt 29
- Kindersitze und -anhänger 29
- Klickpedale 182-183, 186
- Klickschalter 130
- Knieschoner 33
- Komforträder, Komponenten 17
- Konuslager **94-95**
- Körperpolsterung, Geländefahrten 32
- Kurbelgarnitur
  - ab- und anbauen **166-173**
  - Bauteile 164, 171
  - Campagnolo Ultra-Torque **170-171**
  - Funktion 164-165
  - Ratgeber **162-163**
  - Shimano HollowTech II **166-167**
  - SRAM Red **172-173**
  - Vierkantgarnituren ab- und anbauen **168-169**
  - Wartung 163
  - Werkzeug 169
- Kurbeln
  - Kurbelabzieher 37, 169
  - Kurbelschrauben 174
  - Kurbelstern 164, 174
  - schmieren 44
- Kuriertaschen 28

L

- Lager
  - Laufradnabe 90
  - Steuersatz 52
  - Tretlager 174
  - Wartung eines Laufradlagers **92-95**
- Lastenräder
  - Komponenten **14-15**
  - Pedale 182-183
- Laufräder
  - ausrichten 88, 89
  - Aus- und Einbau eines Hinterrads **80-81**
  - Aus- und Einbau eines Hinterrads mit Kettenschaltung **80-81**
  - Aus- und Einbau eines Hinterrads mit Nabenschaltung **82-83**
  - Aus- und Einbau eines Vorderrads **78-79**
  - Cross-Country-Räder 12
  - Delle 49
  - Fehlersuche **208-209**
  - M-Check 40-41
  - Ratgeber **74-75**
  - Reinigung 43
  - Schlauchlose Reifen wechseln **86-87**
  - schmieren 44
  - Straßenräder 10
    - lockere Speichenspannen **88-89**
  - Wartung 88-89
    - Zeitplaner **206-207**
  - Wulstreifen wechseln **84-85**
- Laufradlager
  - Konuslager **94-95**
  - Patronenlager **92-93**
  - Wartung **92-95**
- Laufradnaben 76, 118
  - Funktion **90-91**
  - Ratgeber Laufräder 75
- Lautsprecher 27
- Leistungsmessgeräte 26
- Lenker
  - abbauen und ersetzen **60-61**
  - Einbau eines Bremszugs, Mountainbikelenker **104-105**
    - Straßenräder **102-103**
  - Fehlersuche **208-209**
  - Funktion **58-59**
  - Geländeräder 13
  - Lenkerband 58
    - ersetzen **62-63**
  - Lenkergriffe 58
    - ersetzen **64-65**
  - Lenkerhöhe Straßenräder 21
  - Lenkertaschen 29
  - M-Check 40-41
  - Rennlenker 10, 58
  - Tests vor der Fahrt 40
  - Wartung **60-65**
- Lenkerband 58
  - ersetzen **62-63**
- Lenkergriff 58
  - ersetzen **64-65**
- Lenkerstopfen 58
- Lösen, Bauteile 38, 39
- Luftkammer, Federung 192, 200
- Luftpumpen 24, 36
  - Dämpferpumpen 195, 197, 203

M

- M-Check **40-41**
- mechanische Bremsen
  - Bremsbeläge ersetzen **110-111**
  - Cantilever-Bremsen einstellen **114-115**
  - Dual-Pivot-Bremsen einstellen **116-117**
  - Scheibenbremsen einstellen **120-121**
  - V-Bremsen einstellen **112-113**
  - Wartung 110-111
- Mineralöl 118, 213
- Mittelzugbremsen
  - Ratgeber **98-99**
- Montagepaste 38, 45
- Montageständer 36
- Mountainbikes
  - Bauweise **12-13**
  - Bekleidung **32-33**
  - Bremsen 98-99, 100
  - Einbau eines Bremszugs **104-105**
  - elektronische Schalter 136
  - Federung, Ratgeber 12, **190-191**
  - Größe 23
  - Kettenschutz 47
  - Komponenten 18-19
  - Kurbelgarnitur, Ratgeber **162-163**, 164
  - Laufräder, Ratgeber **74-75**

Lenker 13, 58
Lenker abbauen und ersetzen **60–61**
Pedale 182–183
Pedalplatten 187
Reifen 12
Sattel 66
Sattelhöhe und -winkel 22
Schalthebel 130, 136
Scheibenbremsen 12
Sitzposition 13, 22–23
siehe auch einzelne Komponenten
Multifunktionswerkzeug 24

N

Naben
Aus- und Einbau eines Hinterrads mit Nabenschaltung **82–83**
Funktion **90–91**
Gehäuse 90
Laufradnaben 76, 118
M-Check 40, 41
Nabenschaltung einstellen **152–155**
Funktion **150–151**
Ratgeber Laufräder 75
Schaltung, Ratgeber Antrieb **128–129**
Nabenbremsarm 122
Nabenschaltung
einstellen **152–155**
Funktion **150–151**
Nackenwärmer 33
Navigationsgeräte 27
Negativfederweg 192
Federgabel einstellen **194–195**
Hinterradfederung einstellen **202–203**
Notreparaturen 48–49
Nutzräder
Antrieb, Ratgeber 128–129
Bremsen 98–99
elektronische Schalter 136
Federung, Ratgeber **190–191**
Komponenten **14–15**
Laufräder, Ratgeber **74–75**
Pedale 182–183
Trommelbremsen 122–123
siehe auch einzelne Komponenten
nützliche Ausrüstung 28–29

O

Off-Road Bikes
siehe Geländeräder, Mountainbikes
O-Ring 193–195

P

Patronenlager ersetzen **178–179**
Pedale 164
Achse schmieren **184–185**
Bauarten 187
doppelseitige Klickpedale 182–183
einstellen 183
Fehlersuche 214–215
Gewinderichtung 38
Klickpedale 182–183
Normalpedale 182–183
Pedalplatten anpassen **186–187**
Pedalplattenposition 20, 22
Ratgeber **182–183**
Rennpedale 182–183
Wartung 184–185
Pedalplatten 182, 183
anpassen **186–187**
Bauarten 187
Position 20
Pedelec *siehe auch* E-Bike
Pendler, Räder für
Bremsen 98–99
Laufräder, Ratgeber **74–75**
nützliche Ausrüstung 28–29
Pedale 182–183
Pflege und Wartung
Bekleidung 33
Fahrradreinigung **42–43**
Lenker **60–65**
M-Check **40–41**
Rahmenschutz **46–47**
Reparaturen **48–49**
schmieren und einfetten **44–45**
Wartung, Zeitplaner **206–207**
Werkzeug **36–37**, 39
Planetengetriebe 150
Pulsmessgerät 26

Q, R

quietschende Bremsen 117, 210–211, 212–213
Radarsensoren 27
Radunterwäsche 30–32
Rahmen
Cross-Country-Räder 12
Downhill-Räder 12
M-Check 41
Reinigung 43
Schutz **46–47**
Straßenräder 10
Rahmentaschen 28
Regenbekleidung 30–31, 33
Reifen
Fehlersuche **208–209**
Geländeräder 12, 23
M-Check 40–41
Reifenpanne 84
Schläuche 24
schlauchlose wechseln **86–87**
Straßenräder 10
Tests vor der Fahrt 40
Wulstreifen wechseln **84–85**
Reifenpanne 84
Reinigung, Fahrräder 42–43
Reinigungsausrüstung 37
Wartung, Zeitplaner **206–207**
Rennlenker 58
abbauen und ersetzen **60–61**
Einbau eines Bremszugs **102–103**
Lenkerband ersetzen **62–63**
Straßenräder 10
Wartung 60–63
Rennpedale 182–183
Reparaturen **48–49**
Ritzel 156
siehe auch Kassette, Kettenblätter
Rohloff, Nabenschaltung 150
Rohrschutz 46

S

Sattel
Anpassen der Sattelstütze **68–69**
Einbau einer Vario-Sattelstütze **70–71**
Fehlersuche **208–209**
Funktion **66–67**
gefederter Sattel/Sattelstütze 190–191
Sattelhöhe
Geländeräder 22
Straßenräder 20
Sattelwinkel
Geländeräder 22
Straßenräder 20
Sattel horizontal verschieben
Geländeräder 22
Straßenräder 21
Tests vor der Fahrt 40
Sattelgestell 66
Sattelgestellklemmung 66
Sattelstütze
Anpassen **68–69**
Fehlersuche **208–209**
fest sitzende Metallsattelstütze 69
Funktion **66–67**
lockere Sattelstütze 69
Sattelhöhe
Geländeräder 22
Straßenräder 20
schmieren 45
Tests vor der Fahrt 40
Vario-Sattelstütze 70–71
Wartung 68–69
Satteltaschen 24
Schaltgriffe 130
Schalthebel
elektronische Schalthebel 136–137
elektronisches Schaltsystem, Fehlersuche 214–215
Handschalter 130–131
Shimano Di2 einstellen **138–139**
Schalthilfen 140
Schaltrollen 136, 144
Schaltungen
Außenschaltzug einbauen **132–133**
Aus- und Einbau eines Hinterrads mit Kettenschaltung **80–81**
Aus- und Einbau eines Hinterrads mit Nabenschaltung **82–83**
Brems-Schaltgriffwinkel und -position, Geländeräder 23
Ein-Gang-Rad 128–129
Elektronikschaltung **136–137**
Elektronikschaltung einstellen **138–139**
elektronische Schaltung, Ratgeber Antrieb 128–129
reinigen 43
Handschalter 130–131
Innenschaltzug einbauen **134–135**
Kettenwechsler, Fehlersuche 214–215
Nabenschaltung
einstellen **152–155**
Funktion **150–151**
Ratgeber Antrieb **128–129**
rutschende Kette 158
Schalthebel anbauen 61
Schaltschwinge schmieren 44
Schaltwerk
einbauen **146–147**
einstellen **148–149**
Funktion **144–145**
Ratgeber Antrieb **128–129**
Schaltzug 143
Shimano Di2 einstellen **138–139**
Umwerfer **140–141**
einstellen **142–143**
Ratgeber Antrieb **128–129**
Schaltwerk 156
Bruch 49
einbauen **146–147**
einstellen **148–149**
elektronische Kettenwechsler 136
Fehlersuche 214–215
Funktion **144–145**
Ratgeber Antrieb **128–129**
schmieren 44
Scheibenbremsen
einstellen **120–121**
Fehlersuche **212–213**
Geländeräder 12
hydraulische Scheibenbremsen 118–119
Ratgeber **98–99**
Reinigung 43
Werkzeug 37
Schlamm, Fahrradreinigung 42
Schläuche 24
schlauchlose Reifen, Wechsel **86–87**
Schmieren
Bremszughülle 103
Fahrradpflege **44–45**
Kassetten 161
Ketten 158
Pedalachse **184–185**
Schmiermittel 45
Schmierfett 38
Pedalachse schmieren **184–185**
Schmieren und Einfetten **44–45**
Schmiermittel 45
Schnellspanner 78
Schnellspannernaben 90
Schraubendreher 36
Schraubenschlüssel 36, 39
Schraubensicherung 38
Schritthöhe 21, 23
Schuhe
Cyclo-Cross 182–183
Geländeräder 32, 182–183
Pedale 182–183
Pedalplatten anpassen **186–187**
Straßenräder 30, 182–183
Schutz, Kettenstrebe 46–47
Schutzaufkleber, Rahmen 47
Schutzbleche 25
Sechskantmutter 39
Shimano
Alfine 8, Nabenschaltung 150, 152–153
Di2 Elektronikschaltung 138–139
elektronische Schalter 136, 137
HollowTech, Tretlager 174
HollowTech II
Kurbelgarnitur 166–167
Tretlager **180–181**
Ketten 159
Nabenschaltung 150
Octalink, Tretlager 174
Schaltzug 133
STI-Schalthebel 130
Sicherheit
M-Check 40–41

sichtbare Bekleidung 31
Zubehör 27
Sicherungsring, Schaltwerk 156
Sitzposition
Geländeräder 13, **22–23**
Straßenräder 10, **20–21**
Socken 30–33
Speichen 90
Bruch 49
Laufräder **76–77**
lockere spannen **88–89**
Ratgeber Laufräder 75
Sperrrad 130
Sporträder
Antrieb, Ratgeber 128–129
Bremsen 98–99
Komponenten 17
Kurbelgarnitur, Ratgeber **162–163**
Laufräder, Ratgeber **74–75**
SRAM
elektronischer Schalter 136
GXP, Tretlager 174
Ketten 158, 159
Red, Kurbelgarnitur 172–173
Stadträder 128–129
Komponenten 15
Standrohre, Federung 192
Steuersatz
Fehlersuche **208-209**
Funktion **52–53**
M-Check 40–41
mit Gewinde 52, **54–55**
ohne Gewinde 52, **56–57**
Wartung 54–57
Steuersatzkralle 52
Steuerung
Fehlersuche **208–209**
Lenker **58–59**
abbauen und ersetzen **60–61**
Lenkerband ersetzen **62–63**
Lenkergriffe ersetzen **64–65**
Steuersatz **52–53**
Wartung
Steuersatz mit Gewinde **54–55**
Steuersatz ohne Gewinde **56–57**
Zeitplaner **206-207**
Straßenräder
Antrieb 10
Bauweise **10–11**
Bremsen 98–99, 100–101
Einbau eines Bremszugs **102–103**
elektronischer Schalter 136
Größe messen 21
Kettenfänger 47
Klickpedale 182–183
Komponenten **16–17**
Kurbelgarnitur, Ratgeber **162–163**, 164
Laufräder, Ratgeber **74–75**
Pedalplatten 187
Rahmen 10
Ratgeber Antrieb 128–129
Reifen 10
Rennlenker 10, 58
Sattel 66
Sattelhöhe und -winkel 20
Schalthebel 130–131
Sitzposition 10, **20–21**
siehe auch einzelne Komponenten
Stromerzeuger 27
Sturmey Archer
Drei-Gang-Nabe einstellen **154–155**
Nabenschaltung 150
Trommelbremse XL-FD **122–123**

T

Tandems, Bremsen 98–99
Taschen
Gepäckträger 28
Lenkertaschen 29
Rahmentaschen 28
Rucksäcke und Kuriertaschen 28
Satteltaschen 24
Tauchrohre, Federung 192
warten **198–199**
Technik, Fahrrad 26–27
Teleskopgabeln abstimmen **196–197**
Tests vor der Fahrt 40, 207
Torxschlüssel 36
Tourenräder
Antrieb, Ratgeber 128–129
Bremsen 98–99, 100
Komponenten 17
Kurbelgarnitur 164
Laufräder, Ratgeber **74–75**
nützliche Ausrüstung 28–29
Sattel 66
siehe auch einzelne Komponenten
Trägerhosen 30, 33
Trail-Räder 12
Trainingslaufräder 74–75
Trainingsräder
Bremsen 98–99
Kurbelgarnitur, Ratgeber **162–163**
Ratgeber Antrieb 128–129
Transportschutz 47
Trekkingräder
Antrieb 10
Antrieb, Ratgeber **128–128**
Federung, Ratgeber **190–191**
Komponenten 15
Laufräder, Ratgeber **74–75**
Schalthebel 130
Tretlager 164, 178–179
Bauteile 177
Campagnolo Ultra-Torque **176–177**
Campagnolo Ultra-Torque ersetzen **176–177**
Fehlersuche 214–215
Funktion **174–175**
Gewinderichtung 38
M-Check 40–41
Patronenlager ersetzen **178–179**
Shimano HollowTech II **180–181**
Tretlager ersetzen **176–181**
Werkzeug 37
Tretlagerschalen 164, 174
Trial-Mountainbikes, Komponenten 19
Triathlonräder, Komponenten 17
Trinkrucksack 25
Trommelbremsen
Einbau und Einstellen eines Bremszugs **124–125**
Funktion **122–123**

U

Umwerfer
einstellen **142–143**
Fehlersuche 214–215
Funktion **140–141**
Ratgeber Antrieb **128–129**
Unterbekleidung 30–32
Unterrohrschutz 46

V

Vario-Sattelstützen **70–71**
V-Bremsen 100
Bremsbeläge ersetzen 111
einstellen **112–113**
Ratgeber **98–99**
Ventile 24
Verbindung, Hinterradfederung 200
Verkanten 39
versenkte Schraubenköpfe 39
Vierkantkurbelgarnituren 164, 174
ab- und einbauen **168–169**
Vorbau 58
Funktion **58–59**
Lenkerklemmung 58
Tests vor der Fahrt 40
Vorbaulänge, Straßenräder 21
Vorbauposition, Geländeräder 23

W

Wartung und Pflege
Bekleidung 33
Fahrradreinigung **42–43**
Lenker **60–65**
M-Check **40–41**
Rahmenschutz **46–47**
Reparaturen **48–49**
Schmieren und Einfetten **44–45**
Werkzeug 36–37, 39
Zeitplaner **206–207**
Wasserflaschen 25
Werkzeug **36–37**
für unterwegs 24
Grundausstattung 36
Kurbelgarniturwerkzeug 167
Pflege 39
Reparatursatz 48
zum Festziehen oder Lösen 38
Weste 30
Winkeleinstellung, Schaltwerk 147, 149
Wulstreifen 75
Wechsel **84–85**

Z

Zahnkränze *siehe* Kassetten, Kettenblätter
Zahnkranzkassette abbauen und warten **160–161**
Zangen 36
Zeitfahrräder 17
Zubehör
Fahrradtechnik **26–27**
Notfallausrüstung 49
notwendige Ausrüstung **24–25**
nützliche Ausrüstung **28–29**
Züge (Brems- und Schalt-), 102–105, 132–135
M-Check 40–41

Dank und Bildnachweis

Der Verlag dankt folgenden Personen und Institutionen für die freundliche Genehmigung zum Abdruck von Fotos:

(Abkürzungen: o = oben; u = unten; m = Mitte; g = ganz; l = links; r = rechts)

14 Koga: (m). **15 Kalkhoff Bikes:** (ul). **17 Genesis Bikes UK genesisbikes.co.uk:** (gor). **Giant Europe B.V.:** (ur). **Look Cycle:** (ml). **Ridley Bikes:** (ul). **Tandem Group Cycles:** (gol). **24 Condor Cycles Ltd:** (2/ml, 3/ml). **Extra (UK) Ltd:** (1/mr, 2/mr, 3/mr, 4/mr, 3/u). **Getty Images:** angelsimon (1/go, 2/go). **Tredz Bikes:** (1/ml, 1/u, 2/u, u). **25 Blaze.cc:** (1/ul, 2/ul). **Condor Cycles Ltd:** (2/go, 1/ur, 3/ur). **Hope Technology:** (ul). **Tredz Bikes:** (1/go, 3/go, 4/go, 2/ml, 3/ul, 2/ur). **Wheelbase:** (5/go, 1/ml, 1, 3/ml). **26 Condor Cycles Ltd:** (2/gor, 2/ml, 3/ml, 5/ml, 3/u). **Getty Images:** mooltfilm (1/ml). **Lazer Sport:** (mr). **Tredz Bikes:** (1/gor, 4/ml, 1/mr, 2/mr, 3/mr, 1/u, 2/u). **27 Busch & Muller KG:** (2/ml). **Condor Cycles Ltd:** (1/gol, 1/ul). **Hammerhead:** (1/r). **ICEdot:** (2/ul). **LINKA:** (4/u). **Lumos Helmet lumoshelmet.co:** (4/r). **Scosche Industries Inc:** (2/r). **Tredz Bikes:** (2/gol, 3/gol, 1/ml, 3/u, 3/r). **28 Condor Cycles Ltd:** (1/gor, 3/gor, 1/u, 2/u). **ROSE Bikes GmbH:** (5/u). **Tredz Bikes:** (1/gol, 2/gol, 3/gol, 4/gor, 3/u, 4/u). **Triton Cycles:** (2/gor). **29 Extra (UK) Ltd:** (3/gol, 2/gor). **Radical Design:** (3/u). **Tailfin:** (4/gol, 5/gol). **Tredz Bikes:** (gol, 2/gol, 1/m, 2/m, 3/c, 4/m, 1/u, 2/u, 4/u). Wheelbase: (1/gor). **30 Condor Cycles Ltd:** (1/um, 2/um). **31 Condor Cycles Ltd:** (1/gol, 2/gol, 4/gol, 5/gol, 2/gor, 3/gor, 1/m, 2/m, 3/m, 4/m, 1/u, 2/u, 3/u, 4/u, u). **Extra (UK) Ltd:** *(5/m). Tredz Bikes:* (3/gol, 1/gor). *32 Tredz Bikes:* (1/u, 2/u). *33 Condor Cycles Ltd:* (3/u). *Tredz Bikes:* (1/go, 2/go, 3/go, go, 1/m, 2/m, 3/m, 4/m, 1/u, 2/u, 4/u, 5/u). **36 Extra (UK) Ltd:** (6/u). **Tredz Bikes:** (3/gor, 1/gor, 2/gor, 1, 2/u, 3/u, 4/u, 5/u, 7/u, 8/u, m). **37 Getty Images:** VolodymyrN (4/ul). **Tredz Bikes:** (1/gol, 2/gol, 3/gol, 1/gor, 2/gor, 3/gor, 4/gor, 5/gor, 1/ul, 2/ul, 3/ul, 5/ul, 6/ul, 7/ul, 8/ul, 1/ur, 2/ur)

Der Verlag dankt folgenden Personen für ihre Hilfe bei diesem Buch: DK India für zusätzliche Grafiken, Alok Kumar Singh als Assistenzanimator, Rohit Rojal als Koordinator der Produktion, Nain Singh Rawat als Audio-Video-Produktionsmanager, Manjari Hooda als Leiter der Digital Operations von DK Indien. Zusätzliche Designassistenz: Simon Murrell.

Claire Beaumont, eine frühere Rennfahrerin, ist heute Marketing-Managerin und einer der führenden kreativen Köpfe bei Condor Cycles, einem bekannten Fahrradhersteller in London. Als Beraterin von DKs *Das Fahrradbuch* ist sie auch Mitautorin von *Le Tour: Race Log* und *Cycling Climbs* und sie hat für Magazine wie *The Ride Journal*, *Cycling Weekly* und *Cycling Active* Beiträge über das Radfahren verfasst.

Ben Spurrier, ein begeisterter Radfahrer, ist Chefdesigner bei Condor Cycles, London. Er wurde 2011 vom Magazin *Wallpaper* für eine Reihe besonderer Fahrräder ausgezeichnet. Er ist Mitglied der Jury zur Verleihung der jährlichen D&AD (Design and Art Direction) New-Blood-Preise und hält Vorträge über Fahrrad-Design im Design Museum in London. Zudem arbeitet er für führende Magazine wie *Australian Mountain Bike*, *Bike Etc* und *Privateer*.

Brendan McCaffrey ist Zeichner, Designer, begeisterter Radfahrer und -mechaniker in Las Palmas auf Gran Canaria (Spanien). Er hat einen Hochschulabschluss in Design der NCAD in Dublin und hat in den vergangenen 20 Jahren Illustrationen für Hersteller von Videospielen, Spielzeug und Industrieprodukten erstellt.
www.bmcaff.com

Modelle:
3D-Straßenradmodell von Brendan McCaffrey,
3D-Mountainbikemodell von Gino Marcomini.
Weitere Modelle stammen von Brendan MCaffrey, Gino Marcomini, Ronnie Olsthoorn & Moises Guerra Armas.